中等职业教育
计算机专业系列教材

五笔字型
汉字录入技术教程

（修订版）

总主编　张小毅
主　编　尹进渝

重庆大学出版社

内容提要

全书分两部分共 12 章。本书全面、系统、详尽地讲解了计算机键盘的使用方法和英文录入技术规范,简介了几种汉字输入方法,重点介绍了五笔字型汉字录入技术的基本思想、编码规则及具体输入方法。本书从实际应用出发,讲述了汉字拆分技术,讨论了拆分中容易混淆、出错的地方;介绍了提高录入速度的方法和技巧。为了便于读者更好掌握所学知识,书中按汉字使用频率精心编排了大量笔头和上机习题,这些习题与各章内容紧密结合,针对性很强。并在书末附有三个附录。

读者对象:职业中学计算机专业学生、录入员、打字员以及各类计算机培训班学生。

图书在版编目(CIP)数据

五笔字型汉字录入技术教程/尹进渝主编.—修订版.—重庆:重庆大学出版社,1997.2(2023.8 重印)

中等职业教育计算机专业系列教材

ISBN 978-7-5624-1047-8

Ⅰ.五… Ⅱ.尹… Ⅲ.汉字编码,五笔字型—输入—专业学校—教材 Ⅳ.TP391.14

中国版本图书馆 CIP 数据核字(2007)第 013497 号

中等职业教育计算机专业系列教材
五笔字型汉字录入技术教程
(修订版)
中等职业教育计算机专业系列教材编写组
尹进渝 主编
责任编辑:王 勇 版式设计:王 勇
责任校对:任卓惠 责任印刷:赵 晟

*

重庆大学出版社出版发行
出版人:陈晓阳
社址:重庆市沙坪坝区大学城西路 21 号
邮编:401331
电话:(023)88617190 88617185(中小学)
传真:(023)88617186 88617166
网址:http://www.cqup.com.cn
邮箱:fxk@cqup.com.cn(营销中心)
全国新华书店经销
重庆升光电力印务有限公司印刷

*

开本:787mm×1092mm 1/16 印张:11.75 字数:293 千 插页:8 开 1 页
1997 年 2 月第 2 版 2023 年 8 月第 44 次印刷
印数:241 501—244 500
ISBN 978-7-5624-1047-8 定价:32.00 元

序 言

随着科学技术与现代社会的发展和信息时代的到来,重视计算机知识和技术的学习非常重要,因为计算机技术已成为当代新技术革命的前锋,广泛应用于国民经济各个领域,对我们的工作、学习和社会生活等各个方面产生了巨大影响。推动计算机技术的应用和发展,是教育与现代科学技术接轨的重要途径,是培养高素质劳动者的重要手段,也是计算机教育工作者的重要使命。

中等职业教育的发展,为国家培养和输送了大批计算机应用型技术的专业人才,深受各行各业的欢迎,产生了较好的社会影响。为适应计算机科学和技术的发展和应用的需要,适应计算机技术对操作型人才的新要求,适应中等职业教育对人才培养的专业化及规范化的新要求,在市教委、市教科所的领导下,市计算机中心教研组组织从教多年并具有丰富教学经验的教师和专家,编写了这套中等职业教育计算机专业系列教材。

本套教材是根据社会对中等职业教育人才培养的需要,严格按照计算机专业教学计划和大纲的要求,结合中等职业教育注重能力训练的特点而编写的。本套教材编写的原则是拓宽基础,突出应用,注重发展。既照顾当前教学的实际,又考虑未来发展的需要;既加强了对计算机技术通用知识和技术的学习,又注意针对计算机不同工作岗位的职业能力培养。在教材编写中力求做到"精、用、新","浅、简、广",重视反映本专业的新知识、新技术、新方法和新趋势。为适应中等职业教育不同人才目标的培养,本套教材的内容丰富,实用性强,有利于对计算机人才多层次、多规格及不同专门化方向人才的培养需要,适于中等职业教育以及各类计算机技术培训班使用。

本套教材由基础课程和专门化方向课程所构成。基础课程为:计算机基础、操作系统、数据库、C 语言、Internet 技术、录入技术。专门化方向课程涉及到计算机的软件应用、硬件维修、网络、图形图像等方面的课程。便于各校根据人才培养的工种方向和学校实际进行选择,以突出中等职业教育对计算机应用技术人才培养的特点，达到人才培养的目标。我们还将根据职业教育发展的要求和教学的需要，加强研究，逐步推出与教材配套的教学目标、教学课件、上机实习手册，以帮助各校完成教学任务，提高教学质量。愿本套教材的推出，为中等职业学校计算机专业教育的发展作出贡献。

中等职业教育计算机
专业系列教材编写组
1997 年 7 月

编者的话

本书分为两部分共 12 章。在第一部分中,讲解了计算机键盘、键盘录入的英文指法和录入规范。在第二部分中,简单地介绍了汉字系统的基本概念和几种常用汉字系统的基本使用方法;系统、详细地讨论了五笔字型汉字输入技术的基本概念、单字和词组的输入方法及录入技巧;并针对汉字字型分析和汉字拆分是学习五笔字型的难点,深入、详细地讨论了这方面的内容,并给出了掌握它们的基本技巧和方法。书末附录中,列出了不能用五笔字型录入的汉字图形符号区位码表和全部国标一、二级汉字的编码,以便查阅。同时,本书作者开发了软件——五笔字型汉字录入无师自通练习系统 WBZT,该软件与本书配套,可帮助读者边学边练,也有助于教师教学。需要该软件的读者可与出版社联系。

本书由尹进渝主编,重庆大学计算中心李宝珠副教授主审。

编　者

1995 年 7 月

修订说明

　　本书自 1995 年第 1 版发行以来，得到了广大读者喜爱而多次重印。许多教学单位的读者在使用了本书后，热情地对本书提出了不少宝贵的修改意见。

　　为了使本书更符合教学要求，编委会专门组织作者与部分读者和用书单位人员对本书的修改方案进行了讨论，这次再版时充分采纳了广大读者意见，增补调整了一些章节内容与习题，加强了英文键盘基础训练部分的内容，增加了"难拆字"一节，对原书中的不当之处一并作了修正。

　　本次修订工作得到了重庆市各职业技术学校的大力支持，谭元颖同志提出并拟定了对本书的具体修订意见，向晓阳同志重写了第 1 章内容。在此表示衷心的感谢。

中等职业教育计算机专业系列教材编写组
1997 年 7 月

目　录

第一部分

键盘使用和英文录入训练

1

键 盘

一切交给计算机进行处理的信息均需首先输入计算机,而键盘是计算机系统最基本的信息输入工具,所以必须首先了解键盘和掌握使用它的方法。

1.1 键盘介绍

1.1.1 键盘是工具

计算机键盘是使用计算机最基本的也是必须的工具。通过键盘,可以向计算机发出操作指令,也可以向计算机输入供计算机处理的各种数据,如数字和汉字。当用键盘向计算机发出操作指令或输入各种信息数据时,都是以键盘上所提供的各种键盘符号如英文字母,数字或其他符号为基本输入单位,通过手指按键来完成的。输入汉字信息并进行必要的处理时,也是如此。所以说,计算机键盘是计算机系统最基本的输入设备,是使用计算机的工具。

当用键盘输入数据时,要达到高速、准确输入的目的,则必须将双手十个指头合理地进行分配,使之与键盘上各键对应,让十个手指头各施其责,协调动作。对从事计算机数据录入工作的录入员而言,能否熟练正确地使用键盘,直接影响到录入工作的效率。

1.1.2 键盘的类型

对不同的机型配有不同的键盘,有 XT 机用、AT 机用,这二者是不能互换使用,只有XT/AT通用键盘既可用于 XT 机也可用于 AT 机。从键盘的应用方面而言,有专用、通用两大类。现在微机上配的键盘是通用型的键盘,但有的行业为其机器配有专用于录入数字的数字键盘。键盘上的键数也不等,有 84 键、101 键、102 键和 105 键等,早期进入我国的 IBM-PC/XT

机配的键盘是 84 键的 XT 机用键盘,而现在大量的兼容机普遍使用的是键数为 101 或 102 键的 XT/AT 通用键盘,这类键盘更实用,更科学。但部分"原装名牌机",如 IBM、AST、COM-PAQ、HP、AT&T 和 DELL 等,它们的键盘在个别键符的排列上与兼容键盘有些差异。通常,计算机制造商为不同国家配置了不同的键盘符号,如英国、美国、巴西、西班牙等,其键盘布局的键符略有不同。国产的"长城"计算机和四通电子打字机等,为了汉字输入的需要,其键盘布局与之相比略有不同,并在其键符上标注了一些汉字。笔记本型机因受其机体大小的限制,其键盘布局上更紧凑,通常只用 84 个键符(另加上了一些特殊键)。

尽管目前出现的键盘在其外观或应用范围上略有差异,但无论是微型计算机、中英文电子打字机或是银行使用的终端机的键盘从使用方法上讲基本上是相同的。本书将按通用的、美国布局式的 PC 机 101 键键盘进行讨论。

1.1.3 键盘的布局特点

PC 机的键盘由四部分键群组成:标准的英文打字键盘区、功能键区、数字/光标控制键盘区和独立光标控制键区,如图 1.1 所示。键盘整体上的特点是按其作用分类集中布置,即符合人体工程学观点,又使得操作方便。下面按各键区的使用频度顺序进行介绍。

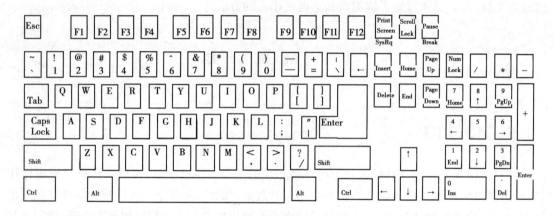

图 1.1　101 键标准键盘的布局

1)标准英文打字键(TYPEWRITE KEYBOARD)

这部分键区位于键盘左边,所占面积最大。它的键位布置及键位字符是由机械式的英文打字机键盘移植过来的,键盘上的英文字符的排列与英文打字机完全相同。

这部分包括:A ~ Z 共 26 个英文字母、数字 0 ~ 9、专用符号(!,@ ,#, $,% ,& , ∗ , - , + ,¦ ,\等)、标点符号(,./?"'¦¦[ ]:;等)、回车键、空格键及一些特殊键(如 Shift,Alt,Ctrl,Tab等)。其中键面上有两个符号的键被称为"双字符键"。

2)独立光标控制键(ARROW KEYS)

这组键仅在 101 键或 102 键及 105 键等键盘上存在,原装 IBM PC/XT 的 84 键键盘上无。这组键位于键盘上标准英文打字键和数字/光标控制键区之间,用于控制光标的移动或屏幕显示换屏操作,它主要用在文字处理环境中。它们的操作意义与操作方法同数字小键盘上标明的相同键符是一样的。

3)数字/光标控制键(NUMERIC KEYPAD)

这部分键群位于键盘右边。它有两个作用:

①用于输入数字和常用数学符号;

②用于控制光标的移动。

这两个作用方式通过数字锁定键 Num Lock 键进行转换。

4)功能键(FUNCTION KEYS)

键面上标有 F1～F12 的键即是功能键。84 键的原装 IBM PC 机键盘上,功能键位于键盘左边。101 键或 102 键等则将其布置在键盘上方。

功能键的作用在于用它来完成某些特殊的功能操作,以简化操作手续,节省时间。功能键在不同的软件环境中有不同的定义(使用含义)。

排列在该区的还有一个经常使用的键是 Esc 键。

5)其他键

键盘右上方有几个键具有特殊用途:

Print Scrn —— 拷屏;

Scroll Lock —— 滚屏锁定;

Pause —— 执行暂停;

SysRq 和 Break —— 组合子键。

6)开关键状态显示区

键盘右上角有 3 个开关键状态显示灯:

Num Lock —— 数字键盘区键锁定,灯亮时数字键有效,即锁定;

Caps Lock —— 英文大小写键符(键冒)锁定,灯亮锁定;

Scroll Lock —— 滚屏锁定,灯亮时有效。

1.2 键符名称及基本用法

1.2.1 英文打字键区

这个区是键盘中最重要、最常用的部分。在输入汉字时就是以其中的英文字母键符作为汉字的外码。

1）英文字母

键符名称即是标印的字母名称,按键即得相应字符。其大小写字母的转换可通过 Caps Lock 键进行控制。

2）横排数字/专用符号键

这组键是双字符键,即每个键上标印了两个符号,其中位于下方的键符可直接按键得到,而位于上方的键符则要与 Shift 键组合得到。

3）空格键（SPACE BAR）

这个键位于键盘的最下方,键上没有标印符号。按键产生一个空白字符——空格。其书写符号常用"⊔"表示。

4）回车键（Enter）

键符:Enter ⟵ 。
书写:〈CR〉或⟵ 。
按键产生一个使光标从当前所在行换到下一行的动作,即回车换行的动作。
主要用途:
（1）在 DOS 环境中　打出 DOS 命令字符串后按回车键表示命令字符串的结束,机器开始按收到的命令进行操作。例如想要清除 DOS 显示屏幕,则应当在打入了清屏幕命令 CLS 后再按一下此回车键,这样才能将这个命令交给 DOS 去处理。
（2）在字处理环境中　输入一段文字后（如一个自然段落）按回车键可使光标换到下一行首,这个操作的作用与写文章时的"提行"相同。

5）退格键（Backspace）

键符:←Backspace,按键使光标向左后退一个字符位置。
作用:删去光标前一个字符,以便修改刚输入的前一个字符。

6）大小写字母转换键

键符:Caps Lock。
用途:用于大小写英文字母的转换,是开关键。
用法:打一下,指示灯亮时表示大写有效。

7）换档键或上位键

键符:Shift↑。（左右各一键）
用途:①用于打出双字符键中上面一个字符;
　　　②在小写英文字母方式下打入大写英文字母,或相反。
书写:Shift + A 等。
用法:先按住 Shift 键,保持住,然后

①打一下某双字符键,则打入此双字符键上面的键符(如对双字符键!及1,当直接打此键时,产生数字符1,当按住 Shift 键时击该键将打入标点符号!);

②当打下英文字母键得到的字符是 a 时,若按住 Shift 键的同时再按 A 键则可得到大写字母 A,反之亦然。

注意:使用 Shift 键时应当先按下,并保持住不松手,然后再打其他键。

8)控制键(Control)

键符:Ctrl。(左右各一键)

书写:∧ A(Ctrl + A)。

用途:与某些键配合使用而产生特殊字符 —— 控制字符。

用法:先按下 Ctrl 键并保持住再按某些键。

   如:Ctrl + A 或 ∧ A

    Ctrl + F10

下面是 DOS 环境下的常用控制键:

Ctrl + C——中断操作;

Ctrl + Break——强制中断操作或中断运行;

Ctrl + S——暂停屏幕的输出;

Ctrl + NumLock——暂停列显操作或程序的运行。

9)转换键(Alter)

键符:Alt。(左右各一键)

用途:与某些键配合使用而产生特殊字符 —— 转义字符。

用法:先按住 Alt 键并保持住再按某些键。

   如:Alt + F4

10)制表键(Table)

键符:Tab。

用途:使光标按制表间隔跳到下一制表位置,其间插入 ASCII 序号为 9 的机内码或空格符。常用于文字处理软件。

用法:打一下。

11)其他双字符键

这部分键通常作为文本中的标点符号使用。它们分别是:

{和[或}和] —— 书名号; :和; —— 冒号和分号;

"和' —— 双引号和单引号; <和, —— 小于号和逗号;

>和。 —— 大于号和句号; ?和/ —— 问号和右斜线;

|和\ —— 分隔符和左斜线; ~和' —— 波浪号和英语重音号。

1.2.2 独立光标控制键区

1) 光标控制键

键符：→、←、↑、↓；Home、End、PgUp、及 PgDn。

用途：常用于文字编辑环境，控制光标在屏幕上或文本中的位置。其中：

↑、↓、←、→ —— 分别使光标上、下移动一显示行或左、右移动一个字符位置；

Home、End —— 使光标移到当前文字串行首、尾；

PgUp、PgDn —— 使光标跳到当前显示页前或后一显示页，亦称翻页。

用法：按下键即可。通常与 Ctrl 键联用而产生更大范围的光标移动。

2) 插入状态键(Insert)

键符：Insert(或 Ins)。

用途：常用于文字编辑环境，控制文本输入时的插入与改写两种状态的转换。

用法：打一下键即可。在具体软件中常对其进行另外的操作定义。

3) 删除键(Delete)

键符：Delete(或 Del)。

用途：常用于文字编辑环境，按键后删除光标处所指那个字符。

用法：打一下键即可。在具体软件中常对其进行另外的操作定义。

1.2.3 数字/光标控制键区

1) 数字锁定键(Num Lock)

键符：Num Lock。

用途：用于数字键盘上数字字符与光标控制字符有效状态的转换，是一个开关键。可与 Ctrl 键联用产生执行暂停功能。

用法：打一下，指示灯亮时表示数字键有效。

2) 数学运算符号键

键符：除号/、乘号＊、减号－、加号＋、小数点.。

用途：用于产生数学公式中的基本运算符号，英文打字键盘区中键符与之相同的键作用相同。

用法：打一下即可。

3) 光标控制键

当数字锁定状态无效时，它们的用法与独立光标控制键区相同键操作方法和意义相同。

4）其他键

其中的 Enter 键、Ins 键、Del 键与上面讲到的同符号键作用与操作相同。

1.2.4　功能键区

1）强行退出键（Escape）

键符：Esc。

用途：常视具体软件环境而定。在 PC-DOS 下用于将正在打入的命令串废止；在某些软件特别是字处理软件中则可以激活或退出选择操作菜单，放弃所选操作等。

用法：打一下即可。

2）功能键（Function）

键符：F1，F2，…，F12。

用途：常视具体软件环境而定。在 PC-DOS 或 CCDOS 下它们有专门的定义；在软件中特别是字处理软件中则被赋予另外的操作意义。

用法：打一下即可。

功能键不仅单独按键使用，常常可与 Alt 与 Ctrl 键组合使用以产生更多的操作定义。

1.2.5　其他键介绍

1）强行中断键（Break）

键符：Break，此键与暂停键 Pause 同键。

用途：仅与 Ctrl 键配合使用，使之强行中断正在执行的命令或程序。

用法：Ctrl + Break。

2）暂停键（Pause）

键符：Pause。

用途：用于暂停程序的执行（如屏幕输出显示）。

用法：打一下即暂停，再打一下则继续。

在汉字环境中键盘上各种键符的具体用法在其他章节中还有详细的介绍。

小 结 1

本章简单地介绍了计算机键盘的基本特点，要求掌握键盘的基本布局和英文打字键盘区各键的键位位置和键符名称,能将26个英文字母与键盘键位对应起来。

习 题 1

1.1 简述键盘布局特点。

1.2 指明下列键符分别位于键盘上的哪一个区:

Enter ←Backspace F2 Home 9 + Ins L
→ ″ \ Ctrl Shift PgDn PgUp Break Esc
, } : 。

1.3 在英文打字区中,共有键位多少个? 其中双字符键共有多少个?

上机练习 1

1)上机目的要求

①熟悉键盘,观察键盘布局;认识键盘上各键的位置。
②操作键盘,体验按键时手指的感觉。

2)上机操作

将下面文本在计算机上打出来:
A Quick Brown Fox Jumps Over A Lazy Dog!

2

录入技术规范

用计算机键盘进行数据录入(打字)时,其手指的操作不是随意的,而应当遵循键盘录入技术规范,以使录入的效率较高,避免出现击键错误和减轻操作疲劳。

2.1 基本键位与十指分工

基本键位的确定与十指分工是按人体工程学并结合英文打字键盘布局而确定的。

2.1.1 基本键位及其特点

结合双手的灵活程度和键盘的物理特点,定义了 8 个键位为基本键位,其位置在英文打字键盘区的第三排,如图 2.1 所示。

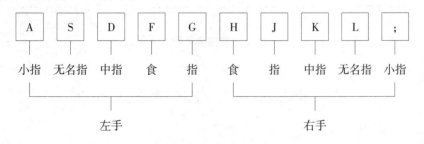

图 2.1 基本键位及手指分工

由图可见,左右手各 4 个手指分别分配了 5 个键。其中,只有左手分配的"FDSA"和右手分配的"JKL;"才是基本键位,而字母 G、H 不属于基本键。

因这 8 个键符中的英文字母在英文文章中使用频度最高,所以将其放在了键盘的中排键位上,操作起来最方便。另外,不击键时,手指轻放在这几个基本键位上,而当击其他键时,手指均从基本键位出发,击键后返回到这几个键上。这就是确定它们为基本键位的主要原因。

基本键位中 F 和 J 键分别称为左手和右手的原点键,双手从食指开始依次从原点键开始分配手指,所以在制造键盘时,将 F 和 J 键上做了一凸起,便于双手食指定位。

初学者进行录入练习时,首先应掌握基本键位键的打法,熟练掌握了这几个键的键位及击键动作,将有助于熟练击其他键。

2.1.2　十指分工

图 2.2 是双手十指击键的分工(英文打字键盘区)。

从图 2.2 可以看出,基本键位是整个键盘的核心。在基本键位的基础上,对其他字母键、数字键和符号键等键的击打控制,都是根据它们与 8 个基本键位的相对位置关系而确定的。例如:键盘中 5、T、G、B 及以左的键由左手击之,6、Y、H、N 及以右的键由右手击之。空格键由双手大拇指控制击键。

录入过程中各手指应各施其责,禁止乱击。

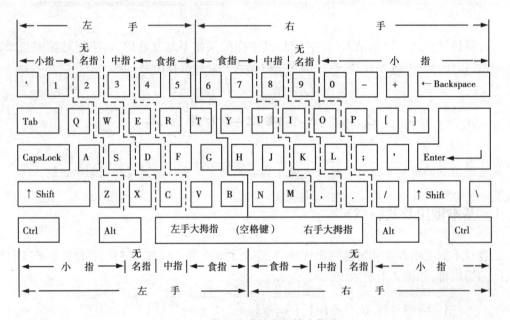

图 2.2　英文打字键盘区的十指分工

2.2　录入的体态与正确击键要领

2.2.1　录入的体态

1)坐姿

①端坐在椅子上,臀部坐于椅面的前 $\frac{1}{2} \sim \frac{2}{3}$ 平面上;

②腰挺直,上身略向前倾,微收下颌;

③双足自然舒适地平放在地板上,不能悬空;

④双膝合拢约距一拳头宽。

2)手臂、肘、腕

①两肩放松,上臂与肘应靠近身躯;

②大臂与小臂角度为90°左右;

③小臂与手腕略向上倾斜;

④不可拱起手腕,手掌不可放在键盘上或桌面上;

⑤两手腕略内扣,不可外分成八字形。

3)手指

手掌要与键盘表面的斜度相行,手指稍弯曲,轻放在基本键位上,左右手拇指则悬放在空格键上方。

2.2.2　击键要求

①击键时,用各手指第一指关节肚击键;

②击中键后,第一指关节应与键面垂直;

③击键时,应由手指发力、击下,不能去按、抠或摸键;

④击键时,先使手指抬高离键面约 $2 \sim 3 \mathrm{cm}$,然后迅速击下;

⑤击键完毕,应使手指归位到基本键位上;

⑥不击键手指不可离开基本键位乱动;

⑦击中排键时,仅将手指提起击下;

⑧击上排字母键时,手腕尽可能不作移动,手指应直接伸出击键;

⑨击上排数字键时,手腕带动手掌作轻微的移动使手指到位,手指应有所伸出;

⑩击下排字母键时手腕作轻微的向下移动,手指略弯曲使手指到位,注意手指不要卷向掌心;

⑪左、右手小指击较远键时,手掌可作一定的移动;

⑫当需要同时按下两个键时,若这两个键分别位于左右手区,则左右手各击其键;

⑬击键要迅速、果断,不能拖拉,不能触动非击键;

⑭击键要有节奏,有弹性,不能紊乱。

2.2.3　中排键位

8 个基本键所在键位行的全部键位统称为中排键。其中 G 字母键由左手食指控制,H 字母键由右手食指控制,最左边的"Capslock"键由左手小手指负责击打,基本键";"之右的那个双字符键及回车键"Enter"由右手小手指负责击打,参见图 2.2。

1）英文字母和";"

击打基本键的字母时,只需将负责对应键的手指抬起约 1cm 直接向下击出即可,操作中手掌不动。

击打 G 键时,用原击 F 键的左手食指向右移一个键位的距离击 G 键,击完后立即回到原位 F 键上;相应地,击打 H 键时,用原击 J 字母键的右手食指向左移一个键位的距离击 H 键即可,击完后也应回到原位 J 键上。

基本键位中符号";"(分号)在双字符键上,击打时只需将右手小手指稍抬起直接击下即可。

在击键过程中,无论击键盘上的哪个键,当一手指击键时,其余手指应停留在基本键位上处于等待击键状态;击键的手指除要击的那个手指可以伸屈外,其余手指只能随手起落,不能任意散开,更不能停放在其他键位上。只有这样,手指才能正确地回到基本键上。

2）:、'及"字符键

这几个标点符号键符在文本录入中使用频度非常高,它们均是双字符键中的字符,其中单引号"'"直接击所在键位即可输入,而输入上档字符":"和"""时需与"Shift"键配合使用。

' —— 单引号。输入时用将右手小手指微向右移伸击此键。

: —— 冒号。它是上档字符,输入时先用左手小指按住左"Shift"键,再抬起右手小指击该键,击打完毕后再释放它们。

" —— 双引号(为上档字符键)。输入时仍用左手小指按住左"Shift"键,用右手小手指微向右移伸击此键即可。

3）CapLock 键和回车键 Enter

击 CapLock 键时,将左手小手指向左平伸少许击打。击 Enter 键时,将右手掌向右平移少许并伸出小手指击打。

击打 Enter 键的操作在录入中很多,在操作中要注意击打后右手指的归位必须准确、迅速。

2.2.4　上排键位

上排键位位于英文打字区的第二排,参见图 2.2 所示。

此排键的击键难度高于中排键,因此,在熟练掌握好了中排键的击键要领后,方可进入该键位练习。下面分别说明各键位的击键要领。

1）R、T、Y、U 字母键

R、T、Y、U 位于基本键上方。R 与 T 由左手的食指控制,Y 与 U 则由右手的食指控制。

要输入 R 时,先将处于基本键 F 键的左手食指向上且微向左移伸出击 R 键;同理,用该手指向上且微向右移伸出击 T 键。击完 R 键或 T 键后应立即复位回到基本键 F 键上。

在输入 Y 时,右手食指从基本键 J 键位出发,向上且向左移伸出击 Y 键;同理,向上且微向左移伸出击 U 键。击完 Y 键或 U 键后仍应立即复位回到基本键 J 键上。对右手食指负责的 Y 键,由于它在基本键 J 键上方,同时偏向左边较远,因而是 26 个英文字母中击键难度较大的键之一,应反复多次练习,体会手感。

2)E、I 字母键

E、I 这两个键与 R、T、Y、U 同属于上排键,位于它们的两边。输入 E 时,其左手竖直抬高约 1cm,用原击 D 键的左手中指向上且微向左移伸出击 E 键;输入 I 时,右手的动作同左手一样,用原击 K 键的中指击 I 键。击完后立即复位。

3)Q、W、O、P 字母键

上排键两边还有 Q、W、O 和 P 四个键。输入字母 Q 时,用原击 A 键的左手小指向上且微向左移伸出击 Q 键;输入 W 时,用原击 S 键的左手无名指向上且微向左伸出击 W 键,击毕后应立即回到基本键位。同样,当输入 O 时,用右手无名指击 O 键即可;输入字母 P 时,用右手小指击 P 键,击完后立即复位。

注意:当小指击 Q、P 时,准确度差,回到基本键时,复位又不准,这是因为小指的灵活性较差,应多次反复练习。

4)Tab 键和{、}、〔、〕键

上排键最左边的"Tab"键由左手小手指负责控制,击打时将左手小手指向左上方微伸击出即可。

右边"P"键之右的两个双字符键上的字符由右手小手指负责击打。其中方括号"〔"和"〕"直接击所在键位即可输入,输入上档字符大花括号"{"和"}"时仍需与"Shift"键配合使用。

〔、〕——方括号。输入时将右手掌微向右上方移动并伸出小手指击打。

{、}——大花括号。输入时先用左手小指按住左"Shift"键,再右手掌微向右上方移动并伸出小手指击打。

2.2.5　下排键位

下排键位位于英文打字区的第四排,如图 2.2 所示。在击该排键位的键时,手指要屈伸,同时手要后移,因下排键的击键难度高于上排键,应放在最后练习为好。

1)V、B、N、M 字母键

V、B、N、M 这四个键位于下排键的中间。V 与 B 由左手食指控制,N 与 M 由右手食指控制。当输入 V 时,用原击 F 键的左手食指向下且微向右屈伸击 V 键;当输入 B 时,用原击 F 键的左手食指向下且向右移屈伸击 B 键。由于 B 键位于 F 键下方,且远离 F 键,因此,击 B 键也是 26 个英文字母中击打难度较高的键之一。

当输入 N 时,由击 J 键的右手食指向下且微向左移屈伸击 N 键;而输入 M 时,同样用右手食指向下且微向右移屈伸击 M 键即可。

2)Z、X、C 字母键

Z、X、C 这三个键与 V、B、N、M 同属于下排键,位于它们的左边,分别由左手的小指、无名指、中指控制。当输入 Z 时,由左手原击 A 键的小指向下且微向左移屈伸击 Z 键;输入 X 时,由左手原击 S 键的无名指击 X 键;输入 C 时,由左手原击 D 键的中指击 C 键。击完后应立即复位。

3),、.、/及?、<、>字符键

这几个标点符号键符在文本录入中使用频度非常高,它们均是双字符键中的字符,其中逗号",",小数点"."和斜线"/"直接击所在键位即可输入,而输入上栏字符"?"、"<"和">"时需与"Shift"配合使用。

, —— 逗号。输入时用原击 K 键的右手中指向下且微向右移屈伸击此键。

. —— 句号。输入时用击 L 键的右手无名指击打即可。

/ —— 斜线。输入时用击;键的右手小手指击打即可。

? —— 问号。问号?是上档字符键,输入时先用左手小指按住左"Shift"键后,再用右手小指击该键,击打完毕后再释放它们。

< —— 小于号(为上档字符键)。输入时用左手小指按住左"Shift"键,用右手中指击该键可得。

> —— 大于号(为上字档符键)。左手同输入"<"一样,由右手无名指击"."键即可。

2.2.6 最上排数字键和各种符号键

这排键是一组双字符键,位于英文打字区的第一排,如图 2.3 所示。

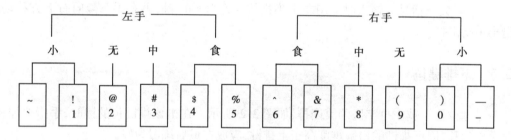

图2.3 最上排数字键和各种符号键及手指分工

数字和各种符号在文本录入中是必不可少的部分。在录入以文本内容为主的文稿时,对文本中的数字通常使用最上排的数字键录入,而不用数字小键。

输入数字符号时,负责击键的手掌均要作向上且微向左的移动,同时伸出负责击键的手指直接击相应数字键。在输入该排键位中的上档字符时,左右手应配合动作,输入原则是:用一只手的小指按住"Shift"键,另一只手击相应的符号键,击毕两手同时放开回到基本键位。

按键盘分区规则,该排键最左边的"、"(与"."同键)应由左手小指控制,而"–、=、←Backspace"键应由右手小指控制。其中,退格键"←Backspace"的使用频度较高,且击键时右手掌要作较大距离的移动,击键后务必使右手指的归位不紊乱。

2.2.7 数字小键盘的用法

数字小键盘,主要用于需大量输入数字符号和数学运算符号的专业性录入场合。它位于键盘右边,参见图 1.1 所示。

录入数字时,需在"Num Lock"指示灯亮时才有效(由数字小键盘上的 Num Lock 键控制)。录入过程中,只用右手的食指、中指、无名指进行操作。这组键中的 4、5、6 数字键为基本键位,其中数字键 5 键为原点键(其上有一凸起)。手指分配原则为:

从右手中指开始分配手指,即右手食指控制 4 和 7、1、0 键,中指控制 5 和 8、2 键,无名指控制 6 和 9、3 与小数点. 键。

输入数字 4、5、6 时,将右手抬高约 1cm 直接击下即可;输入数字 7、8、9 时,将右手抬高约 1cm 并向前伸出击键手指击键;输入 1、2、3 及 0、. 时,将右手稍向后移并微卷屈手指出相应键即可。各手指击键完毕后应立即回到自己的基本键位。

用这组键输入数学运算符号时,由小指控制加号键" + "和减号键" – ",无名指控制乘号" ∗ ",中指控制除号"\",如图 2.4 所示。这组键中的"Enter"键与英文打字键盘区的"Enter"键作用相同,按键均产生回车动作。

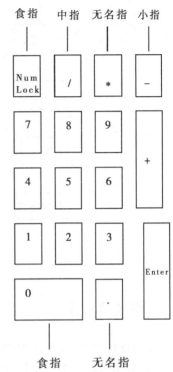

图 2.4 数字小键盘及右手指的分工

2.2.8 盲打录入原则

盲打,即在录入过程中,眼睛只看录入文本原稿,不看键盘、手指或屏幕上打出的资料,以便使录入达到最高的速度。这是一个合格的录入员必须具备的基本功。

2.3 西文录入速度和技巧

2.3.1 西文录入速度

西文录入速度的快慢决定了汉字录入速度的高低。因此,西文录入是汉字录入的基础和保证。在西文录入练习时,应按"循序渐进,不急不躁"的原则,严格按正确的录入指法和正确的击键姿势要求做。整个练习分步骤进行,如图 2.5 所示。

由图2.5可见,西文文稿录入练习是西文练习的最后一个阶段,练习过程中应按"盲打录入原则",力争西文录入速度达到最高。

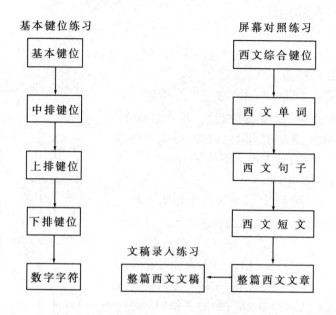

图2.5 西文录入练习的步骤

2.3.2 西文录入技巧

①在西文键盘上,左右两边均有一个"Shift"键,这个键的功能是控制符号的输入,如西文的大小写、双字符键的上挡字符的录入。为了提高录入速度,应用左、右手分别管理。当录入由左手控制的字符时,用右手小指按住右"Shift"键,左手击相应的字符键;当录入由右手控制的字符时,用左手小指按住左"Shift",右手击相应的字符键。

②在西文文章录入过程中,当文本中夹着多个大写西文字母时,可用左手小指击一下"Caps Lock"键,此时录入的西文字母以大写形式出现。相反,当文本中多个大写西文字母中又夹杂一两个小写西文字母时,可在"Caps Lock"指示灯亮着的情况下,用一手小指按"Shift"键,另一手击相应字母键即可得西文小写字母。

③当西文文章录入过程中只夹杂着一两个西文大写字母时,可用"Shift"键的功能录入。

④在汉字录入状态下,如中文文章中夹杂着有大写西文字母,可用②、③方法录入。相反,如中文文章中夹杂有小写西文字母,可利用"Alt"键切换录入。例如,当录入由左手控制的西文小写字母时,用右手小指按住右"Alt"键,左手击相应的字母键;反之,当录入由右手控制的西文小写字母时,用左手小指按"Alt"键,右手击相应的字母键。这时没有必要转换输入状态。

2.4 录入指法训练要求

2.4.1 循序渐进,不急不躁

在进行录入指法练习时,应当按"循序渐进,不急不躁"的原则,从接触键盘开始,就严格按双手十指的分工击键,养成良好的指法习惯。在训练初期,手指的击键频率应由慢到快,逐渐熟悉键盘。

在训练中,应依次从食指到小指,按中排、上排、下排和数字键的顺序进行击键练习,先单键后双键(组合键),先单字符、单词,后综合文本。并注意大小写字母符号输入的交叉练习,要能准确击中标点符号键。

在练习中,要特别注意使用频度非常高的回车键 Enter、退格键←Backspace 和空格键的击打训练,一定要做到击键准确无误,干净利落。

在文字处理软件中,光标的移动非常多,所以要能对光标控制键进行熟练的操作。在操作这部分键时,通常将右手移到这个区上,用右手的食指、中指和无名指进行操作。

对于初学者,双手的小手指难于控制,常常不能将其和无名指分开进行独立控制,所以初学者要加强小手指的控制训练。

在练习中,要去找击键时的诸多感觉,如键的空间位置(相对基本键位)、力度、节奏,通过练习,使打字录入操作能像写字一样在下意识中完成。

2.4.2 借助于练习辅助软件,提高训练效率

借助于某些专用指法练习辅助软件,必定能提高训练效率,起到事半功倍的作用。现在流行的指法练习辅助软件很多,可根据自己的喜好进行选择。

小 结 2

本章讨论了键盘基本键位的确定和双手击键时十指的明确分工要求,阐述了录入的基本技术规范,要求在练习初期应从基本键位开始,各种键符均要练到。练的过程中,要靠手指的触觉去感受击键力度、要领及键位位置,把握好击键节奏。击键速度先慢一些,熟练后方可加快,否则反而欲速不达。初学者要注意加强无名指和小手指的练习。

借助于打字录入练习软件进行打字练习,可提高练习效率。

习 题 2

2.1 计算机键盘上英文打字区的键位布局不是按英文顺序排列的,原因是什么?

2.2 指明在下面列出的文本中,由右手各手指负责的键符分别是哪些?

TMemo is a descendant of TEditor that is intended to go into a dialog or form. It supports GetData and SetData and allows the Tab key to be processed by TDialog. It also has a different palette than TEditor. GetData/SetData expect a record like the following,

TMemoRec = record

TextLcn:Word;

TextData:array[1..MaxMemoLen]of Char;

end;

where MaxMemoLen is the BufSize value passed to TMemo. TMemo allocates its buffer from the heap.

2.3 脱机练习

"脱机练习",指不上机即无键盘时,将手指放在桌面上(可借助于键位图)进行手指的击键练习。

脱机练习输入下面文本:

Yesterday we went to an exhibition on the life and work of Lenin, the great revolutionary leader of the working class. There we saw pictures of lenin's early life. They were very in spiring and taught us a lot.

Lenin was born on April 22, 1870, in the town of simbirsk. After he finished school there, he went to the University of Kazan. There he wea a leader of the student movement and took an active part in revolutionary work. Lenin lived simply and studied hard. He was the best student in his class, and was always ready to help his friends with their lessons. Lenin worked very hard at foreign languages, because he knew they were a useful we a pon in revolutionary struggle. He read a great deal , and made full notes while he trsf. He planned hid work carefully , and never left today's work for tomorrow.

上机练习 2

1)上机目的要求

①能以正确的体态进行录入;

②熟练掌握双手十指分工要求和基本键位键的击键要求;

③熟练掌握全部英文字母键、空格键、回车键和退格键的击键要领；
④掌握双字符键的录入要领。

2）上机说明

从本次练习开始，使用 WBZT 练习软件进行练习，以后操作练习部分提到的"文本文件名"指磁盘上的 DOS 文件名，在练习软件中可进行选择。

键盘中英文打字区分为上、中、下三排字母键和顶排数字键四个部分，在练习中要按照练习文本的要求对指定部分进行练习。

3）操作练习

（1）基本键位键、CH 键练习
文本文件名：西文基键.PST
文本全文：
（食指）

```
fff  jjj  fff  jjj  fff  jjj  fff  jjj  fff  jjj  fff  jjj  fff  jjj  fff  jjj  fff  fff
jjj  fff  jjj  fff  jjj  fff  jjj  fff  jjj  fff  jjj  fff  jjj  fff  jjj  fff  jjj  jjj
jjj  fff  jjj  fff  jjj  fff  jjj  fff  jjj  fff  jjj  fff  jjj  fff  jjj  fff  jjj  jjj
fff  jjj  fff  jjj  fff  jjj  fff  jjj  fff  jjj  fff  jjj  fff  jjj  fff  jjj  fff  fff
jjj  fff  jjj  fff  jjj  fff  jjj  fff  jjj  fff  jjj  fff  jjj  fff  jjj  fff  jjj  jjj
fff  jjj  fff  jjj  fff  jjj  fff  jjj  fff  jjj  fff  jjj  fff  jjj  fff  fij  ffj  jfj
fjj  jjf  ffj  jfj  fjf  fjf  jjf  fjf  jff  fjf  fjf  jff  jff  jff  fjf  jjf  jfj  ffj
```

（中指）

```
ddd  kkk  ddd  kkk  ddd  kkk  ddd  kkk  ddd  kkk  ddd  kkk  ddd  kkk  ddd  kkk
ddd  kkk  ddd  kkk  ddd  kkk  ddd  kkk  ddd  kkk  ddd  kkk  ddd  kkk  ddd  kkk
ddd  kkk  ddd  kkk  ddd  kkk  ddd  kkk  ddd  kkk  ddd  kkk  ddd  kkk  ddd  kkk
ddd  kkk  ddd  kkk  ddd  kkk  ddd  kkk  ddd  kkk  ddd  kkk  ddd  kkk  ddd  kkk
ddd  kkk  ddd  kkk  ddd  kkk  ddd  kkk  ddd  kkk  ddd  kkk  ddd  kkk  ddd  kkk
ddd  kkk  ddd  kkk  ddd  kkk  ddd  kkk  ddd  kkk  ddd  kkk  ddd  kkk  ddd  kkk
ddd  kkk  ddd  kkk  ddd  kkk  ddd  kkk  dkk  dkk  ddd  kkd  dkd  kdd  kdd  kdd
kdk  ddk  dkd  kdd  kdd  kdk  dkd  dkd  kdk  ddk  ddk  ddk  dkk  ddk  dkk  dkd
ddk  dkd  dkd  kdd  kdd  kdd  dkk  dkd  dkk  dkd  dkd  kdd
```

（无名指）

```
ssss  llll  ssss  llll  ssss  llll  ssss  llll  ssss  llll  ssss  llll  ssss  llll
ssss  llll  ssss  llll  ssss  llll  ssss  llll  ssss  llll  ssss  llll  ssss  llll
ssss  llll  ssss  llll  ssss  llll  ssss  llll  ssss  llll  ssss  llll  ssss  llll
ssss  llll  llll  ssss  llll  ssss  llll  ssss  llll  ssss  llll  ssss  llll  ssss
llll  ssss  llll  ssss  llll  ssss  llll  ssss  llll  ssss  llll  sll  ssl  lls  lsl
sl  ls  lsl  sssl  sssl  ssll  llsl  lsl  lsls  lsls  ssls  sl  sl  sls  sl  slls  lssl  slsl
```

ss ls sls slssl sls sls

（小指）

as ass a as ass a ass jddk skd klsdk lass a lad lads；a lad   lads；a salad a as ask asks；a ask flask；ask flas ks；a as   ask a jaf jaffa；a jaf jaff as；a jaf as a all fall falls；a   addadds；lads fall；a all；sad lad；fad；sad；lad；lad；   sad；lad；saf；a lad asks；alas a lad fad；jaffas；add lad；   dad dasks；dad asks all；alas dad falls；dad asks alad asks；   alas a lad fll s ；ask a lad；a ask add a jaffa；a jaffa falls；   all jaffas；add ask；dad asks；dad asks all；alas dad falls；   dad asks asdfg；lkjh asdf

（GH 键）

hg hg hh gg hg hh gg hg gg h hh g hh gg hh g hg hh   ggh hhh gggg hhhh g h gggg hhgg gghh hhhh gggg hgh   ggh h ghg hgg hhg；lkjh asdfg；lkjh asdfg hjkl；gfdsa   gif jh kjd fgk alfh aghj aghf alkd gsdh dfhg aghfj aghj   ahha aggll afghg hhg dfg hkh lha dgfg sf g dkhg ghdfj   dhdf dhs jgh ghf jfhg hf dj fjd hf dd gh fh fg jh hj   gff jjg fh jjg ffh ffhh jjjh hhjj hhhj gggf ggjj gjhf   gjfh fjhg jkl；gfds a hjkl；gfds hjkl；gfdsa hjkl；gfdsa   lag；sad；lag；sad；lag；sad；；gas；gas；gas；all   all all all all all al ask ask ask ask ask ask ask ask   ask had had had had had had had had had aha aha aha aha aha aha aha aha half half half half half half half   dash dash dash dash dash dash dash lass lass lass lass   lass lass lass glad glad glad glad glad glad glad asks   asks asks asks asks asks asks gall gall gall gall gall   gall gall falls falls falls falls falls falls

（2）中排键练习

文本文件名：西文中排. PST

文本全文：

glass glass glass glass glass glass salad salad salad salad salad salad halls halls halls halls halls halls fed ill fed ill fed ill fed ill fed kik ded kik ded kik ded kik ded kik kill sail kill sail kill sail kill jail jade jail jade jail jade jail like like like like like like like sell sell sell sell sell sell sell did did did did did did did did did eke eke eke eke eke eke eke eke eke gig gig gig gig gig gig gig gig gig kid kid kid kid kid kid kid kid kid she she she she she she she she she fig fig fig fig fig fig fig fig fig dais dais dais dais dais dais dais deal deal deal deal deal deal deal deed deed deed deed deed deed deed agile agile agile agile agile agile fall fall fall fall fall fall fall file file file file file file file false false false false false false shall shall shall shall shall shall frf juj frf juj frf juj frf juj frf ftf hyh ftf hyh ftf hyh ftf hyh ftf gtg gtg gtg gtg gtg gtg gtg gtg gtg rest rest rest rest rest rest rest stress stress stress stress stress striker striker striker striker study study study study study study stuffy stuffy stuffy stuffy stuffy stuff stuff stuff stuff stuff stuff struggle struggle struggle struggle surfelt surfelt surfelt surfelt surfelt surggery surggery surggery surggery sure sure sure sure sure sure sure sure tale tale tale tale tale tale tale talk talk talk talk talk talk talk talk tale tale tale tale tale tale tale tale

（3）上排键练习

文本文件名：西文上键. PST

文本全文：

rewq uiop qwer poiu rt uy trew yuio uiop pyio qwre rewq qtre uiop ew wqe iuo er uu eeer uuyi uuuu rrrr yyyy tttt uowe ioup qwee iuow ruy tyur iw e ioq e qwe truw qeoi rei wqo eiru weri owpq eriu erre dkwe jfo csio wedi frui hji xanu ipch ert u iiyn yoog wwyg wwhg wulf fyui qer opdc fio pym q gkwt aawt diet opwerewq uiop qwer poiu rt uy trew yuio uiop pyio qwre rewq qlre uiop ew wqe iu o er uu eeer uuyi uuuu rrrr yyyy tttt uowe ioup qwee iuow ruy tyur iwe ioq e qwe truw qeoi rei w qo eiru weri owpq eriu erre dkwe jfo csio wedi f rui hji xanu ipcb ertu iiyn yocg wwyg wwbg wulf ryui qer opdc fio pymq gkwt aawt diet opwe teeth teeth teeth teeth teeth teeth salad salad salad salad salad salad salad silky silky silky silky silky silky silky salary salary salary salary salary salary salary skilled skilled skilled skilled skilled skilled lasteful lasteful lasteful lasteful taught taught taught taught taught taught teller teller teller teller teller teller ufter ufter ufter ufter after after after the the the the the the the the the the the qwert qwert qwert qwert qwert qwert qwert trewq yuiop trewq yuiop trewq yuiop trewq pqy pqy pqy pqy pqy pqy pqy pqy pqy pqy tip tip tip tip tip tip tip tip tip tip too too too too too too too too too too low low low low low low low low low low lot lot lot lot lot lot lot lot lot lot out out out out out out out out out out quit quit quit quit quit quit quit quit quit quit quewl quewl quewl quewl quewl quewl quewl quewl wire wire wire wire wire wire wire wire wire ours ours ours ours ours ours ours ours ours your your your your your your your your your outlay outlay outlay outlay outlay outlay outlast outlast outlast outlast outlast outlast outdo outdo outdo outdo outdo outdo outdo paper paper paper paper paper paper paper otato potato poiato potato poiato potato potato powerful powerful powerful powerful powerful powerful powerful fvf fvf fvf fvf fvf fvf fvf fvf fvf fvf fvf fvf jmj jmj jmj jmj jmj jmj jmj jmj jmj jmj jmj jmj fbf fbf fbf fbf fbf fbf fbf fbf fbf jnj jnj jnj jnj jnj jnj jnj jnj jnj bub bub bub bub bub bub bub bub bub nrn nrn nrn nrn nrn nrn nrn nrn nrn vvv bbb vvv bbb vvv bbb vvv bbb vvv bal bal bal bal bal bal bal bal bal bake bake bake bake bake bake bake valise valise valise valise valise valid valid valid valid valid valid

（4）下排键练习

文本文件名：西文下键．PST

文本全文：

nm,. bvcx . ,mn xcvb xc nm, vnm nvc nmnv nmcv bnm c, cmv nvmc xmcn cmv nnc mmm xx cvv cvvb xcvn mv nc mvnc mcvx mcvn cmvn bnvm cmvb cmvc bnvm vncm nbmc bnm, bvbm, mn cv bnvc xmnv cnds njim denv dsv jhn dikm hjn jdms mxcwndv idmv mcvk name name name name name name name name nation nation nation nation nation nation narrale narrale narrale narrale narrale movable movable movable movable movable muse muse muse muse muse muse muse muse museum museum museum museum museum museum movement movement movement movement voew voew voew voew voew voew voew vie vie vie vie vie vie vie vie vie viewpoint viewpoint viewpoint viewpoint visa visa visa visa visa visa visa visa brief brief brief brief brief brief boast boast boast boast boast boast bode bode bode bode bode bode bode bode bonus bonus bonus bonus bonus bonus medium medium medium medium medium member member member member member member mid mid mid mid mid mid mid mid mid mid meter meter meter meter meter meter meter nimble nimble nimble nimble nimble nimble nut nut nut nut nut nut nut nut nut nut normal normal normal normal normal normal not not not not not not not not not cdc cdc cdc cdc cdc cdc cdc cdc cdc cdc sxs sxs sxs sxs sxs sxs cactus cactus cactus cactus cabin cabin cabin cabin cabin call call call call call classic classic classic ciassic xylograph xylograph xylograph xylograph xanthiic xanthiic xanthiic xanthiic xsw xsw xsw xsw

xsw xsw six six six six exit exit exit exit execution execution execution expert expert expert candour candour

（5）大小写英文字母、数字符号键

文本文件名：西文大小．PST

文本全文：

（大小字母）

Aa Bb Cc Dd Ee Ff Gg Hh Ii Ji Kk Ll Mm Nn Oo Pp Qq Rr Ss Tt Uu Vv Ww Xx Yy Zz

A Quick Brown Fox Jumps Over A Lazy Dog！

ABSJ ksdi KSDQ Kasj OW ker SIF erkr F fdff KD kfdj WWO nvbc JSUD SJQ gylh DJDI Park Over Yes No Home End The I am Jue

（数字符号）

558972234156775611778454897891 32.66232146854532218989772131441123233256441231040 44500544057156700663211547895654212105 27 × − 5445 − 12 + − − 1416341225574 + 94 × − 448778998945566412345674 51 × − + 1 + + − × + − × 5456 + 6 − × 5456 + 123345 + − 、× 、7854466211236487848 9979 + 856 + 23123 − + × 851 + 66 + 554 − 5 + 46 + + × × 511234512 & ^ 38 # $ 10 (× 2！8 9 & 15 % ^178 @ (% @ # 89 % 3 ^4 129) (！# −)！08 # 6 − 3 + 9 1 & 3 % 2 (8) 2 ^7 $ (2 × 7 1 # 8 & 4) 5 + 1 & 43 ^ 58 & 49 ( ) 45 × 2 × 5 & 1 × 4 ^3) 75 × 3 (2) 35 ' '3 # 2) 6 × 32 ^ $ 7 × 6 $ 2 @)！@ 7！4 (4 × 35 $ 4 ^5 % @ × 6 × $ 6y32 − 0 57 & 83 # 4 $ ' $ 3 × 6 & 2 − !(8 ^7 % 4 # 6 @ 2！79 − 0 + 7 = 4' ! 43 # @ $ ；；；。。。，，， ＞＞＞ ＜＜＜ 。，＜ ＞ ？？？ ＞。，；？ a？？ ＜？？ ＜？ ＜ AbK ＞ ＜ Ycf ＜ ，；？ VqP？ ＜ ，。？ ＞ ，，；＜ ＞k？ ＞ ＜？。，，。 ＜ ＞、＜、＞。，？；：、，。 ＞ Mouh-HeT：？。，；。，＞＜、？：，＞、＞？：；，。 ＜。？；：、＞，、？ ＞，l；jdETtH，。 ＞ ＜。 ＞？、；l，＞ fje。

630010 183482 384932 630010 3847542

ksiwl AKS123jd 244sw 12eeee 1994rh 31jjjj

123 456 789 0 − = 1437 2389 9065 4838 2901 4637 8732 58491 49301 76320 9841 9601 98 − 31 = 67 32410 86491 376509 492 − 198430 − 56583 15327 23598 3456 1027 345987 1 − 28 = 2743 75838 5763990 236753129 678492 355896 83402 592476 12905

。 − = 【】〖〗 ' '；，。 ¯ ！＠#＄%^&×()_+《》〈〉：""＜＞？ 、 ''""？ 々…々…〈〉〈〉〖〗 【】 《》〈〉：；：；'''''……々〔〕【】〖〗【】〖〗〗【】〖〗 、？、、？？ ＞。。 ＜，＜ ！＠#＄%^&×()−+ − +(×&@#＄%！×&^—)(&^= −)(@#＄ $%#^−+×@#!%！× −)×&#+)@#＄#!)@#()^&！#@ $(—+×&%#^！)^#×@(—@！×&#&！− ++×＄#%@×#×$^!− +^@#!)−#^@×× @()！+@#×&^−^@×$^+@$!)@−+$×&@)+$^@)+−# &)−#& $$%@(！ −^%^＄#()

（6）综合文本练习

文本文件名：西文练习．PST

文本全文：

glass glass glass glass glass glass salad salad salad salad salad salad halls halls halls halls halls halls fed ill fed ill fed ill fed ill fed kik ded kik ded kik ded kik ded kik kill sail kill sail kill sail kill jail jade jail jade

jail jade jail like like like like like like like sell sell sell sell sell sell
sell did did did did did did did did did eke eke eke eke eke eke eke
eke eke gig gig gig gig gig gig gig gig gig kid kid kid kid kid kid kid
kid kid she she she she she she she she she fig fig fig fig fig fig fig
fig fig dais dais dais dais dais dais dais deal deal deal deal deal deal
deal deed deed deed deed deed deed deed agile agile agile agile agile agile
fall fall fall fall fall fall fall file file file file file file file false false
false false false false shall shall shall shall shall shall frf juj frf juj frf juj
frf juj frf ftf hyh ftf hyh ftf hyh ftf hyh ftf gtg gtg gtg gtg gtg gtg gtg
gtg gtg rest rest rest rest rest rest rest stress stress stress stress stress
striker striker striker striker study study study study study study stuffy stuffy
stuffy stuffy stuffy stuff stuff stuff stuff stuff stuff struggle struggle struggle strug-
gle surfeit surfeit surfeit surfeit surfeit surggery surggry surggery surggery sure
sure sure sure sure sure sure sure tale tale tale tale tale tale tale talk talk
talk talk talk talk talk talk tale tale tale tale tale tale tale tale

（7）西文文章练习

文本文件名：西文文章．PST

文本全文：

Yesterday we went to an exhibition on the life and work of Lenin , the great revolutionary leader of the working class. There we saw pictures of lenin's early life. They were very in spiring and taught us a lot.

Lenin was born on April 22 , 1870 , in the town of simbirsk. After he finis hed school there , he went to the University of Kazan. There he was a leader of the student movement and took a n active part in revolutionary work.

Lenin lived simply and studied hard. He was the best student in his class , and was always ready to help his friends with their lessons. Lenin worked very hard at foreign languages , because he knew they were a useful we apon in revolutionary struggle. He read a great deal , and made full notes while he trsf. He planned hid work carefully , and never left today's work for tomorrow.

The news media in the U. S. consist of radio , television and newspaper. Together they are pervasive on the lives of many Americans and influential on their daily routines. Many Americans begin their day reading the newspaper or watching a morning news program on telvision while drinking their coffee. While driving to work , the news can be heard on the car radio. Throughout the day the news is broadcast repeatedly on the radio and television. In the evening news is a prime feature on television with up to two hours of news in the early evening and more news late at night. For those who prefer reading , the evening newspaper offers the reader the possibility of reading the news others see and hear on television.

The news media are free of government control. It it up to the general public to choose what to read , watch or listen to . Therefor , the media must have a sensitivity to the interests of public. News is big business. However , it is a very competitive business , as each station or each paper competes for audiences and readers. Each tries to present the news Americans want to know. When an item becomes newsworthy , such as an election or a war, Americans will become familiar with media scramble to be as informatives as possible. But the result is that the news becomes repetitive. As the news media report the same news items estimated to be the most interesting and impressive, listeners, viewers or readers might find it difficult to be selective. Nevertheless, most American would not criticize their news media too harshly. The credibility of the news media is generally acknowledges and accepted by the American public.

（8）西文文本原稿录入练习

文本文件名：西文文稿. PST

本文全文：

Computers help the astronauts make their trips into space and back again. But this is only one of the many ways that computers work for man.

There is hardly any business in which a computer cannot be helpful.

Even someone who owns a very small business probably can use a computer's help now and then. But a computer works so quickly that it takes a lot of problems to keep it busy. And computers cost a lot of money, so people who own small businesses usually don't want to buy one. Instead, many businesses use the same computer.

A computer works so fast that it can easily work on the problems of several businesses all in one second-and still have time left over.

But before the computer can solve a problem, a man has to plan out how the computer will solve it.

Once the man sets up the computer to solve a problem, the computer can solve thousands of problems just like that one. The computer can solve thousands of problems in less time that it would take a man to solve just one.

Does this mean a computer is very smart? No.

You might even say that a computer is dumb. It can't do even a simple problem like adding 2 and 2 unless some person programs it first. This means that if something unusual happens and a new problem needs to be solved, the computer is in trouble.

The fast computer has to wait for a slow man to figure out how this mew problem can be solved. As soon as the man tell the computer how to do it, the computer can work just as fast on the new problem as on the old ones. It doesn't need practice to become fast.

Today computers are a part of out daily lives. When you use a telephone, a computer helps you complete your call. Airlines use computers for navigation and to make reservations. Most of the bills your parents get in the mail are made up by computer. Pocket calculators-machines that figure out arithmetic problems-can go wherever a person goes.

第二部分

中文录入方法

在这一部分中将讲述汉字输入中的基本概念和现在普遍使用的几种计算机汉字输入方法,包括区位码、拼音和五笔字型汉字输入方法,将重点讨论五笔字型汉字输入方法,其他几种汉字输入方法只作一般使用性介绍。

3

汉字输入方法的概念

英文的特点决定了计算机硬件特别是键盘的物理特点。键盘的设计与英文字母的对应关系简单直观,使得英文在计算机中的处理非常容易。但是,汉字与计算机硬件之间不存在直接的对应关系,英文方式的键盘与汉字符号之间也不存在直接的对应关系。所以,要使计算机能处理汉字信息必须在计算机与汉字之间建立一种适当的对应关系,使西文计算机变成汉字计算机,为此研制出了汉字系统和相应的汉字输入方法。

3.1 汉字系统与汉字输入方法

3.1.1 汉字系统简介

为了使计算机能处理汉字,我国专家在计算机系统软硬件基础之上研究开发出了主要靠硬件(板级或卡级)实现的汉字计算机(如"长城"计算机、各种汉卡)和主要靠软件(即软体汉字)实现的汉字基本输入输出处理系统(CCBIOS),以下简称汉字系统。

汉字系统实质上只是对西文字符处理系统进行了修改与扩充,使之能完成汉字的输入(利用键盘、光笔、汉字键盘等输入设备)及汉字的输出(利用显示器、打印机等输出设备)。汉字系统属系统软件。无论是软体汉字或是汉卡,对计算机硬件配置没有什么特殊要求,只要装入汉字系统,计算机不仅仍然可以处理西文,同时可进行汉字的输入与输出处理,使之成为一台既能处理西文又能处理中文的中西文计算机。

在个人计算机即 PC 机上使用的汉字系统是一种基于西文磁盘操作系统 PC-DOS/MS-DOS的汉字操作系统,即汉字磁盘操作系统,常用英文缩写 CCDOS 表示。目前在微型计算机上流行的汉字系统有 CCBIOS 2.13,CCDOS,UCDOS,Super-CCDOS,M-6403,王码 WMDOS,联想 LXDOS,天汇,中国龙和台湾研制的倚天系列汉字系统等,种类繁多,各有特点。

微型计算机上使用的汉字系统主要由三大部分(模块)组成:显示器管理、键盘管理及打印设备管理。其中,显示器管理模块负责字符的显示,键盘管理模块负责键盘字符的输入,打印设备管理模块负责字符的打印。

在汉字系统下,汉字的输入则依赖于不同的汉字输入工具来完成,如键盘,专用书写笔或者语音系统。教材这一部分介绍的各种汉字输入方法基于最经济、最直接的工具——键盘。

3.1.2 汉字输入方法简介

汉字输入方法实质上是一套汉字编码及输入规则。一个汉字输入法的编码规则确定了其输入规则,由编码规则与输入规则构成一套完整的编码方案。汉字输入方法从其原理上讲,分为音码、形码、意码和数字码几种。具体编码方案通常用汇编语言程序来实现,多数采取可执行程序文件的方式存贮在磁盘上(如 WBX. COM)。启动汉字系统后,通常已经具有一种或两种汉字输入方法(如区位码和拼音)供使用,但若需要另外增加输入方法如五笔字型、自然码的时候,需要从磁盘上运行对应的可执行程序文件才能得到相应汉字输入法的支持环境,这些可执行程序文件就是通常所说的"输入法模块"。一个输入法模块就是对一种编码方案的具体实现,依靠它们就可将汉字输入计算机。一个汉字系统通常能提供多种输入法模块供录入员选用。

3.1.3 汉字输入法中的基本概念

1)汉字的分级

中国汉字非常多。康熙字典共收集了 47 935 个汉字;1979 年出版的《辞海》收集了 14 892 个;《新华字典》上收集了 8 400 个。其中,常用汉字有 4 000 多个。国家有关部门为汉字(简化汉字)制定了相应的取字标准,并按使用频度分为两个级别:一级汉字与二级汉字,共计 6 763 个汉字,616 个图形符号。其中一级汉字为较常用字,共有 3 755 个,二级汉字为次常用字,共有 3 008 个。同时为了标识每一个汉字,给出了汉字的标准编码——国家标准汉字区位编码。区位编码与汉字是一一对应的,每个汉字有惟一的一个编码——区位码。

2)外码与内码

对用计算机键盘输入汉字的各种编码方案而言,都有一个共同的特点:即必须通过键盘才能输入汉字,而从键盘打入的符号要么是英文字母串,要么是数字符号串,要么是字母与数字的组合串。不同的"串"代表不同汉字的外部编码,也对应了不同的汉字。编码有外部编码与内部编码之分。外部编码简称为外码,由录入员输入时使用;内部编码由输入法模块内部使用,内部编码与外部编码存在着某种对应关系。当输入了一个汉字(或词组)时,输入法模块内部的管理程序将按此外码进行计算和查表找到相应的汉字(或词组),并将找到的汉字的内部编码交给汉字系统的其他部分去处理:显示或存贮。输入的汉字在计算机内部是以内部编码的方式存放的,所以内部编码又称为机内码,简称内码。内码实质上就是国标码。

作为录入员只需关心汉字的外部编码。外部编码实质上是输入汉字时由键盘打入的键盘字母码或数字码(键码)。对于汉字"说",在五笔字型中,应从键盘上打入外码 YUKQ;而在全拼双音中,则应当打入的外码是拼音字母 SHUO;在声韵双拼(双拼双音)中该字的外码是 IO;在区位码输入法中它的外码是 4321;在国标码输入法中是 CBB5(在机器内部存放的十六进制码)。

3)重码与重码率

凡会拼音的人都有共识,即同一拼音编码有若干汉字对应。当用拼音输入法输入汉字时,不可避免会出现相同外码有多字对应的情况,这种由一个外码对应的若干汉字就是重码汉字,即其外码相同但字不同。同一外码对应的汉字越多,则重码字越多,称为重码率高,反之称为重码率低。

4)外码长度

外码长度,指输入汉字时对应一个或几个汉字(词组)从键盘上打入的键符数。如五笔字型中"说"字的键符数是 4。通常,外码越长则可使汉字编码的重码率越低,但同时因击键次数较多会使输入效率较低。五笔字型输入法的外码长度最大为 4,只选用了 A ~ Y 共 25 个键符来做外码,故最多可以表示 $25^4 = 390\ 625$ 个汉字编码,因而在五笔字型输入法中可方便地做到"字词兼顾",即编码中足以容纳全部汉字的编码及部分汉语词组的编码。

3.2 Super-CCDOS 和 UCDOS 汉字系统的基本使用

3.2.1 Super-CCDOS 汉字系统的基本使用

Super-CCDOS 是由北大新技术公司与香港金山公司联合开发的汉字系统。

1)Super-CCDOS 的启动、输入提示行

(1)启动

当打开计算机电源后,机器先从磁盘上引导 PC-DOS。如果机器没有硬盘,则应当将装有 DOS 系统的软磁盘放入 A 驱动器(上面一个软盘驱动器)。当出现了 DOS 系统的提示符 C〉(有硬盘的话)或 A〉后,就可按下述步骤启动汉字系统了。

软汉字 Super-CCDOS 系统与硬汉卡 Super-CCDOS 的启动过程稍有不同:

软汉字	硬汉卡
依次运行下面二个程序文件	只需运行下面一个程序文件
CHLIB. COM	SPDOS. COM
SPDOS. COM	
例如:	

A〉chlib ⟵⎯

A〉spdos ⟵⎯　　　(⟵⎯ 为按 Enter 键)

图 3.1 是 Super-CCDOS 启动后在屏幕顶端出现的版本信息：

Super-CCDOS 版本 5.00

香港金山公司,北京大学新技术公司 1990 年 1 月

图 3.1 Super-CCDOS 的版本信息

Super-CCDOS 启动成功后即进入汉字状态,此时的显示屏幕为汉字屏幕。屏幕用于显示文本的总行数视具体显示器而定,单色图形显示器(MONO)为 21 行,VGA 为 25 行。最上面两行是系统的版本信息(见图 3.1)。

(2)输入提示行

屏幕最下面一行是输入提示行。此行反映了当前输入方式,同时显示了机器系统内部时钟的时间。Super-CCDOS 启动成功后的提示行状态如图 3.2 所示：

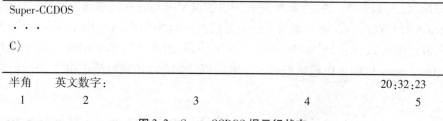

图 3.2 Super-CCDOS 提示行状态

图 3.2 中各部分的意义如下：

1 —— 全角或半角方式状态显示;

2 —— 当前输入法名称显示;

3 —— 汉字外码输入位置;

4 —— 重码表区;

5 —— 系统当前时间(24 小时制)显示。

2) 启动时的参数

对软汉字系统,必须先运行 CHLIB.COM 程序,以便为启动汉字系统安装好显示字库。运行 CHLIB.COM 可带参数/2,即 CHLIB/2,表示只安装一级显示字库到内存常驻,而将二级字库存放在磁盘上,需要时再从中调显示汉字字模(安装显示字库的过程因版本的不同而不同)。

SPDOS.COM 是汉字系统显示器与键盘管理模块,运行 SPDOS.COM 后就可显示汉字并输入汉字。运行它可带参数。

SPDOS/参数,参数为以下几种选择之一：

/T —— 取消时间显示和光标闪烁;

/F —— 选择繁体显示字库;

/E —— 不替换 DOS 的 EMS 内存管理方法。

以上参数与下面显示器类型参数之一可同时使用。

/MON 或/MDA —— 以单色图形显示方式启动；

/EGA 或/350 —— 以 EGA 方式启动；

/C40 或/400 —— 以 COLOR400 方式启动；

/CGA 或/200 —— 以 CGA 方式启动；

/GCH 或/450 —— 以长城 CH 方式启动；

/600 或/860 —— 以 800 * 600 方式启动；

/800 —— 以 800 * 600 方式启动；

/480 —— 以 640 * 480 方式启动；

/VGA —— 以 VGA 方式启动。

例如：

A〉spdos/t/vga ←┘

一般而言，Super-CCDOS 能自动识别显示器类型，若启动时出现提示："Video parameter not set!"，则表示你的计算机使用的显示器类型系统不能识别，那么重新运行 SPDOS.COM 并给出显示器参数。若提示为"Invail para meter"则表示给的参数不对，应选择正确的参数重新运行 SPDOS.COM。

对 DOS 批处理文件较熟悉的读者可将上述启动过程建立成自动批处理文件。

3）汉字输入法的安装与选择

（1）输入法的安装

Super-CCDOS 有两种汉字输入方法：一是国标区位码输入法（又分为国标和区位两种状态），二是拼音输入法。也可另外安装其他汉字输入法支持程序（如五笔字型）。安装方式为运行磁盘上的输入法模块程序文件。

下面是常用的外加输入法模块：

WBX.COM —— 五笔字型汉字输入法支持程序（运行它则可装入五笔字型汉字输入法）；

CCSJ.COM —— 层次四角输入法支持程序；

BXM.COM —— 表形码输入法支持程序；

TELE.COM —— 电报明码输入法支持程序；

PY.COM —— 拼音类输入法支持程序（对软汉字系统而言有）。

如果要使用五笔字型汉字输入法，则启动 Super-CCDOS 后进行操作。

A〉wbx ←┘

通常将上述全部操作建立到一个批处理文件中，以便简化启动手续。如果机器可用内存不够大或内存紧张，则不宜一次安装过多的输入法模块。

（2）输入法的选择

Super-CCDOS 可以同时使用 10 种输入法，可视录入的需要选用某种输入法。但多安装一种输入法则将减少用户可用内存。

用 Alt 键加功能键 F1 ~ F10 进行输入法选择。下面是各输入法对应选择键：

Alt + F1 —— 国标区位 ┐
Alt + F2 —— 全拼双音 ├ 这3种输入方法通常由 SPDOS.COM
Alt + F3 —— 双拼双音 ┘ 带入,不提供相应的输入法模块程序

Alt + F4 —— 五笔字型;

Alt + F5 —— 层次四角;

Alt + F6 —— 表 形 码;

Alt + F7 —— 电报明码;

Alt + F8 —— 未定义,可由用户编制的程序定义使用;

Alt + F9 —— 图形符号(由 SPDOS.COM 带入);

Alt + F10 —— 英文数字。

选择出一种输入法后,应当按相应输入法的输入规则进行文字的输入。

4)输入状态的切换

(1)一般状态的切换　用 Ctrl 键加功能键 F1~F10 可设置或取消一些输入状态:

Ctrl + F1 —— 重复输入上一次输入的汉字或词组;

Ctrl + F3 —— 设置/取消联想输入;

Ctrl + F4 —— 设置/取消查国标码、区位码、电报码功能;

Ctrl + F5 —— 简体/繁体转换;

Ctrl + F6 —— 改变显示背景(仅限彩色显示器);

Ctrl + F7 —— 中/西文显示方式转换;

Ctrl + F8 —— 时间显示开关/取消定时报警;

Ctrl + F9 —— ASCII 字符全角/半角输入转换。

(2)全角与半角状态　ASCII 字符的输入有全角和半角之分。全角与半角的转换用Ctrl + F9 转换。全角状态下打入 ASCII 字符时将得到对应的汉字图形符号,如 Ａ Ｂ Ｃ Ｄ ,１２３ ,！＠＃,《〈〖【 "。、×＄,ｑｗｅｒ 等。半角状态下打入 ASCII 字符时将得到对应的纯粹的键盘字符,如 ABCD ,123 ,! @#,{}[ ]"＊＄,qwer 等。

5)输入操作

系统启动后,默认的输入方式为"半角 英文数字(ASCII)"方式。可以通过键盘选择需要的输入状态后进行输入操作。

(1)英文符号输入

只要将输入状态设置为"半角 英文数字"方式,则从键盘上打入的符号就是英文 ASCII 字符。每一个 ASCII 英文符号在屏幕上占一个显示位置,与在纯英文 DOS 下的显示方式相同。每个符号在机器内部只需一个字节存贮。

(2)全角符号输入

全角符号也是汉字符号。在 ASCII 字符全角方式下和非英文数字输入方式下(如在五笔字型输入方式下),按以下键则有特殊定义:

. —— 。　　　(句号)

／——、　　　（顿号）

＊——×　　　（乘号）

＼——…　　　（省略号）

｜——々　　　（等等号）

′——''　　　（单引号）

″——""　　　（双引号）

〡——〈〉　　　（单书名号）

〡——《》　　　（双书名号）

］——〖〗　　　（空方括号）

〔——【】　　　（实方括号）

这几个键当按奇数次键时，输入前一个符号；按偶数次键时输入后一个符号

其他键盘上标明了的标点符号可直接按相应键获得。全角符号在屏幕上占两个英文半角符号的显示位置。每个汉字符号在机器内部需用两个字节存贮。

（3）汉字的输入

下图提示行为汉字输入时的显示格式：

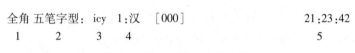

全角　五笔字型：icy　1:汉　［000］　　　　　　21:23:42
　1　　　2　　　　3　4　　　　　　　　　　　　5

图3.3　状态行的汉字输入显示

图3.3中各部分的意义为：

1 —— ASCII字符输入方式状态；

2 —— 此处显示输入法名称（这里是五笔字型输入法，输入法可用Alt + F1 ~ F10选择，用Alt + F4选中五笔字型输入法，用Alt + F10选择为英文数字输入方式）；

3 —— 显示在选定输入法后，输入汉字时的外码（国标区位输入法用数字键的组合输入，而拼音或五笔字型输入法必须用小写英文字母的组合输入）；

4 —— 这部分区域用于显示打入的汉字外码对应的一个或多个汉字及词组（当对应汉字多于一个时，即有重码时，每次显示一组汉字并给出编号，打入相应数字键可选中需要的汉字。用〈或〉键可前后翻转其余尚未显出的汉字。括号［］中的数字是未显出的剩余汉字数，即重码个数）；

5 —— 机器系统时间：小时:分钟:秒。

当输入汉字时，若打入的外码没有相对应的单字或词组时，机器喇叭会报"嘟"声示警。若要修改刚打入的外码字母，则可用退格键←Backspace键回退修改；若要放弃正在打入的外码字母，则可简单地按Enter ←┘键取消。这时请注意：如果在提示行中已经没有外码字母时，用这两个键的操作结果将作用在编辑窗口中的编辑行上。

在各种汉字输入法里，系统定义：

①若输入小写字母，则将它作为汉字输入码；

②若输入大写字母，则将它作为ASCII码处理；

③若使用Alt + 字母键，则不论其大小写，均不作汉字输入码，而将它作为ASCII码处理；

④若使用 Ctrl + 字母键,则为编辑命令的键盘操作,如 Ctrl + KS 为保存文件;

⑤若输入数字则看重码区有无字符,若重码区有字符,则选择重码,否则作为输入码;

⑥若在输入汉字时有重码,并已经挑选了当前显示区中的一个汉字,则可使用 Alt + 数字键进行同一显示区中其他汉字的选择。

(4)图形符号的输入

用 Alt + F9 可激活图形符号输入。激活后提示行显示状态如图 3.4:

全角 图形/符号 第 1 区 1: 2:、3: 4:· 5: ̄ 6: ˇ 7: ¨ 8: " 9: 々 0: [084]

图 3.4 图形/符号输入状态行

图 3.4 中的"第 1 区"指当前显示的图形符号为国标汉字区位表中第 1 区的图形符号。此时若继续按 Alt + F9,则可选显下一区的图形符号。图形符号一共有 9 个区,每区共有图形符号 94 个。每次最多显示 10 个图形符号。在这种状态下可按相应数字键选择需要的图形符号。如若需要的图形符号不在当前显示行中,则可用" = "键或" − "键向后翻显或向前翻显其他的图形符号供选择。

可以在图形符号输入状态下,输入各种汉字全角图形符号。如

日文假名:ああいいう フフイフイイウイ 等共计 169 个;

希腊字母:α β γ δ ε ζ η θ μ λ ξ π ρ τ φ ψ ω Γ Δ Θ Ξ Π Σ Υ Φ Χ Ψ Ω 等共计 48 个;

俄文字母:Б Г Д Ё Ж З И Й К Л М У Ф Ц Ч Ш Щ Ъ Ы ь э Ю Я 等共计 66 个;

汉语拼音符号:ā á ǎ à ē é ě è ō ó ǒ ò ù ū 等共计 26 个;

汉字拼音字母:ㄅ ㄆ ㄇ ㄈ ㄉ ㄊ ㄋ ㄌ ㄍ ㄎ ㄏ ㄐ ㄑ ㄒ ㄓ ㄔ ㄕ ㄖ 等共计 37 个;

罗马数字符号:Ⅰ Ⅱ Ⅲ Ⅳ Ⅴ Ⅵ Ⅶ Ⅷ Ⅸ Ⅹ Ⅺ Ⅻ 等共计 12 个;

序 号:1. 2. (1) (2) ① ② (一) (二)等共计 60 个;

一般符号:~ ‖ 「 」 ̄ + ÷ ∧ ∨ ΣΠ ∪ ∩ ∈ ∷ √ ∮ = ≌ ≈ ∽ ∡ ∢ ≤ ∞ ∵ ∴ ℃ $ £ ‰ §No ☆ ※ → ← ↑ ↓ 等数个;

制表符号:┌ ┐ └ ┘ ├ ┤ ┬ ┴ ┼ ┨ ┩ ─ ┯ 等数个。

以上只给出了各类图形符号的部分字样。另外可以用国标区位码输入法输入全部的图形符号(参见附录 1)。

6)Super-CCDOS 的其他功能操作

图 3.5 给出 Super-CCDOS 的一级功能菜单(在 CCDOS 下用打入 Ctrl + F10 激活,用 Esc 键退出):

输入法 控制功能 辅助功能 打印控制 屏幕背景 字符前景 字符背景

图 3.5 Super-CCDOS 的一级功能菜单

当出现一级功能菜单时,可用光标控制键→或←选单。用↓激活二级菜单,用↑或↓选

单,选中后按 Enter 键。

利用 Super-CCDOS 的菜单,可方便地在 CCDOS 状态下动态地改变诸如卸去某个输入法、设定打印字体字号等操作。

3.2.2　UCDOS 汉字系统的基本使用

UCDOS 是由北京希望电脑公司开发的汉字系统。下面介绍 UCDOS 5.0 版的基本使用方法。

1)UCDOS 的启动、输入提示行

(1)启动

在启动好计算机的 DOS 系统后,即可启动 UCDOS。

UCDOS 的安装程序通常将 UCDOS 存放在硬磁盘的 C:　盘上,它的全部系统文件均放在根目录下名为 UCDOS 的子目录里。安装程序通常也将 UCDOS 目录放入 DOS 的 PATH 路径中,以便对 UCDOS 的操作。

启动 UCDOS 即可单步执行,也可用批处理命令进行。

(a)单步执行启动

进入 UCDOS 目录,依次打入下面 6 个命令:

C:　←┘	(进到 UCDOS 所在硬盘)
CD\UCDOS　←┘	(进入 UCDOS 所在目录)
RD16　←┘	(执行显示字库读取程序)
KNL　←┘	(执行显示与键盘管理程序,出现版权版本信息)
RDPS　←┘	(打印字库读取程序)
PRNT　←┘	(执行打印管理程序)
PY　←┘	(加载智能拼音输入法)
WB　←┘	(加载五笔字型输入法)

上述 6 个命令是形成 UCDOS 最基本工作环境的启动命令,其中有几个命令可根据需要选择执行。如果 UCDOS 安装在硬盘的 D 盘中,则第一个命令应是 D:　;第二个命令是进入安装 UCDOS 时确定的目录。如果要运行 WPS 文字处理软件,则必须依次执行 RDPS 和 PRNT 两个命令;如果只需要五笔字型输入法,则只需执行 WB 命令。同样,只执行 PY 命令,则只加载智能拼音输入法。

如果 DOS 处于 UCDOS 所在目录,第一、二步可省。

(b)用批处理命令启动

由于启动 UCDOS 需诸多步骤(即执行若干程序),且这些步骤所进行的具体方式与计算机的硬件配置和软件环境设置有关。为防止出现错误的操作,UCDOS 的 SETUP 设置程序会根据用户的设置要求,在 UCDOS 子目录中自动形成 2 个 DOS 批处理文件 UCDOS. BAT 和 UP. BAT。通常用它们来完成启动 UCDOS 的操作。

下面是与(a)中所述单步手动启动过程相一致的批处理命令的内容:

UP. BAT 内容	UCDOS. BAT 内容
@ ECHO OFF C:\UCDOS\RD16 %1 C:\UCDOS\KNL %2 C:\UCDOS\RDPS C:\UCDOS\PRNT C:\UCDOS\PY C:\UCDOS\WB	@ ECHO OFF C:\UCDOS\RD16 %1 C:\UCDOS\KNL %2 C:\UCDOS\PY C:\UCDOS\WB

在启动时,只需操作时依次打入下面的命令即可:

C: ⏎   (进到 UCDOS 所在硬盘)

CD\UCDOS ⏎   (进入 UCDOS 所在目录)

UCDOS ⏎   (执行 UCDOS. BAT 批处理命令)

或 UP ⏎   (执行 UP. BAT 批处理命令)

在一般情况下,与 UCDOS. BAT 相比,UP. BAT 多加载了打印字库读取模块(执行 RDPS)和汉字打印模块(执行 PRNT)。因此,使用 UP. BAT 启动后,就可以使用 UCDOS 的汉字打印功能及运行文字处理程序 WPS。

UCDOS 启动成功后,屏幕会变成汉字屏幕,如图 3.6 所示。在图 3.6 中的上部是 UCDOS 的版本信息,屏幕最底行是输入提示行。

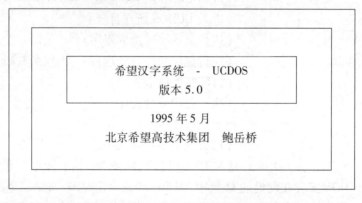

希望汉字系统 - UCDOS

版本 5.0

1995 年 5 月

北京希望高技术集团 鲍岳桥

半角 【英文】   希望汉字系统「UCDOS 5.0 」标准版,版权所有 LQ1600

图 3.6 UCDOS 的启动屏幕

(2)输入提示行

UCDOS 的提示行的主要用途有三个:反映初始启动信息、输入提示和系统运行环境的动态设置。

如果启动 UCDOS 时加载了打印管理程序,则在启动屏幕状态的输入提示行右边会给出打印机的名称,如图 3.6 所示的 LQ1600,即表示使用的打印机类型为 EPSON LQ1600K 系列。

图 3.7 是处于五笔字型汉字输入状态的提示行:

半角	【五笔】	sgnn	1: 配 2: 朽	22:23:18
1	2	3	4	5

图 3.7　UCDOS 的输入提示行状态

图 3.7 中各部分意义与图 3.2 所示相同,请参见图 3.2。

如果需要动态设置 UCDOS 的环境,可按 Ctrl 键 + 某些功能键激活设置菜单。设置菜单也出现在输入提示行,如图 3.8 所示是按 Ctrl + F5 后出现的设置菜单。

1. 存自定义词组,　2. 存记忆词组,　3. 释放最后模块,　4. 终止 UCDOS

图 3.8　UCDOS 的动态设置菜单

这时按对应数字键即可进行相应的操作,例如按 4 键即可退出 UCDOS 回到西文 DOS 状态。

2) 启动 UCDOS 时的参数

启动批命令 UCDOS 和 UP 时还可带两个参数,其语法格式如下:

```
UCDOS    [p1[p2]]
UP       [p1[p2]]
```

参数 p1 实际是显示字库读取模块(RD16.COM)的启动参数,它等价于出现在上面给出的批处理文件里的%1。当参数缺省时,RD16 将选择简体显示字库,并自动地检测机器的系统配置,选择最优的显示字库读取方式。

参数 p1 的格式:[n][j ¦ F]

J —— 使用简体显示字库 HZK16;

F —— 使用繁体显示字库 HZK16F;

n = 1 —— 字库直接从硬盘(本地或网络服务器)读取;

n = 2 —— 一级字库驻留基本内存;

n = 3 —— 全部字库驻留基本内存;

n = 4 —— 字库驻留于直接扩充内存(INT 15H);

n = 5 —— 字库驻留于虚拟盘(Vdisk);

n = 6 —— 字库驻留于扩充内存(XMS);

n = 7 —— 字库驻留于扩展内存(EMS);

n = 8 —— 使用 CEGA/CVGA 汉卡上的显示字库。

参数 p2 实际是文字显示与键盘管理模块(KNL. COM)的启动参数,它等价于出现在上面给出的批处理文件里的%2。当参数缺省时,KNL 将自动检测显示卡类型选择最优的显示驱动程序进行加载,但自动检测仅限于 CGA、HGC、EGA、VGA 四种,如果要加载 Super VGA 显示驱动程序,则必须使用参数 * 或指定正确的 Super VGA 显示驱动程序名称。

参数 p2 的格式:

*   —— 按 VideoID. COM 程序检测的显示卡类型,加载显示驱动程序,这时必须首先运行 VideoID;

其他 —— 使用指定的显示驱动程序,如"VGA"、"TVGA"、"VESA"等;

注:如果 RD16 按缺省方式运行,而 KNL 需要参数时,可为 RD16 虚设一个参数"J",表示使用简体显示字库 HZK16(缺省)。

3)输入法的安装与选择

UCDOS 5.0 提供了五笔、智能拼音、全拼、简拼、双拼、普通、自然码等十五种外加汉字输入法,可以根据需要加载自己熟悉的输入法(区位码输入由 UCDOS 启动自动带入,不需要另行加载)。

UCDOS 把大部分输入法模块放在子目录 UCDOS\DRV 中,其文件的扩展名均为 . IMD,它们称为输入法编码字典文件(也叫万能输入法编码字典)。下面是几种常用输入法名称与对应编码字典文件名的对照:

全拼	PY. IMD
简拼	JP. IMD
双拼	SP. IMD
五笔	WB. IMD
五笔划	WBH. IMD

智能拼音输入法模块程序由下面 3 个文件组成:

PY. COM	智能拼音输入法(直接放在子目录 UCDOS 下)
PY. OVR	智能拼音输入法码表(放在子目录 UCDOS\DRV 下)
PY. USR	智能拼音输入法用户词库(直接放在子目录 UCDOS 下)

(1)输入法的安装

通常,需要的汉字输入法模块应在启动 UCDOS 的批处理命令 UCDOS. BAT 或 UP . BAT中安装,如果在启动 UCDOS 后想另外安装某些汉字输入法模块,可以手工安装,即在 UCDOS 的命令提示行上直接从键盘打入安装命令。

要安装一种输入法,实质上是加载其输入法管理模块程序。对文件扩展名为 . IMD 的输入法模块编码字典文件,必须由称为万能汉字输入法加载程序的 LIMD. COM 来进行安装,而不能直接执行。

安装输入法的操作命令格式如下:

LIMD〈输入法模块编码字典文件〉〈/功能键编号〉

其中,在〈输入法模块编码字典文件〉处用〈输入法模块编码字典文件〉名替换;而开关〈/功能键编号〉是通过按 Alt 键加上功能键对输入法进行选择时使用的功能键编号;其值的对应关系为:2 = Alt + F2,0 = Alt + F10,……当不给出该开关时由输入法编码字典自动决定功能键。

为避免与其他功能键冲突,在加载时通常不给出该开关。

例如,要安装五笔字型输入法,只要从键盘上打入下面的命令即可:

      LIMD WB ←┘   (加载 WB.IMD,不用给出扩展名.IMD)

此处缺省了功能键定义的开关,其默认的进入键是 Alt + F5。

同理,下面的命令安装全拼输入法:

      LIMD PY/F9 ←┘   (加载 PY.IMD)

此处给出了功能键定义 F9,表示进入全拼输入法的按键是 Alt + F9。

如果在用 LIMD 加载某个输入法模块时出现下面的错误信息:

    错误:当前功能键已经安装了输入法

则应当在命令中使用开关,为进入该输入法指定一个空闲的功能键。

由于智能拼音输入法模块程序为 PY.COM(直接放在子目录 UCDOS 下),是可直接执行的 DOS 程序。因此,如果要安装智能拼音输入法而不是全拼输入法,则不需要用 LIMD 来加载,直接从键盘上打入下面的命令即可:

      PY ←┘   (执行 PY.COM)

(2)输入法的选择

在 UCDOS 下,输入法的选择用 Alt 键加上功能键进行。下面是在默认状态下进入各输入的按键操作一览表:

按　键	操　作　意　义
Alt + F1	进入区位码输入方式
Alt + F2	进入全拼输入方式
Alt + F3	进入简拼输入方式
Alt + F4	进入双拼输入方式
Alt + F5	进入简繁五笔输入方式
Alt + F6	进入英文输入方式
Alt + F7	进入普通码输入方式
Alt + F8	进入电报码输入方式
Ctrl + F1	进入预选字输入方式
Ctrl + Alt + 1	进入自然码输入方式

显然,如果按下某功能键后,UCDOS 并没有进入相应的输入法,则表明没有安装这种输入法或是其进入按键被另外定义。

根据上表,按 Crtl + F1 进入预选字输入方式后,可以输入第 9 区中常用的汉字图形符号。内部预选字还包括一些编号、制表符号、罗马字符号和特殊字符等。下面是部分由 UCDOS 5.0定义的预选字:

〃　℃　￥　‰　§　№　※　×　±　÷　　一　二　三　四　五　六　七　八　九　十

1.　2.　3.　4.　5.　6.　7.　8.　9.　10.　　(1) (2) (3) (4) (5) (6) (7) (8) (9) (10)

①②　③　④　⑤　⑥　⑦　⑧　⑨　⑩　　(一)(二)(三)(四)(五)(六)(七)(八)(九)(十)

Ⅰ Ⅱ　Ⅲ　Ⅳ　Ⅴ　Ⅵ　Ⅶ　Ⅷ　Ⅸ　Ⅹ　　○　●　◇　◇　□　□　△　▲　☆　★

→　　←　　↑　　↓　　　　　｜　｜　┝　┥　┯　┷

4）输入状态的切换

在 UCDOS 中，用 Ctrl 键加上功能键，可以方便地进行输入状态的切换。下面是常用切换操作键一览表：

按　键	操　作　意　义
右 Shift	允许/禁止使用 UCDOS 5.0 定义的功能键
Ctrl + F6	进入/退出联想输入状态
Ctrl + F7	中文/西文方式切换开关
Ctrl + F9	全角/半角切换开关
Ctrl + F10	UCDOS 5.0 系统状态设置

下面对上表中的几个功能键的作用进行一下说明：

（1）右 Shift

"右 Shift"表示按键盘右边的 Shift 键。该键是允许/禁止使用 UCDOS 5.0 定义的功能键，它是一个开关型键。如果当前处于某输入法状态，即屏幕底行的提示，按下此键后，屏幕底行的输入提示行将消失，这时就进入了纯西文输入状态。在纯西文输入状态下，不能输入汉字。

"右 Shift"按键比较特殊，它可关闭或开启 UCDOS 的汉字输入提示行，使输入状态在中文与纯英文输入状态之间进行切换，这对在录入汉字时需要输入纯英文句子（等价于"半角【英文】"状态）时非常方便实用。

（2）Ctrl + F9

全角与半角输入状态之间的主要差别是输入的标点符号和数字符号不同。在全角状态下，输入的这些符号均是用汉字字符显示和存贮的，每一个符号在显示行上均占 2 个显示位，用 2 个字节的存贮空间。而在半角状态下，输入的这些符号均是用西文字符显示和存贮的，每一个符号在显示行上只占 1 个显示位，用 1 个字节的存贮空间。

（3）Ctrl + F6

联想功能仅在加载了联想文件后方有效。如果要加载联想文件，只能用静态设置程序 SETUP 进行设置。具体做法是在执行 SETUP 程序后，从菜单中选择"汉字输入参数设置"，然后在对话小窗口中将"允许装入联想词组"设置开关打开（置为"✓"），然后将设置存盘，退出 UCDOS 后再重新执行 UCDOS. BAT 启动 UCDOS。

（4）Ctrl + F7

按该键并不会退出 UCDOS，它只是将当前显示状态在中文和纯西文方式之间进行切换。当然，在纯西文方式下是不能显示或输入汉字的。

5）输入操作

UCDOS 的输入操作基本上与 Super-CCDOS 中的输入操作相同，故此处不再重复，下面仅给出输入中常用的操作按键。

（1）重码字的选择

按　键	操　作　意　义
Alt + 数字	再次选择提示行重码输入
Alt + −	提示行重码多于一页时,向上翻页
Alt + =	提示行重码多于一页时,向下翻页
−	提示行重码多于一页时,往上翻页,输入一个重码后无效
=	提示行重码多于一页时,往下翻页,输入一个重码后无效

（2）标点符号的输入

在输入常用全角汉字标点时,部门标点符号的按键比较特殊。下面是键符对照一览表:

键符	全角汉字标点符号
.	。（句号）
~	、（顿号）　（与键盘左上角的英文重音号符号 ' 同键）
/	．（圆点号）
, " 〈 〉 ｜ ｝ [ ]	' '（单引号） " "（双引号） 〈〉（单书名号） 《》（双书名号） 〖 〗（空横文方括号） 【 】（实横文大方括号） 『 』（空竖文方括号） 「 」（实竖文方括号）　　这几个键当按奇数次键时,输入前一个符号;按偶数次键时输入后一个符号

　　其他键盘上标明了的标点符号可直接按相应键获得。全角符号在屏幕上占两个英文半角符号的显示位置。每个汉字符号在机器内部需用两个字节存贮。

　　如果想要输入其他第 9 区的汉字图形符号,可按 Ctrl + F1 进入【预选】输入法输入。

　　在输入双字符键位上方的字符时,最好用左 Shift 键,因为右 Shift 键被定义为关闭与打开中文输入提示行的功能键。

6）退出 UCDOS

退出 UCDOS 5.0 有两种办法。

（1）执行系统退出程序 QUIT.COM

在 DOS 提示符下运行 QUIT.COM 即可彻底退出 UCDOS 5.0,完全释放 UCDOS 所占用的所有系统资源。

（2）使用 Ctrl + F5 退出 UCDOS 5.0

在任何时候,均可按 Ctrl + F5,然后选择功能 4 退出 UCDOS 5.0。

按下 Ctrl + F5 组合键后,在屏幕底行的输入提示行出现一个菜单:

1.存自定义词组， 2.存记忆词组， 3.释放最后模块； 4.终止 UCDOS

这时按数字键 4 即可退出 UCDOS 5.0。

3.3　区位码、全拼全音输入法的一般使用

3.3.1　区位码汉字输入法的基本使用

1）基本思想

区位码是我国国家标准信息交换汉字编码对国家标准一、二级汉字和符号(统称汉字字符,以下简称字符)按区、位进行的编码。区位码中的字符按使用频度的结构情况排列成了一个二维的表。按行、列分为 94 个区,每区包括 94 个字符位(01 ~ 94),共可描述 94 × 94 = 8 834 个汉字符号(有个别的区位没用)。经这样划分出的汉字符号区位码表就是一个二维的表格,每一个符号占其中一个格。所以区位码表中对汉字符号的定位描述是惟一的。

在区位码表中,01 ~ 15 区是图形符号和各种字母,第 06,08 区为空,第 09 区是制表符。第 16 ~ 87 区是汉字,其中一级汉字占 16 ~ 55 区,按汉语拼音顺序和笔画数多少依次排列;二级汉字占 56 ~ 87 区,按偏旁部首和笔画数多少依次排列。

2）输入方法(用 Alt + F1 进入输入法)

区位码输入法是最早的也是最原始的汉字输入法之一,它是根据国标区位码表对汉字描述的原理而设计的。利用这种输入法只要键入相应的区位编码数字即可得到汉字。

用区位码描述汉字时,规定先区号后位号。如某字所在区号为 01,所处位号为 48,则其区位码为 0148。所以用区位码输入汉字符号时,只能也必须用数字作为输入外码,码长固定为 4。例如,打入 0101 输入一个空格汉字(全角空格),打入 4567 输入"豌"字,而书名号"》"的区位码是 0123。

由此可见,这种方法的特点是汉字输入无重码(一个码对应惟一的一个汉字),但因编码表庞大而不易记忆,输入效率低。在早期的汉字系统中,常用区位码输入法来输入一些特殊的符号,现罕用。

3.3.2 全拼全音输入方法

1)基本思想

全拼全音输入方法也叫拼音码输入方法(亦有称之为"全拼"的),它是以汉语拼音为基础的。在这个输入法中,汉字的编码完全按汉语拼音要求进行。如"中",汉语拼音为"zhong",则"zhong"5 个字母就是它的编码,同时也是它的外码。最大外码长度为6。

全拼全音输入方法中不考虑声调,只考虑读音字母的组合,所以其重码率非常高。但此法对有拼音基础的人而言,基本上不用学习即可使用,故到目前为止,几乎所有的汉字系统都保留了它。

2)输入方法

通常用 Alt + F2 或 Alt + F3 进入拼音输入法。

输入时只要打入该字的全部拼音字母即可,这里拼音字母与键盘字母一一对应。有的实现模块在每打入外码中的其中的一个外码字母时,输入指示行立即对此进行响应,显示出对应以此为拼音的汉字,而有的实现模块在打入外码时需加一空格键才对此进行响应。

重码显示按常用汉字排前的原则排列,可用翻页键(通常是 + 号、- 号或 < 号、> 号)进行翻页显示其他重码。当所需汉字出现时,按对应序号数字键(如3)即可。

为了减少输入中的击键数,由此产生了"简化拼音码"(简称为简拼)输入法。简拼的原理是将拼音中不同的声母和韵母用单键代替,使其可以用不超过 3 键的外码输入汉字。表 3.1 是简拼声韵母与键盘字母对照表:

根据表 3.1,对"中"字(zhong),只要打入 as 即可。

当全拼只一个韵母时,仍然用韵母简化键码输入而不用原韵母字母,如"爱"字的全拼为 ai,用简拼输入时打入 l 键即可。

表 3.1

拼音声、韵母	简化键	拼音声、韵母	简化键
zh	a	ai	l
ch	i	en	f
sh	u	eng	g
an	j	ing	y
ang	h	ong	s
ao	k	U	v

基于拼音的输入方法还有"全拼双音"、"双拼双音"等输入法,且不同汉字系统对其实现的处理也有不少差异,在使用中应参照其具体的使用手册进行。

下面是 Super-CCDOS 下的"双拼双音"键盘英文字母与所代表的声母和韵母代码:

英文字母	声母	韵母
A	zh	a
B	b	ia ua
C	c	uan
D	d	ao
E	零声母	e
F	f	an
G	g	ang
H	h	iang uang
I	ah	i
J	j	ian
K	k	iao
L	l	in
M	m	ie
N	n	iu
O	零声母	o uo
P	p	ou
Q	q	er
R	r	en
S	s	ai
T	t	eng
U	ch	u
V	zh	ui ue
W	w	ei
X	x	u uai
Y	y	ong iong
Z	z	un
;		ing

小 结 3

本章主要讨论了汉字系统和几种常用的汉字输入方法的基本概念。

不管什么输入方法,输入外码后都要根据汉字区位码或国标码进行计算找到相应的汉字,可以说区位码输入编码是一切汉字输入方法的出发点,应理解汉字区位定义的概念,这样有利于理解其他汉字输入方法的编码思想。为了在进行汉字录入时不致于因某个汉字一时无法打出而影响录入速度,应掌握一种拼音输入方法(如全拼)。

Super-CCDOS 和 UCDOS 是目前使用非常普遍的两种汉字系统,应掌握它们的基本使用方法。一般来讲,掌握了一种汉字系统的使用方法后就很容易掌握其他汉字系统的使用方法,因为它们的基本概念和基本操作方法是大同小易的。

习题 3

3.1 汉字系统的作用是什么?

3.2 国标一、二级汉字是怎样划分的? 共有多少个汉字?

3.3 请比较一下本章中提到的几种汉字输入方法,它们的主要特点各是什么?

3.4 外码的作用是什么? 五笔字型的外码长度为多少?

上机练习 3

1) 上机目的要求

①能正确熟练地启动计算机和汉字系统,能对计算机和汉字系统有一个初步的认识;

②能正确认读汉字系统下屏幕上所显示的所有文字信息,知道其意义;

③能根据需要熟练地选取合适的输入方法和输入状态进行汉字的录入;

④熟练掌握全角、半角状态的切换方法,熟练掌握某种汉字输入方法(如五笔字型)与“英文数字”输入方法的切换;

⑤能进入“图型/符号”输入方式选择需要的符号打入文本;

⑥能初步应用“拼音”输入法录入汉字,使之对汉字录入的概念得到感性上的认识。

2) 上机说明

初次上机进行汉字的操作时,对汉字系统的启动方法和系统中的基本操作不是非常熟悉,所以上机时一定要按指导教师指导的上机操作步骤进行。对软磁盘的使用要小心谨慎,操作使用不当,会使软磁盘报废,严重者同时损坏软磁盘驱动器。

3) 操作练习

(1) 启动汉字系统 Super-CCDOS 的基本步骤:

①开机;

②出现 DOS 系统提示符后打入下面的命令:

A〉CHLIB ——┐
          │ 如果开机后已是汉字状态,此步可省。
A〉SPDOS ——┘

A〉WBX   如果已装入五笔字型输入法,此步可省。

A〉PY   如果需要,可装入拼音输入法。

注:如果实际上机练习用的汉字系统启动方法和汉字输入法装入方法与此不一样,请指导教师另行给出命令。

问:a 如何进入《五笔字型》汉字输入状态?

　　b 如何将输入方式选择为全角状态？

　　c 当要打入半角西文字符时，应如何操作？

　　d 当要想打入标点符号时，应如何操作？

（2）在 Super-CCDOS 下选择合适的输入方式，打入下面的符号：

《》〈〉，。、""''…±　∑　（1）（2）①　②　（一）（二）

（3）用拼音输入法输入下面的汉字：

　　　五笔字型计算机汉字编码方案

（4）在区位码输入状态下，打入下面的区位码，看看屏幕上出现什么？

　　　5448　2710　4043　3581　2518　2645　2590　4582　4374

　　　0171　0172　0173　0174　0175　0176　0177　0178　0179

　　　0281　0282　0283　0284　0401　0402　0403　0404　0405

（5）将汉字系统改为 UCDOS 后，再进行上面（1）～（4）的操作。

4

五笔字型的基本概念

从本章开始将详细讨论计算机汉字输入技术之一——五笔字型汉字输入技术,包括五笔字型汉字输入技术的基本思想、汉字编码规则及具体输入方法。

汉字是一种意形结合的象形文字。汉字最基本的成分是笔画,由基本笔画构成组成汉字的偏旁部首,由基本笔画及偏旁部首就可组成全部的有形有意的汉字。1979 年出版的《现代汉语词典》上列出的基本笔画及偏旁部首共计 189 个。

五笔字型是一种字形分解、拼形输入的编码方案。它将汉字进行分解归类,找出汉字构成的基本规律;并考虑到计算机处理汉字的能力,将这种规律归纳为 5 种基本笔画和 3 种字型,认为汉字是由笔画、字根(形同偏旁部首)、单字三个层次构成。此方案不考虑汉字的语音,而是遵照汉字书写笔顺要求,筛选出 130 个基本笔画和字根作为基本组字单位,并进行外码编排,使之达到能见字拆分(字型分解)、拼形输入(外码组字)的目的。

4.1 汉字层次与五种基本笔画定义

4.1.1 汉字层次的划分

1)笔画

笔画是书写汉字时用到的最基本单位。例如,横、挑(提)、竖、竖钩、撇、捺、点、折等,如同构成电话号码的数字 0 ~ 9,通常无实际汉字意义。而五笔字型则将汉字中的诸多笔画归纳成了下面将要讲到的 5 种。

2)字根

通常说明一个汉字书写时常用"偏旁部首",如"氵(水)"旁、"王"旁、"钅(金)"旁等,它们由若干基本笔画组成,且其笔画的组合要求较严格。五笔字型则从人们书写汉字的习惯入手,定义了形意与"偏旁部首"相近的"字根"来做为描述汉字的基本单位。其中有的字根在汉字中已有意义,如"王"、"金"和"目"等。

3)单字

单字就是完整地写出来的汉字,五笔字型中的单字则是若干字根按一定位置关系拼合而成的有形有意的汉字。

4.1.2 汉字五种基本笔画定义

1)笔画的定义

在书写汉字时,不间断地一次连续书写而成的一个线条叫做汉字的笔画。这个定义与日常书写汉字时的运笔规则一致。

五笔字型只考虑笔画的运笔方向而不论其运笔的轻重长短,并将汉字中诸多笔画归纳为五种基本笔画:横、竖、撇、捺、折。同时将这五种笔画按组成汉字时使用频度的高低进行排列,并用1、2、3、4、5作为这五种笔画的代号。表4.1为笔画表。

表4.1　汉字的五种笔画

代号	笔画名称	笔画走向	笔画及其变形
1	横	左→右	一 ⸃
2	竖	上→下	丨 亅
3	撇	右上→左下	丿
4	捺	左上→右下	丶 乀
5	折	带转折	乙 乚 フ 勹 乃 乛 乚 ㇄

从表4.1中不难看出,这五种笔画划分归类与日常书写笔画的划分习惯略有不同。按日常汉字书写规范,汉字书写中的笔画名称是较多的,但在五笔字型中只有五种基本笔画,初学者常常按日常书写习惯去理解与划分笔画而将五笔字型的笔画名称搞错。例如,"习"字,在日常书写中它的笔画顺序及名称依次为"横折钩、点、提",而在五笔字型中则为"折、捺、横"。所以应当习惯并记住五笔字型对汉字笔画的划分定义。

2)笔画主要特点实例分析

(1)横笔画　凡运笔方向从左→右者均为横笔画。如"一"及其变形体"⸃"(提、挑)等。字例有:"十"字的"一"、"子"字的"一"、"切"字中"七"的"一"、"子"字的"⸃"、"刁"字中的"⸃"、"理"字中"王"的"⸃",等等。

(2)竖笔画　凡运笔方向从上→下者为竖笔画。如"丨"及其变形体"亅"(竖左钩)等。字例有:"十"字的"丨"、"了"字的"亅"、"才"字的"亅"、"利"字的"亅",等等。

(3)撇笔画　凡运笔方向从右上→左下者为撇笔画。如"丿"及其变形体"亅"等。字例有："川"字中最左边的"丿"、"毛"字上面的"丿"、"人"字的"丿"、"顷"字中"页"的"丿"，等等。

（4）捺笔画　凡运笔方向从左上→右下者为捺笔画。如"㇏"及其变形体"、"（点）等。字例有："人"字的"㇏"、"入"字的"㇏"、"村"字中"木"字的"、"及"寸"字的"、""主"字的"、"，等等。

（5）折笔画　凡书写连续线条带转折者为折笔画。折的变形很多。字例有："飞"字的"乙"、"习"字的"乛"、"与"字的"乛"、"专"字的"乛"、"车"字的"㇜"、"以"字的"乚"、"饭"字中"饣"的"乚"、"乃"字的"㇋"，等等。

请特别注意折笔画中的"乚"（竖右钩）与竖笔画变形体中的"亅"（竖左钩）的差别。

上述五种笔画的变形体不拘一格，有时竖笔画可能拉得很长，撇笔画并不明显倾斜，折笔画则几乎包纳了一切有折笔走向的笔画。

在判断笔画属哪种类型时，要特别注意按运笔方向去判断。

掌握好基本笔画的定义可为输入成字字根和判断末笔字型交叉识别码打下良好的基础。基本笔画编排上代号的目的也在于此。

4.2　基本字根与字根键盘

4.2.1　基本字根

1）字根的概念

字根，指那些由若干基本笔画组成的相对不变的组字结构。如"田"、"纟"、"乙"以及"一"等。

字根类似于通常所说的汉字的"偏旁部首"，即字根在组成汉字时的作用与汉字中的"偏旁部首"组成汉字的作用相同。

在五笔字型中，用字根的不同组合即可得到全部的汉字。字根是组成汉字的最基本单位。

2）字根的筛选原则

在五笔字型中选用的字根多数来源于字典上汉字的偏旁部首。

为了编码的需要，在选用字根时，去掉了部分汉字偏旁部首，同时生造了一些不是汉字的偏旁部首但组字频率较高的字根。如汉字的偏旁部首"王""目""艹"等选为字根，而像"钅"、"彳"、"刁"等则是生造的字根。对基本字根的筛选主要是为了达到用有限字根组成"无限"汉字的目的。

五笔字型所定义的全部字根称为"基本字根"，共有130多个。表4.2为五笔字型汉字编码方案字根总表。这些基本字根的组字能力强（即组字频度高），而且可以由它们组成汉字字典上的全部"偏旁部首"。基本字根均直接安排在键盘 A～Y 共25个英文字母键上而形成字根键盘。

表 4.2　五笔字型汉字编码方案字根总表

区	位	代码	字母	键名	笔划字根	基 本 字 根	高频字
1 横 起 类	1 2 3 4 5	11 12 13 14 15	G F D S A	王 土 大 木 工	一 一 二 三	五夫戈 十干士甲寸雨 犬石古手尹镸厂丆ナ广 西丁 匚七弋戈廾廿丗卅	一 地 在 要 工
2 竖 起 类	1 2 3 4 5	21 22 23 24 25	H J K L M	目 日 口 田 山	l l ll lll	且卜上止卜止广广 刂刂刂刂曰罒早虫 川川 甲口四罒皿四车力 由门贝几凡	上 是 中 国 同
3 撇 起 类	1 2 3 4 5	31 32 33 34 35	T R E W Q	禾 白 月 人 金	丿 丿 丿彡	禾竹彳夂夊 手扌扩斤斤 月舟用乃豕豕豸丬丬彐 亻八癶癶 钅鱼儿勹犭儿灬夕夕匚	和 的 有 人 我
4 捺 起 类	1 2 3 4 5	41 42 43 44 45	Y U I O P	言 立 水 火 之	、 丶 丶丷	讠亠文方广主 辛丷六立辛疒门 氵业氺水灬小业小 米业灬灬 辶廴礻宀冖	主 产 不 为 这
5 折 起 类	1 2 3 4 5	51 52 53 54 55	N B V C X	已 子 女 又 纟	乙 巜 巛	己巳尸尸心忄忄羽 子了也耳阝卩巳了凵 刀九彐白 マ厶巴马 幺纟母匕比匕弓	民 了 发 以 经

　　为了照顾人们已经存在的识字习惯,引入了"非基本字根"的概念。非基本字根见表4.3 常见非基本字根拆分示例表。非基本字根不是从字根键盘上直接找到的字根。对比表4.2和表4.3,可以初步看出,非基本字根是由基本字根组合成的熟悉的汉字成份,从这些成份可见,非基本字根具有一定的实际组字能力。熟悉非基本字根的构成对今后拆字非常有好处。但无论怎么说,在五笔字型中,一律且只能用基本字根进行组字。

表4.3　常见非基本字根拆分示例

横起笔类	丙:一门人	戈:七丿	冉:门土
丰:三十	亩:一由	臣:匚丨コ	巾:门丨
寿:三丿	本:木一	匹:匚儿	央:门大
守:一寸	束:一口小	巨:匚コ	里:田土
夫:二人	柬:一囙小	瓦:一乙丶乙	果:日木
无:二儿	東:一门小	无:匚儿	甲:日十
正:一止	术:木、	牙:匚丨丿	史:口乂
酉:西一	平:一丷丨	戒:戈廾	里:日土
下:一卜	来:一米	至:一丿土	虫:口丨一、
击:二山	巫:工人人	歹:一夕	呈:口丰
未:二小	世:廿乙	死:一夕匕	电:日乙
末:一木	甘:廿二	爽:大乂乂乂	曳:日匕
弐:二‖一	其:廿三	于:一十	申:日丨
井:二 川	革:廿串	夹:一丷人	禺:日门丨丶
韦:二乙丨	辰:厂二以	与:一乙一	少:小丿
亚:干丷	灭:一火	屯:一凵乙	冈:门卅
戈:十戈	太:大、	隶:一彐氺	㓁:门‖
耒:三小	夬:大丶丶	夷:一弓人	见:门儿
非:三‖三	丈:ナ乀	严:一业厂	㐜:口儿
考:土丿一乙	兀:一儿	开:一刂	撇起笔类
韭:十丷	尤:尢乙	亘:一互一	矢:⺈大
才:十丿	万:丆乙	友:ナ又	失:⺊人
求:十八、	页:丆贝	竖起笔类	千:丿十
疋:乛止	成:厂乙乙丿	卤:卜口乂	壬:丿士
丐:一卜乙	戍:厂一乙丿	业:刂丷丶	丢:丿土厶
亚:一业一	咸:厂一口丿	甩:月乙	重:丿一田土
事:一口彐丨	豕:豕丶	且:月一	重:丿一日土
吏:一口乂	百:丆日	囲:门‖三	垂:丿一卅土
曹:一口丨乛	甫:一月丨	县:月一厶	牛:⺧丨
再:一门土	不:一小	典:门廿	缶:⺧山
曹:一门卅	东:七小	丹:门一	隹:⺧止
市:亠门丨	东:七乙八	册:门门一	伟:⺧门丨

続表

朱:⺩小	自:亻ココ	半:丷十	灵:彐人
無:⺩Ⅲ一	角:丿用	羊:丷手	甫:彐月丨
夭:丿大	正:丿止	羌:丷手	隶:彐水
生:丿龶	乎:丿丷丨	羞:丷手丷	弟:弓丨丿
牛:丿土	豸:㐅豸	北:⺀匕	弗:弓丿
牜:丿扌	乏:丿之	粬:丿米丨	耳:乙耳
我:丿扌乙丿	臾:白人	尚:丷冂	刁:乙一
斤:亻三	鱼:鱼一	兆:⺀儿	咸:厂乙戈コ丿
升:丿廾	兔:勹口儿	米:⺀人	卫:卩一
毛:丿七	风:几㐅	并:丷廾	出:凵山
重:丿十白	夂:夂丶	关:丷大	亚:了口又一
秉:丿一彐小	犭:犭丿	首:丷丿目	丞:了孖一
舌:丿古	鸟:勹乙一	酋:丷西一	乛:乙止
毛:丿二乙	勿:勹丿	消:丷冂小	疋:乙龰
午:⺧十	勹:勹丨	农:冖衣	刃:刀二
气:⺧乙	亻:亻丶	义:丶㐅	飞:乙〈
长:丿七乀	勺:勹丶	尤:冖儿	及:卩又
片:丿丨一乙	匈:勹人乙	雀:冖亻圭	予:乛卩
伊:白丿	勹:勹乙	衤:衤丶	发:乙丿又丶
囟:丿囗夕	夂:夕乀	衤:衤〈	刃:刀丶
丘:斤一	鸟:勹丶乙	户:丶尸	彐:彐一
舟:丿舟	卯:卯丶丨丿	良:丶彐乀	乡:纟丿
身:厂彐乙	氏:丿七	永:丶乙㇏	幽:幺幺山
斥:斤丶	乐:丿小	**折起笔类**	母:口一丶
丆:厂コ	**捺起笔类**	目:コ丨コ	毋:口十
瓜:厂厶丶	离:文凵	耳:コ丨二	毋:口ナ
巠:亻二车乙	亡:亠乙	尺:尸乀	易:乙丿
爪:厂八	生:广コⅡ	夬:コ人	书:乙乙丨
币:丿冂丨	产:立丿	且:彐厶	乜:乙乙
自:丿目	亥:亠乙丿人	丑:乙土	叉:又丶
身:丿冂三丿	州:丶丿丨丨	爿:乙丨乛	
禹:丿口冂丶		尹:彐丿	

4.2.2　字根键盘

1）字根总表

表4.2表明了全部字根在键盘上各键的安排。表中列出了优选的基本字根共130个。表中的键名、笔画字根（即基本笔画,也称笔形字根）和基本字根三者统称为"基本字根"。

从表4.2中可以看出,这130个基本字根有很多变形字根,故实际列出的字根数约有190多个。为统一起见,今后仍称130个基本字根。

2）字根键盘总图

图4.1是五笔字型字根键盘总图。五笔字型将基本字根按其组字频度与实用频度,在形、音、意方面进行归类,同时兼顾计算机标准键盘上26个英文字母的排列规则,将其合理地分布在键位A～Y共计25个英文字母键上,这就构成了五笔字型的字根键盘。图4.2的五笔字型键盘字根总图是按实际键盘大小印制的键盘布局,可将其从教材上取下用硬纸板裱糊后做脱机练习。

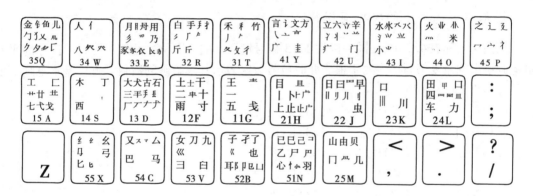

图4.1　五笔字型键盘字根总图

4.3　字根键盘布局特点分析及基本用法

4.3.1　布局特点

130个字根在键盘上的布局特点如下:

1）共分五个笔画区,每区五个键位

将书写字根时其起始笔画相同者归入同一类,每一类称为一个笔画区,共有五个笔画区。每一笔画区分配了五个键位。共用了5×5＝25个键(注意M键为竖起笔类的字根。I键上的

字根"水、小"起笔为竖,这样安排的目的是为了降低重码率)。

2)同区字根中形态相似者同键

把同一起始笔画的字根中其直观形态相似的字根安排在同一键位上。有个别字根尽管其直观形态相去甚远,但为了离散重码,仍安排在同一键位上。如S键上的"木,西,丁"及J键上的"早、虫"等。

3)同键位字根的区位号相同

每个字根都定义了区号与位号。区号指字根所在的起始笔画区,有五种笔画故分5个区,其区号与笔画代号相同。位号则是指字根在同一笔画区中的位置编号。字根位号是按其使用频度高低而定的,每区有五个位,故位号定义依次为1~5。

对照五笔字型字根键盘总图(图4.1)和五笔字型汉字编码方案字根总表(表4.2),不难看出,键盘上每个键位上两位数的数字,如Y键上的41,其中第一个数字(十位数字上)表示该键面上全部字根所在的笔画区号,第二位数字(个位数字上)表示该键面上全部字根所属的位号。区号与位号结合起来构成的这两位数字就是字根的区位代码。如Y键上所有字根的区号均为4,位号均为1,则区位号均为41。

4)基本笔画字根的安排有规律

在图4.1和表4.2中,在同一区中1~3位号键面上的2、3位号键面上均有1位号键面上单笔画字根的重复书写形式的字根。此时位号数字表示其单笔画的数目。五种基本笔画字根的位号均为1。

(11)G:一　　　(12)F:二　　　(13)D:三

(21)H:丨　　　(22)J:刂　　　(23)K:川

(31)T:丿　　　(32)R:彡　　　(33)E:彡

(41)Y:丶　　　(42)U:冫　　　(43)I:氵　　(44)O:灬

(51)N:乙(乀)　(52)B:巛　　　(53)V:巛

笔画字根的这个特征有利于记忆。

5)每个键位定义了键名

键名是同一键位键面上全部字根中最有代表性的字根。键名字根位于键面左上角。

键名本身就是一个有意义的汉字(X键上的"纟"除外),同时其组字频度也很高。下面是键名分布的"键名谱":

1区　横起笔画类:王 土 大 木 工　(GFDSA)

2区　竖起笔画类:目 日 口 田 山　(HJKLM)

3区　撇起笔画类:禾 白 月 人 金　(TREWQ)

4区　捺起笔画类:言 立 水 火 之　(YUIOP)

5区　折起笔画类:已 子 女 又 纟　(NBVCX)

("纟"可读丝音)

五笔字型字根助记词

11 G 王旁青头戋（兼）五一，
12 F 土士二干十寸雨。
13 D 大犬三羊（羊）古石厂，
14 S 木丁西，
15 A 工戈草头右框七。

21 H 目具上止卜虎皮，
22 J 日早两竖与虫依。
23 K 口与川，字根稀，
24 L 田甲方框四车力。
25 M 山由贝，下框几。

31 T 禾竹一撇双人立，
　　反文条头共三一。
32 R 白手看头三二斤，
33 E 月彡（衫）乃用家衣底，
34 W 人和八，三四里，
35 Q 金勺缺点无尾鱼，
　　犬旁留乂一点夕，氏无七（妻）。

41 Y 言文方广在四一，
　　高头一捺谁人去。
42 U 立辛两点六门广，
43 I 水旁兴头小倒立。
44 O 火业头，四点米。
45 P 之字军盖建道底，
　　摘礻（示）衤（衣）。

51 N 已半巳满不出己，
　　左框折尸心和羽。
52 B 子耳了也框向上。
53 V 女刀九白山朝西。
54 C 又巴马，丢矢矣，
55 X 慈母无心弓和匕，
　　幼无力。

五笔字型键盘字根总图

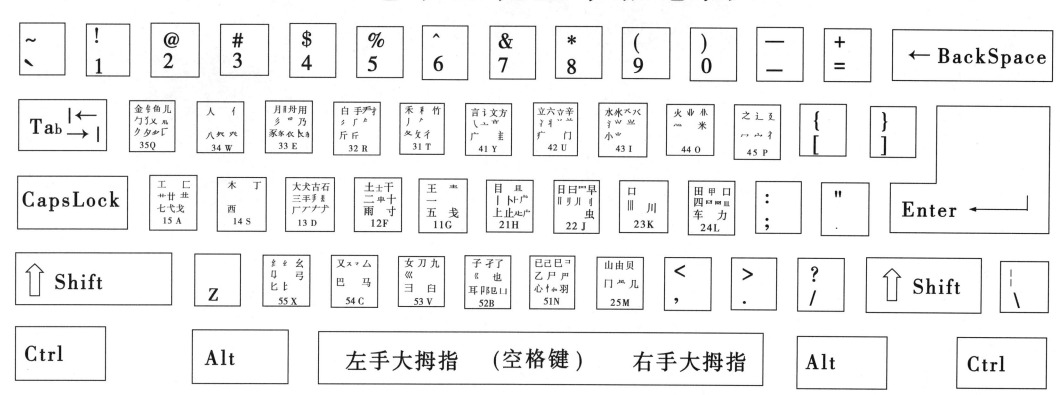

图 4.2

图 4.3 是键名与键位分配图:

| 金 | 人 | 月 | 白 | 禾 | 言 | 立 | 水 | 火 | 之 |
| 35Q | 34W | 33E | 32R | 31T | 41Y | 42U | 43I | 44O | 45P |

| 工 | 木 | 大 | 土 | 王 | 目 | 日 | 口 | 田 | : |
| 15A | 14S | 13D | 12F | 11G | 21H | 22J | 23K | 24L | ; |

| Z | 纟 | 又 | 女 | 子 | 已 | 山 | < | > | ? |
| | 55X | 54C | 53V | 52B | 51N | 25M | , | 。 | / |

图 4.3　键名与键位分配图

6)字根的区位安排有利于录入

五种基本笔画中横竖笔画及其字根使用频度较高,故将这两个笔画区安排在键盘上中排各键上(M 键例外),这排键是键盘录入的基本键位,手指击键时不用做伸屈动作即可击下;撇、捺起始笔画的字根使用频度稍低,安排在上排各键位上,击这排键时仅需将手指伸出击键即可;折笔画起始的字根使用频度较低,安排在下排各键位上(录入中应注意:击这排键时手掌腕部要进行一定距离的微动,若手指做卷曲动作,即费时又易误击键)。将组字频度与实用频度高的笔画区安排在键盘中排,其中最高者在同排的最中间,即位号小者使用频度较高,故安排较居中。字根键盘的这种安排利于提高键盘录入速度。

4.3.2　字根键盘的基本用法

前面已讲,汉字是由字根组成的,当要输入汉字时,就得依赖字根键盘。

1)十指分工

双手 10 个手指的键盘键位分工,与操作英文键盘的标准指法一致(参见图 2.1)。

2)外码的打入

输入汉字只能输入构成汉字全部字根中作为外码编排的字根编码,这些字根的表现形式就是其外码字母。字根编码不是上面说过的区位代码,而是该字根所在区位键位的英文字母。如字根:"五"的区位号为 11,所在键位字母为 G,则当输入字根"五"的编码时,应当击下 G 键而不是数字 11。同一键面上所有的字根具有相同的外码字母。如 Y 键上的"言、文、方"等字根其外码字母均为 Y。

一个汉字的外码最多由 4 个外码字母组成。

当要输入汉字"能"时,只要依次击下 C、E、X、X 键即可。又如"人"字的外码则为 WWWW。当外码长度不足 4 时,补打空格键,如"几",打入外码 MTN 后,补打空格键。

4.4 字根的记忆

字根的理解与记忆应从字典中"偏旁部首"入手,这可减轻对字根进行记忆的负担,但要特别注意那些诸如"亻"、"阝"等生造的字根,同样应区别字根笔画上的变形。

初学者如何记忆字根并将其与在键盘上的位置对应起来,至今没有一个对人人都有效的方法。下面是几种可行的记忆方法。

4.4.1 直觉记忆(形象记忆)

眼、心、手三者同时使用的记忆方法。这种记忆方法的思想是:眼睛看字根,心记其形态,手指同时击所在键。

①绘制一张键盘图(比例为1∶1),用硬纸板做底裱糊妥贴;

②记忆时手指按指法要求放在键盘图相应键位上准备好;

③对照字根键盘总图,眼睛看字根,记其形态特征,尔后手指做击所在键的动作。

眼睛看字根与手指击键均为直觉动作,故此法称为直觉记忆法。直觉记忆的好处在于记忆字根的同时,又记住了所在键位,同时又练习了指法。

记忆顺序最好为:键名→基本笔画→成字字根→其他字根。

从汉字输入的角度上讲,输入是一个"依次找出汉字的字根码,依次击字根所在键"的具体过程。基于这种道理,在记忆字根时应以键盘为基础,以五种基本笔画区在键盘上的物理位置为基础,按左右手的控制分工将键盘划分为两部分,每部分又分为上、中、下3排。记忆时最好将手指放在键盘上,在默记字根的同时,对应手指作击相应字根所在键的动作,这样可以做到"心手同一"。

4.4.2 联想记忆

1)字型联想

在同一键面上,很多字根的形态是接近的。如G键上的"王、五",A键上的"艹、廾、卅"及"七、弋、戈、匚",D键上的"大、犬、厂、ナ、厂",B键上的"耳、卩、阝、乜",N键上的"乙、己、巳",等等。记忆中把这些字型上相似的字根联想起来。

2)字意联想

字根意思较接近。如Q键上的"金、钅",W键上的"人、亻",R键上的"手、扌",I键上的"水、氵",N键上的"心、忄"等等。记忆中进行联想,如W键有"人"及单人旁"亻"。

3)笔画联想

同一区中各键上字根笔画有联系。如4区的"丶",Y键为"丶",U键上为"冫",I键上为

"氵"以及 O 键上有"灬"。竖起笔画区内 H 键上为"丨",J 键上有"刂",K 键的"川"以及 L 键上有四竖"川"。记忆中把主要的单笔画及复笔画记住后很容易记住其他字根。

4.4.3　字根助记词

顾名思义,字根助记词用于帮助记忆字根。下面是按区列出的字根及相应的助记解说词。

第一区横起类字根助记词

11G　王旁青头戋(兼)五一。("兼"与"戋"同音,借音转义)

12F　土士二干十寸雨。

13D　大犬三羊古石厂。　　　　("羊"指羊字底"⺶")

14S　木丁西。

15A　工戈草头右框七。　　　　("右框"即"匚")

区号	位号	代码	字母	键名	笔形	基本字根	解说及记忆要点
1	1	11	G	王	一	王⺸ 戋 一五	键名首二笔为11,⺸与王形近 首二笔为11 横笔画数为1,与位号一致
1	2	12	F	土	二	土士干 十寸雨 二	首二笔12,士与土同形,干为倒土 首二笔为12 横笔画数为2,与位号一致
1	3	13	D	大	三	大犬石古厂𠂇ナ广 ⺶ ⺻ 肆 三	首二笔为13,𠂇等与厂形近,广用于尤 均与三象形,⺶ 只用于羊字底 横笔画数为3,与位号一致
1	4	14	S	木		木 西 丁	首笔与区号一致,首末笔为14 首笔为1,下部象四,故处14键 双木为林,本键三根为"丁西林"先生名
1	5	15	A	工	七	卄 艹 廿 丗 匚工 七弋戈	属1区,形似 首二笔为15,工与匚形近 首二笔为15,形同

图 4.4　第一区横起类字根助记词

第二区竖起类字根助记词

21H　目具上止卜虎皮。　　（“具上”指具字的上部“且”）

22J　日早两竖与虫依。

23K　口与川，字根稀。

24L　田甲方框四车力。　　（“方框”即“口”）

25M　山由贝，下框几。　　（“下框”即“冂”）

区号	位号	代码	字母	键名	笔形	基本字根	解说及记忆要点
2	1	21	H	目	丨	目且 上止⺊广广 丨卜⺊	键名及相似形 首二笔21，广与广近，只用于“皮”字 竖笔画数为1，卜与⺊形近
2	2	22	J	日	‖	日曰早 虫川 ‖ 刂 川 刂	键名及其变形，复合字根 形近，川为倒日 竖笔画为2，及变形
2	3	23	K	口	川	口 川 川	键名，口与K可联想，口内无笔画 竖笔画数为3，及变体
2	4	24	L	田	囗	田甲车 四皿罒罓 力	口为田字框，繁体“车”与甲形似 竖(2)为首笔，字义为4，故为24 外来户，读音为Li故在L键
2	5	25	M	山		山由 冂⺆贝几	首二笔为25，二者形似 首二笔为25，字形均值M

图4.5　第二区竖起类字根助记词

第三区撇起类字根助记词

31T　禾竹一撇双人立，　　　　　（"双人立"即"亻"）

　　　反文条头共三一。　　　　　（"条头"即"夂"）

32R　白手看头三二斤。

33E　月彡（衫）乃用家衣底。　　（"彡"读衫，"家衣底"即"豕、衣"）

34W　人和八，三四里。　　　　　（"人"和"八"在34里边）

35Q　金勾缺点无尾鱼，　　　　　（指"钅、鱼"）

　　　犬旁留乂儿一点夕，　　　　（指"犭、乂、儿、夕"）

　　　氏无七（妻）。　　　　　　（"氏"去掉"七"为"𠂤"）

区号	位号	代码	字母	键名	笔形	基本字根	解说及记忆要点
3	1	31	T	禾	丿	禾 禾竹⺮夂攵亻 丿	首二笔为31，键名及变体 首二笔为31，亻与竹形近 撇笔画数为1
3	2	32	R	白	⺓	白 手手扌 厂𠂆斤	首二笔为32 撇(3)加两横(2)，故为32，手为手变体 撇笔画数为2，斤首二笔为2撇
3	3	33	E	月	彡	月日舟乃用 ⺕ 豕豸衣𧰨彡	及、用、舟与月形近 撇(3)加三点，日33，意为，与彡形近 撇笔数为3，均与彡似
3	4	34	W	人	八	人亻 八癶⺌	首二笔代号为34，亻即人 首二笔为34，余与八象形
3	5	35	Q	金	勹	金钅 勹⺈夕𠂇儿 乂鱼⺈	键名 首二笔为35 首二笔为35

图4.6　第三区撇起类字根助记词

第四区捺起类字根助记词

41Y　言文方广在四一,

　　　高头一捺谁人去。　（高字头"亠","谁"去"亻"为"讠、圭"）

42U　立辛两点六门疒

43I　水旁兴头小倒立。　（"氵、⺍、⸥"）

44O　火业头,四点米。　（"业头"即"⺌"）

45P　之字军盖建道底,　（即"之、宀、冖、廴、辶"）

　　　摘礻(示)衤(衣)。　（"礻、衤"摘除末笔画即"礻"）

区号	位号	代码	字母	键名	笔形	基本字根	解说及记忆要点
4	1	41	Y	言	丶	言讠亠 亠广文方圭	首二笔为41,讠与言形近 首二笔为41 捺笔数为1,与位号一致
4	2	42	U	立	冫	立六立辛门 疒 冫丬⺀丷	与键名形似,"门"首二笔为42 此键位以有两点为特征,疒有两点 捺笔数为2,或与两点同形
4	3	43	I	水	氵	水水氺兴 小⺍丷氺 氵	均与键名水来源相同,与"氵"意同 均与三点近似 捺笔为3,与键名意同
4	4	44	O	火	灬	火 米 灬业小	键名与四个点"灬"意同 外形有四个点,故位于44 四个点,灬意均为火
4	5	45	P	之		之辶廴 冖宀 礻	首二笔为45,意皆为"之" 首二笔为45,冖与宀同为宝盖 首二笔为45,礻系礻旁去末笔点

图4.7　第四区捺起类字根助记词

第五区折起类字根助记词

51N　已半巳满不出己，

　　　左框折尸心和羽。　（"左框"即"コ"）

52B　子耳了也框向上，　（"框向上"即"凵"）

53V　女刀九臼山朝西。　（"山朝西"即"彐"）

54C　又巴马，丢矢矣，　（"矣"去"矢"为"厶"）

55X　慈母无心弓和匕，　（"母无心"即"口"）

　　　幼无力。　　　　　（"幼"去"力"为"幺"）

区号	位号	代码	字母	键名	笔形	基本字根	解说及记忆要点
5	1	51	N	己	乙	已巳己コ尸尸 心忄小 乙羽	首二笔为51 外来户，忄小为"心"变体 折笔画数为1，与位号一致
5	2	52	B	子	巛	子孑了 阝耳卩巴也 巛凵	首二笔画为52 首二笔为52,耳阝意同,巴与卩同类 折笔为2,凵首二笔52
5	3	53	V	女	巛	女 刀九 巛彐臼	首二笔代53 可认为首二笔为53,识别时用折 折笔为3
5	4	54	C	又	厶	又ㄡㄋ 巴马 厶	键名首二笔为54,ㄡ为"又"之变体 折起笔,应在本区,因相容处于此位 首两笔为54
5	5	55	X	纟	纟纟幺 弓 匕卜口	首二笔为55,与键名同形 首末笔为55 应在本区,因相容处此位

图4.8　第五区折起类字根助记词

请注意:不要单纯去记忆字根的区位码,而要记字根在键盘上的物理位置,在哪个键上,应由哪个手指击键。把记忆和手指练习结合起来。

小结4

这一章的重点是汉字笔画的分析,难点是笔画进行变形处理后的识别。

习题4

4.1 汉字分为哪三个层次?

4.2 汉字有哪五种笔画?这五种笔画的特点是什么?

4.3 字根的含义是什么?五笔字型中筛选基本字根的主要依据是什么?

4.4 分析下面汉字的笔画构成,列出书写顺序,注意笔画变形。

物天内种本性生向他高家战件可自反开关验特报安轮平最公并活此少么委将先科联研常你见每步史数外条原心支光即断果展系军花况掺才齿配敌许神称省帝助层格始破便段快考失供邦互律死射承靠块充策吸盾缺优曲卡获印永映束独协瓦牙官自农等斗里正应千什回单欠场判万状青走固置床圆值美麦声击京升苗足尺杆岩元封亩余去粒阻艺灭血

4.5 将图4.1中各键位上的字根分为字典上的"偏旁部首"和不是"偏旁部首"两部分,按键位分列。

4.6 下面是分区列出的各键字根组字示例。同一键上的字根组字情况用顿号"、"将不同字根的组字隔开。可对照字根总表及字根键盘总图来阅读,并注意字根笔画的变形。(必要时可查阅《新华字典》)

第一区

G 键字根组字示例:
王环国碧美盖班、责表生谨瘗勤性、一不天开且至旦本、五吾语衙、戋盏栈贱线笺

F 键字根组字示例:
土蛙垃场增者先里去型、士吉志声壬迁、干刊旱竿午汀舍赶釜、二元夫无云井韦那辰聿兰毛爱泽乍甘、革鞘勒霸、十支才求协填载栽丧贲千于半头索、雨需露镭漏、寸过村夺时傅

D 键字根组字示例:
大夺奋天央夭矢关头綦拳参、犬吠然状突袂、古故克辜苦舌滴、石研岩磊、三丰非春耕契基其段寿害承身叁面、羊善着差羚养羞疠羌、肆套鬃、厂压厅成咸戌戊顾厄辰危严、百而面页万鼎、左右在布有雄戒判毋爱、尤龙垄优犹就拨

S 键字根组字示例:

木杠本森术述李末果、丁可哥顶坷厅停、西酉票要硒

A 键字根组字示例：

工功贡巫左劲、匚匦巨牙疟臣降既、艹苦模贲、廾开弄卉弃、其甘垂扁、世革度、共昔巷曲曹典、七切东拣虎长毛尧氏民氏、弋式武代贰、戈划戒载找伐越

第二区

H 键字根组字示例：

目盯自看夏、具直真、上叔让、止肯歧步此正政武、足走是蛋定楚睫疑、卜下卞仆、占贞餐卨丐、丨旧丰个引巾片乍爪修乎伞弟官争聿州、虎虑、皮波婆

J 键字根组字示例：

日旦旺昌旱里申禺电百果重单更、曰昌晃冒、临象、早卓章韩、刂非临坚而面鹿塞、刂刘则、归师帅、介井弗肃鼻痹养、虫虽虾虱密

K 键字根组字示例：

口叫叶中足另贵串史占免衰衷囊束事回、带、川卅顺

L 键字根组字示例：

田思畦界男富、甲匣鸭、囗回因卤囵囡擅、四罗置署曼黑柬熏、皿血盏蜉孟、曾赠增、车连轨载舆库、力加办边夯男为、舞

M 键字根组字示例：

山岜仙峰岁凯瑞出击遥陶、由迪邮黄寅聘、贝则责页赛留贵,门同周巾内凹凸册见丹冉央而面禺向身奥制典敝尚曹、骨滑髓、几凡风朵凰佩没坑虎

第三区

T 键字根组字示例：

禾香秃利黎乘余秦酥、竹答笨符第、丿生垂千先毛矢长升自特我舟入乎么悉系才者孝寿邦乔戈卑毛狂猫卯卿川州少必发九君乡班戌戊产、乞每矢午乍族、彳行径役、攵故攻败、夂条各务麦复冬夏夜凌爱援

R 键字根组字示例：

白的迫皇皂卑鬼兜、手拿拳掌攀、扌打折我特物、看拜、勿匆忽场、后反瓜、气氧失朱年牛卸舞制遥、斤斥近丘岳兵

E 键字根组字示例：

月肝肚朋胡有青甩且助县青甫、舟盘船舷、彡须杉形诊参廖穆彪、采受妥觅爱爵豺貌豹蹈乳、乃及孕扔秀极携、用拥角勇通甬、豕逐家遂橡蒙豢豚、毅象、豺貌豹、衣哀表农裹、良垦退恳根眼辰辱畏展旅派

W 键字根组字示例：

人个全合舒会介坐夫春秦泰失卒脊丙两夹夷欠决亥、亻什付体堆夜雀鹤埠薛孽段锻截、八公只叭父谷分共具界益兴举突究办其黄兵拣炼、癸凳登、祭蔡察

Q 键字根组字示例：

金鉴、钅针钉钟键衔、勹勺句勾勿包乌鸟岛凫免象负角久争急尔欠敖熬掐黎葛、鱼渔鲁鲜鲤、犭狂狗猪获、丫杀凶希区风父义史更吏风爽肴、儿兄元见匹添兆无克允鬼光先统免沈

冠慨既、流梳荒蔬谎、夕名多外餐怨歹罗列囟梦岁奖磷舜、夕炙然燃、迎昂氏卯印乐卵卿贸低底留

第四区

Y 键字根组字示例：

言信誓誉誊詹、讠访计讨辩狱、文刘吝离紊斑齐禽悯、方仿旋放访邀房、广床庆庄度康扩裤、一亢玄充卞衣亩雍亡丹夜孩流、高京亭亨哀就膏豪景影、义玉太术凡为斥刃丸义主令含兵勺永扁良户礼以监专底州瓦、入及尺久丈人爪瓜长、售焦集堆推雀鹤榷

U 键字根组字示例：

立站竦音产竞亲新竖位彦竦、六六交效校旁帝商摘滚冥、辛宰锌辣辨辩辟、丫冲次匀习飞斗买冬初衬弱鼠母每枣寒、丬壮状将北背燕乘乖、丷总兑盖着羊美丫弟单差曾酋尊撩潦、关兰乎平半并夹伞益兹眷拳誊卷券遂普丧首叛判前兼逆塑朔豆喜嘉釜登、门们间问闻简澜悯、疒疗疖症痊疤嫉

I 键字根组字示例：

水冰录泵泉尿隶康逮朱泰黍暴黎滕漆藤聚骤犀、永脊求救兆逃率丞拯函承蒸、氵汁汗洒汀汇港渐洗范薄衍、兴光举誉应剑检、小尘尖少省劣雀不否示还尔未耕耘东冻陈叔朱乐就京沙隙束步频票累肃刺棘、肖削尝党当尚敝峭屑悄觉学搅

O 键字根组字示例：

火炎焱灯灿灵灾焚灭灰炙秋谈烫、业亚晋恶显严壶亦赤变峦弯兼歉廉谦赫、灬杰点烹照黑然煎默黜焉羹、米粉类迷断数磷悉继番釉释来粟奥渊彝菊粱

P 键字根组字示例：

之乏泛贬眨芝、宀宁宋定守柠舵、冖冗罕写沉农壳勃鹤榷荣爱受舜亭帝学党帚带牵、辶达过巡谜随、廴延建廷挺键、礻社祝禄衬被补裤

第五区

N 键字根组字示例：

已、巳导民异包饱巷港撰、己忌岂记纪起配、巨所臣卧官决诀快侯候霞暇兜鹿、乙飞乞亿讫挖九气迅刁习司幻丑刀韦成万方瓦局书敢收纠儿龟电尢九七扎札孔乱毛毯甩屯羞羌与写专巧丐乌岛亏考窍亡忘世望盲断陋亥今含片书蛋楚买卖疏茂永甚喝葛乃及杨畅扬以饭发拨顿瓦鼠戈弋我成藏痳眉粜爿戕鼎、尸尺尼居层刷迟辟户护、声眉、心志想芯必感滤、忄怀怕懈筷、小恭慕舔添、羽翌翠煽廖廖塌翅

B 键字根组字示例：

子好李孕孚孟享学游、孑孔孩、耳职洱娶聚最闻敢趣聋、阝阴队陈隘椭荫邓邢邦那绑廓、卩卫节报服予矛迎印即命爷脚疖厄创怨顾危卷枪、了辽疗孓亨拯承函蒸、也他地池扼施、凵凶画函齿离龄电逆朔出

V 键字根组字示例：

女如好她要妥汝茹案妻安、刀切召刃忍昭分那梁砌彻解剪寡窃劈、九丸轨杂旭旯执孰究、臼舀焰陷毁舅鼠氅搜瘦插、彐寻录灵当尹聿垦退隶肃即根争兼侵趋、巛巡巢淄

C 键字根组字示例：

又对劝仅圣叉支友反皮坚凤择报寇毅段变、轻经茎氢、令邻勇恿通予矛序豫野巴吧色肥笆爸艳爬琶疤、马驱驮骑吗妈骂驾、厶允台么公至云去会层参叁能弘瓜丢即既匀流滚宏雄鬼离

X 键字根组字示例：

纟红纪线纱绑绩绪缝药辫潍、丝乡雍、母每毒敏海互贯毌　　　　弓弯弗第弱疆、匕论仑它化比北龙顷颖疑肄此些指华货背尼昆曳歼　　　　兹累系幽蓄率紫

5

键面有汉字的编码及输入

五笔字型将汉字划分为两大类:键面上有的汉字和键面上无的汉字。这两大类汉字的输入有不同的输入编码规则。键面上有的汉字包括:键名字根汉字和那些本身就具有汉字意义的字根,后者称为成字字根。如 U 键上有的汉字是:键名"立",成字字根"六、辛、门"。五种基本笔画中"一"及"乙"有汉字意义,故仍属键面有汉字。

键面有汉字的编码规则很简单且自成体系。这部分汉字中键名字共 25 个,成字字根共 65 个。

5.1 键名汉字的编码及输入

键名汉字的编码用键名字根所在键位英文字母键码重复四次组成。例如键名"金",所在键位英文字母键码为 Q,则其编码亦即外码为 QQQQ。输入键名汉字的外码时,只须将所在键位连击四下即可。

例如:王:GGGG;人:WWWW;大:DDDD;目:HHHH

由此可知,所有键名汉字的外码长度均为 4。

5.2 成字字根汉字的编码及输入

成字字根汉字的编码规则为:

成字字根所在键名代码 + 首笔代码 + 次笔代码 + 末笔代码

按此编码规则在输入成字字根汉字时,先将此字根所在键位(即键名代码)打一下,此动作俗称为"报户口",然后按书写此成字字根的单笔画顺序,依次打入第一笔画代码,第二笔画代码及最末一个笔画代码,这样形成 4 个码长的外码。如果该成字字根的外码长度不足四码时,补打空格键一次即可。

例如:"用":报户口是 E,应取的笔画依次为"丿、乙、丨",中间的两横不管,最后得到它的字根编码为"E、丿、乙、丨",其键盘输入的外码为"ETNH"。"文":报户口击 Y 键;首笔画为点(捺),仍在 Y 键上,击 Y;次笔画为横,在 G 键上,击 G;最后一笔画为捺在 Y 键上击 Y(其中不计中间那笔撇"丿"),则"文"字的外码为 YYGY。又如:"八",报户口是 W,能取的笔画只有两笔"丿"、"乀",其键盘输入的外码为"WTY"再加一个空格键。"丁":外码为 SGH,不足 4 码补打一下空格键。

这里要特别注意成字字根汉字的输入规则是在报户口后按书写顺序打单笔画,并且这个单笔画必定是五种基本笔画之一,即 G、H、T、Y 或 N。如果该成字字根汉字的书写笔画比 4 画多,则中间的笔画不用理会,只需按书写该成字字根时的笔画顺序分别取第一、第二和最后一个笔画。

成字字根"小"的外码比较特殊,外码为 IHTY。尽管"小"字在起始笔画为"捺"的第 4 区 I 键上,但书写时应先写中间那一"竖",即 H。类似的成字字根有

车:LGNH   儿:MTN   心:NYNY   匕:XTN

九:VTN   刀:VNT   力:LTN   耳:BGHG

臼:VTHG

5.3　五种基本笔画的编码及输入

五种基本笔画的编码规则是:

所在键名代码 + 笔画代码 + LL

如:　一:GGLL　　丨:HHLL　　丿:TTLL　　丶:YYLL　　乙:NNLL

小 结 5

键名和成字字根汉字不仅在文章中出现的频度较高,而且是组成键面上没有的汉字的基本字根,所以必须熟记它们,但初学者不要只记住了它们是汉字的特性而忽视了它们也是基本字根的特征。

本章中较难于掌握的是熟练地将键名和成字字根从一篇汉字文章中识别出来。初学者常常因分不清哪些字是键名字,哪些字是成字字根而在输入时出现错误。

另外,不要把本章所讲授的键面有汉字输入方法和后面所讲的键面上无汉字的输入方法相混淆。

习 题 5

5.1 键面上都有些什么汉字,请按键位全部写出来。并按双手食指、中指、无名指和小手指的分工分别列出。

5.2 下面文本中有不少是键名和成字字根汉字,请分别将其找出。

王五一戋士土二干十寸雨大犬三古石厂木丁西工戈廿七弋目卜上止日曰早虫口川田甲四皿车力禾竹白手月乃豕人八金儿夕言文方广立辛六门水小火米之已己巳乙尸心子孑耳也了女刀九臼又马巴匕弓幺人戋皿卜匕力几巴日孑厂虫川雨寸五弓戈心止已的马皿手广甲曰和丁犬弓也四已手乙尸士千戈幺西不弋为这工地一上中经发以了民工七子古石又小刀了幺曰早已由贝大车儿皿手孑戋月卜用手竹文勹乃米在方六要辛火是之豕国土发卜王目己水豕日九皿弋同弓口田山已火之金白木禾耳门夕我八豕廿三水二已十立女人言西曰广小已贝丁弓古九止皿八手羽也甲刀耳几五寸米三上二乃夕川千由马石厂犬辛力匕竹几斤寸用十虫乙卜心方文匕门车戈已寸早斤夕马金刀皿三力羽竹古几刀门西儿心巴儿曰止寸米丰乃厂八小犬也已甲丁方九十耳石由六广五乙早刀皿夕文二戈小匕巴犬丁川寸西羽一卜车石弓心广用十门文厂力采乃贝由皿刀十手八止五乃马戈丁寸广川辛儿羽用甲六匕贝虫曰也夕已巴门方弋乙石小二七九古厂竹六虫皿乃马犬士六夕竹手虫匕士曰心由三儿也匕力丁方五九斤刀耳儿辛古西弓用卜文十已上下川小门车米八言目禾金月人白水立火山已人女子言目口孑木立二乃五力乙甲已由马也石夕犬广心手早用十米车寸川小寸贝用卜斤夕已一丨丶丿乙

上机练习 5

中文录入训练是本课程的重点内容之一。从这章开始,给出的练习文本是针对五笔字型进行编排的,并按汉字使用频度和实用频度进行了适当的处理,即在单字练习文本(离散文本)中列出的汉字是按这两个频度从高到低安排的。这样安排的主要目的在于可使汉字文章中使用最多的汉字能得到最长时间和最大强度的训练,有利于提高训练效果和录入连续文本的速度。

汉字使用频度是国家有关部门根据各行业范围应用文章中汉字出现的频度进行统计得来的。在上机练习中给出的频度统计数字是基于排在频度统计结果中前 6 000 多字得来的,分为单字和连续文本两种情况。这些统计在今天看来不一定十分准确,但仍具有参考价值。关于词组的频度统计在练习中没有分级给出,这一是因为没有全面准确的可供参考的统计数字;二是词组在不同输入法实现版本中的定义不统一即没有标准可循;三是有些输入法提供了随机现场定义词组或可外挂自定义词组的功能(给使用者根据自身工作行业特点定义相关词组带来的方便)。所以,要硬性规定哪些词组是最常用的没有多少实际意义。

在上机进行单字录入练习阶段,一般应按照不同的使用频度去分配训练时间和强度,在进行连续文本录入训练时,应严格按照五笔字型的取码优先级进行取码输入(具体优先级表见本教材12章)。只有这样才能达到用最短的训练时间收到最佳效果的目的。

1)上机目的要求

熟练掌握键面上已经存在的汉字——键名、成字字根的输入方法。因字数较少,练习时可将每段练习时间设为5分钟,以便测录入速度。

2)上机说明

25个键名汉字是组成其他汉字最常用的基本字根,它们在连续文本中出现的频度很高,其频度在单字中占3.6%,在连续文本中占1.1%。

65个成字字根在连续文本中出现的频度比键名汉字还要高,其频度在单字中占10.5%,在连续文本中占3.2%。

3)操作练习

(1)键名汉字对照练习
文本文件名:键名汉字.PST
文本全文:

工子又大月土王日水日口田山已火之金白木禾立女人乡言口大水人火又女已山月金水火之口王子土工大从大口日目白已木水月火金水之人木大女日口月水禾立王日上月水白水禾日王口大田王口月水王已女大已上月上女口上白水火人大木立白立水女又山乡又大月上月口已水人水口土日口大月目土禾言立大月口木口木工火田口月立山月金水火之口王子土工大人大口日目自已木水月火金水之人木大女日口月水禾立王日土月水白水禾日王口大田王口月水王已女大已土月土女口上白水火人大木立白立水女又山乡又大月上月口已水人水口上日口大月目王禾言立大月口木口木工火田口月立山月金水火之口王子工大人大口目白已木水月

(2)成字字根对照练习
文本文件名:成字字根.PST
说明:该文本中前几行是成字字根,首先给出键位字母(如G)然后是该键键名(如"王"),随后才是该键上全部有汉字意义的成字字根。文本中后面的内容是键名和成字字根的混合。
文本全文:

G 王五一戋	F 土士二干十寸雨	D 大犬三古石厂
S 木丁西	A 工戈廿七弋	H 目卜上止
J 日曰早虫	K 口川	L 田甲四皿车力
M 山由贝几	T 禾竹夂冬彳	R 白手斤
E 月乃用豕	W 人八亻	Q 金儿夕勹
Y 言文方广	U 立辛六门	I 水小
O 火米	P 之	N 已己巳乙尸心羽
B 子孑耳也了	V 女刀九臼	C 又马巴厶
X 纟匕弓幺		

人戋皿卜匕力几巴日子厂虫川雨寸五弓戋心止已的马皿手广甲臼丁犬弓也四巳手乙尸士千戈
幺西不弋工一七子古石又小刀了幺曰早已由贝大车儿皿手孑戈月卜用手竹文勹乃米方六辛火
之豕土卜目已水豕日九皿弋弓口田山巳火之金白木禾耳门夕八豕廿三水二已十立女人言西曰
广小已贝丁弓古九止皿八手羽也甲九耳儿五寸米三士二乃夕川干由马石厂犬辛力匕竹几斤寸
用十虫乙卜心方文匕门车戈已寸早斤夕弓马金九皿三力羽竹古儿刀门西儿心巴儿曰止寸米手
乃厂八小犬也已甲丁方九十耳石由六广五乙早刀皿夕文二弋小匕巴犬丁川寸西羽一卜车石弓
心广用上门文厂力米乃贝由皿九十手八止五马马戈丁寸广川辛儿羽用甲六匕贝虫曰也夕已巴
门方寸乙石小二七九古厂竹六虫皿乃马犬上六夕竹手虫匕上曰心由三几也匕力丁方五九斤刀
耳儿辛石西弓用卜文十已上下川小门车米八言目禾金月人白水立火山已人女子言目口子木立
二乃五力乙甲已由马也石夕犬广心手早用十米车寸川小寸贝用卜斤夕已一丨丶丿乙

6

汉字字型与结构分析

前面已讨论了字根键盘键面上有的汉字的编码规则及输入方法。这些汉字只是全部汉字中的极少部分,其余汉字均是由两个或两个以上基本字根组成的。其编码规则相对较复杂。

下面先来看看对键面上没有的汉字进行拆分取码的五项原则:

①按书写顺序,从左到右、从上到下、从外到内取码的原则;

②以基本字根为单位取码的原则;

③按一二三末字根,最多只取 4 码的原则;

④单体结构拆分取大优先的原则;

⑤末笔与字型交叉识别的原则。

从上面的原则可以看出,当要输入键面上没有的汉字时,首先应将汉字按拆分要求将其拆散分解为若干个键面上有的基本字根,然后按照取码规则打入相应字根编码(即外码),从而完成输入汉字的拆分取码、拼形输入过程。

但是,怎样才能正确地将汉字拆分成几个独立的基本字根呢? 怎样才能得到所谓的“末笔字型交叉识别码”呢? 为此,必须先对汉字的字型和汉字的结构进行分析。

6.1 汉字的三种字型

汉字的字型就是汉字从直观上看所具有的形态,这个形态是由构成该汉字的字根相互间排列位置关系而定的。

6.1.1 字型分类

汉字的字型可归纳为三种:左右型、上下型、杂合型,见表6.1。

表6.1　汉字的3种字型

字型代号	字　型	图　　示	字例
1	左右		汉树结别
2	上下		吕莫花华
3	杂合		困凶这司同巨乘 本 无 天 且 丸

上表中的字型代号是按相应字型汉字在全部汉字中所占比例而定的,即左右型汉字最多,次之是上下型,最少是杂合型。符合表中1、2型的汉字统称"合体字",这类汉字的字根之间的笔画互不相连或交叉,彼此间有一定空间距离。第3型汉字又称"单体型汉字(亦称独体字)",这种类汉字其字根之间可能有相连或相交叉的部分,字根笔画之间通常拥有相同的书写空间。

6.1.2　字型的特性及字型判断方法

下面结合实例讲解一下它们的特性及判断方法:

1)左右型汉字

除表6.1中给出的字例外,下面形态的汉字也是左右型的:
　　抠、捆、忱、枫、试、谜、洒、漏
即部分字根间具有其他型的特性,但整字效果却应是左右型的。

2)上下型汉字

除表6.1中给出的字例外,下面形态的汉字也是上下型的:
　　畚、亩、尽、左、右、布、灰、省、看、差、旦、鱼、丛、画、个、么、乒、乞、伞、买、亦
即部分字根间具有其他型的特性,但整字效果却应是上下型的。

3)杂合型(亦称外内型或单体型)汉字

除表6.1中给出的字例外,下面形态的汉字也是杂合型的:
　　丫、乎、乡、尺、应、居、入、君、承、千、亡、久、乍、卢、卤、非、虱、民
即不能简单明确划分为左右、上下型关系者统统划归杂合型。

在判断一个字是否是杂合型,可用下面两条规定:

①凡一单笔画字根与另一单笔画字根组合或一个单笔画字根与另一基本字根相组合时,若单笔画间或单笔画与基本字根之间无明显空间距离而相连接者,该字属杂合型,如:入、千、亡、刁等;

②凡由一孤立点与一基本字根组合时,该字是杂合型,如:勺、主、义、刃、丸等。

最后要说明的是,在拆字后进行拼形时,通常只对二根字或三根字进行字型判断,这点在讲解识别码问题时还要更深入的论述。

6.2 汉字的四种结构

6.2.1 字根内单笔画的结构

在讨论汉字的结构之前,先来看一下五种基本笔画组成字根时,独立字根内部笔画间的构成特点:

①单:即五种笔画自身,如一、丨、丿、丶、乙等;

②散:组成字根的笔画之间有一定间距,如三、八、氵、心等;

③连:组成字根的笔画之间是相连接的,可以是单笔与单笔相连,也可以是笔笔相连,如厂、人、尸、弓等;

④交:组成字根的笔画是互相交叉的,如十、力、又、车等。

除上面列出的四种特点外,有一种混合的情况,即一个字根的各笔画间,有连又有交或散,例如:"纟"是有连有散,"禾"是有连又有交等。

按五种基本笔画间的关系,就可方便地讨论字根与字根之间笔画的关系了。

6.2.2 汉字的结构

汉字的结构指构成汉字的字根在其字根与字根的笔画上存在的松散、紧密、连接、交叉等关系。这种关系分为四种。

1)单字根结构

单 指基本字根本身就已经单独成为一个汉字,即这个汉字只有一个字根。具有这种结构的汉字包括键名汉字与成字字根汉字,如言、虫等。五种单笔画字根也属这种结构,如一、乙等。另外,"亻、刂、阝、忄、广"等也是单根字。

2)松散字根结构

散 指构成汉字的基本字根之间具有一定的空间距离,主要特性是字根多数是多笔画的。如:吕、识、照、足、困等。散结构汉字中,三种字型的汉字都有。

3)连笔字根结构

连 指一个基本字根与一个单笔画字根相连接,其中此单笔画连接的位置不限,上下左右均可。如:自、千、亡、尤、升、尺、丑、业、久、飞、入、刃等。

一个基本字根之前或之后的孤立点,一律视为是与该基本字根相连的。如:丸、勺、术、又、凡、主、刃等。这种结构称为"带点结构"。

注意下面几个字是散结构而不是连结构:

旦、鱼、旧、个、么、乞

4）交叉字根结构

交 指构成汉字的各基本字根之间书写笔画上有交叉套迭的现象,主要特性是字根之间部分笔画重叠。如:里(日、土)、夫(二、人)、夷(一、弓、人)、农(冖、𧘇)、史(口、乂)、丈(ナ、乀)等。

从上面的分析可知,汉字的字型分析着眼于字根空间位置的排列;而汉字结构的分析则着眼于字根间笔画的交连与否。判断字型一定要从汉字整字效果上去观察,要以基本字根为出发点,不可想当然地去判断字型,或者片面地从一般现象推判出特别现象。例如,单笔画字根与多笔画字根组合时,不能一概而论地均判为杂合型,如:"么、旦、鱼、个"等字,虽是单笔画字根与多笔画字根组合,但属上下型的;同样,"旧、们、扎"是左右型的;而"千、丫、乡、尺"等才是杂合型的。又如"占"字,它的字根是卜、口,两个字根一上一下,属上下型,而"卢"字,它的字根是"卜、尸",两个字根也是一上一下,按理说,它应属上下型,但却定义成杂合型。字型划分的特点,通过拆字练习去记忆就行了,不要去死抠教条。

小 结 6

汉字输入的基础是汉字的拆分,汉字拆分的基础是汉字字型的判断和汉字字根结构的分析,所以本章是后续内容的基础,重点和难点在于正确识别一个汉字是由哪些字根组成的,字根的位置关系如何。分析汉字,不仅要求熟练记忆全部的字根,而且要注意字根出现在实际汉字中其书写笔画上的变形。

分析汉字结构的目的在于:
①合理正确地拆分汉字;
②帮助判断汉字字型。

分析汉字字型的目的在于:
①正确地执行五项原则中的第一条原则;
②得到部分汉字的识别码。

习 题 6

6.1 标出下列汉字的字型代号。

力无下争物天内种本性生向他高家战件于可自反开关那次克持者入验特报安轮平最公并活此少么委将先科联研防组或及群习常你见每步史数外条原心支光即断果展系军别志专增集坚花况掺才齿配敌许神称省帝助层格始破便段美台试布选半快考失供邦互律死射承靠块充策吸盾缺优曲练室益座执俄卡获印永映束独协瓦牙官自农等斗里正应千去气问头住连什回单欠场判万状青走固置床圆值美麦声击亓市页抗苦仅京升苗足尺杆

岩元封亩余去粒阻艺灭血厘冲奴润冬章纹矿

6.2 指明下列汉字的结构。

树果里术办责奇告幼卡逐飞伍异乡兰吗杀壮企牛疗蛾访召旱悟礼伏雷句败齐库庄钟弄
妄扎羊仁音亡皇甘巨私杜午尚刃刊秧渔户买冒犯宋香忘丹浅拥穴岁亦马予尤锈苡肩付
圣汗童贴岸君乏汇仗仔屑钾旺兄叉拍票仓杠尿丘斥父弗兑尘爪租仿扑旦库秆闸话浏庙
茧仲朴巩闯柏奎配卑申吐眉臭风幼离地址孕钩勾倡贾蛹奸涅钼汞轧泪汗湘肪惜仰廷玄
兆玛蚊皂艾叹闲佳肚昔刑扛亏拌扯岷仑债闷蛄洼哭件吾辞钒杉秸钛圭枚耶茄栗亨垃讥
砧巾仆咕兑忌厌栖卓煌钡虾坊勿秃阎盏乞扒叨岔坠卟汰夯竿孜笛劫

6.3 分析下面单字根汉字的外码。

戋（GGGT）	艹（AGHH）	廾（AGTH）	匚（AGN）	弋（AGNY）	丨（HHLL）
刂（JHH）	囗（LHNG）	冂（MHN）	丿（TTLL）	彳（TTTH）	攵（TTGY）
夂（TTNY）	扌（RGHG）	彡（ETTT）	亻（WTH）	钅（QTGN）	勹（QTN）
讠（YYN）	亠（YYG）	丶（YYLL）	冫（UYG）	丬（UYGH）	疒（UYGG）
氵（IYYG）	灬（OYYY）	宀（PYYN）	冖（PYN）	辶（PYNY）	乏（PNY）
忄（NYHY）	孑（BNHG）	阝（BNH）	卩（BNH）	凵（BNH）	彐（VNGG）
巛（VNNN）	厶（CNY）	纟（XXXX）	匕（XTN）	幺（XNNY）	

7

键面无汉字的编码规则及拆分输入

从前面内容可知,除键面上已有的汉字外的其他汉字都是由两个或两个以上基本字根组合而成的,这些汉字就是键面上没有的汉字。从字根组合角度看,这些字可能是通过散、连、交三种方式之一或者是三种方式的混合而形成的结构;从整字字型看,有左右型,上下型或杂合型之分。但无论字根数目是多是少,字根组合的复杂程度如何,首先应将汉字拆散分解,然后才能拼形输入。

可把拆分取码的五项原则分为拆分原则与取码规则(或称编码规则)。

(1)取码规则(编码规则) 取码,即取得构成汉字的字根码。其规则为:

①无论字根多少,最多只取 4 个字根码;

②字根总数大于 4 时,只取一、二、三、末字根码;

③字根总数等于 4 时,取全部 4 个字根码;

④字根总数小于 4 时,取全部字根码并补充"末笔字型交叉识别码"。

(2)拆分原则 拆分,即将构成汉字的字根拆出,供拼形输入时取码。其原则为:

①按书写顺序,从左到右,从上到下,从外到内拆分出全部字根;

②以基本字根为单位拆分;

③字根是交、连结构时,以"能散不连、兼顾直观、能连不交、取大优先"的原则拆分。

下面先讨论如何拆分,然后讨论取码规则的具体实施。

7.1 汉字的拆分原则

拆分汉字的目的是为了取得相应的字根编码,有了字根编码也就有了相应的外码,键入外码即可得到汉字。

7.1.1 拆分原则与应用实例

下面结合实例,讲解拆分原则。

1)按书写顺序,从左到右,从上到下,从外到内拆分,直到把整个汉字拆分完毕

树:木、又、寸;(从左到右,左右型)

聊:耳、𠃌、丿、阝;(从左到右,左右型)

洲:氵、、、丿、、、丨、、、丨;(从左到右,左右型)

找:扌、戈;(从左到右,左右型)

字:宀、子;(从上到下,上下型)

点:卜、口、灬;(从上到下,上下型)

室:宀、一、厶、土;(从上到下,上下型)

纂:竹、目、大、幺、小;(从上到下,上下型)

回:囗、口;(从外到内,杂合型)

因:囗、大;(从外到内,杂合型)

酉:西、一;(从外到内,杂合型)

而:𠃍、冂、刂;(从上到下、从外到内,上下型)

连:车、辶;(从外到内,杂合型)

朝:十、早、月;(从上到下、从左到右,左右型)

程:禾、口、王;(从左到右、从上到下,左右型)

簇:竹、方、𠂉、𠂉、大;(从上到下、从左到右,上下型)

咽:口、囗、大;(从左到右、从外到内,左右型)

俄:亻、丿、扌、乙、、、丿;(从左到右、从上到下,左右型)

房:、、尸、方;(从上到下,杂合型)

成:厂、乙、乙、、、丿;(从左到右、从上到下,杂合型)

或:戈、口、一;(从上到下、从外到内,杂合型)

戒:戈、廾。(从上到下、从外到内;杂合型)

2)以基本字根为单位拆分

对"那"字,不能拆分为⺕、刁、阝,因为"⺕"不是基本字根,正确的拆法应为"刀、二、阝"。不能把笔画切断,如"果",应为"日、木",不为"田、木"。

3)对交、连结构的字,以能散不连,兼顾直观、能连不交,取大优先的原则拆分

(1)能散不连 若一个汉字的字根间笔画的关系可为散,应按散结构拆分。如

午:"𠂉、十",为散,若拆成"丿、干"为连;

百:"𠃍、日",为散,若拆成"一、白"为连。

(2)能连不交 若一个汉字的字根间笔画有连有交时,应按连结构拆分。如

生:"丿、主"为连,而"𠂉、土"为交;

天:"一、大"为连,而"二、人"为交;

丑:"𠃌、上"为连,而"刀、二"为交。

(3)取大优先 在所有可能的拆法中(即拆法不惟一时),应选择每次都能拆出最大字根的那种方法:拆分出的字根个数最少,单个字根内笔画最多。如

京:拆法1:亠、口、小(字根数多,单个字根内笔画少);

　　拆法2:亠、小(字根数少,单个字根内笔画多)。

　　拆法2正确。

离:拆法1:亠、乂、凵、冂、厶;

　　拆法2:文、凵、冂、厶。

　　拆法2正确。

朱:拆法1:𠂉、木;

　　拆法2:𠂉、小。

　　拆法2正确。

(4)兼顾直观　拆分出的字根具有最好的直观性。如"卤"拆分为"卜、口、乂",就比拆分成"上、乂、凵"直观。

这4条拆分原则不仅可用于杂合型结构的汉字,也可用于上下型和左右型结构的汉字。

归纳总结上面三条原则,就是:

①按书写顺序拆分,拆分出的字根应为键面有的基本字根;

②保证拆分出的字根数最少;

③当拆分结果不惟一时,取大优先;

④"散"比"连"优先,"连"比"交"优先;

⑤注意直观性。

7.1.2　拆分原则的灵活掌握

上述拆分原则在应用中应灵活掌握,不能死搬硬套。拆分原则需要理解,个别汉字的拆分过程则需要死记,例如"舞"字,字根是"𠂉、卌、一、夕、匚、丨",取码字根为"𠂉、卌、一、丨"即RLGH,其中字根"卌"在字根表中是没有的,所以"舞"字的拆分只有死记而别无它法。

在理解拆分原则时,有几点需要注意:

①"从外到内"拆分。平时书写汉字的规范是"从内到外",而这里刚好相反。

②"以基本字根为单位拆分",要掌握此点不仅要求记熟全部的基本字根,而且要注意字根笔画上的变形处理,否则,遇到那些似是而非的字根时,就会搞错。例如:"那"字,字根是"刀、二、阝",但对"丑"字,字根应是"乙、土"而不应是"刀、二"。

③交连结构汉字的拆分,要弄清楚取"散"优先于取"连、交",在取"散"无效时取"连"优先于"交",当取"连"无效时,在按"交"处理时应遵循"取大优先"的原则。

"取大优先"虽说主要是用于拆法不惟一时的情况,但在拆分一般字的时候,也应当"取大优先"。如"添"字,它的字根应该是"氵、丿、大、小",不少人把其中的"小"拆成了两个字根"小、丶",如果此时运用"取大优先"原则就不会出现问题了。也有例外,如"拜"字,如果按取大优先,字根是"手、手、一",但正确的字根应是"手、三、十"。

交连结构汉字在实际拆分时,是没有一个固定的、一尘不变的模式可供遵循的,也不能死套原则条款。具有这些特征的汉字字根多数有笔画上的变形。如何看待这些字根笔画上的变形,是分离出字根的关键。一个比较简单的办法是将字根表中所罗列的字根的笔画沿书写方向拉长。下面是一些字根笔画变形的实例:

汉　字	字　　　根	有笔画变形的字根	变形笔画
果	日、木	木	丨
免	勹、口、儿	儿	丿
农	冖、𧘇	𧘇	丿
朱	𠂉、小	小	丨
兼	丷、彐、小	小	丿
予	마、阝	阝	巴
良	丶、彐、𧘇	𧘇	㇏
步	止、小	小	丶
乘	禾、北、匕	禾	丨

有的字根在变形上不是将其笔画拉长而是被某个字根的笔画所分开。如"噱"字,字根为"口、大、丷、日、小",其中"丷"被字根"大"的笔画分开。又如"母",字根为"口、一、丷",其中"丷"被"一"分开。再如"肃"字,字根"彐、小、川"的"川"被"小"分开。

所以,正确理解与识别笔画上的变形有助于正确地找出构成汉字的字根。请看下面几个汉字中笔画的变形:

身:丿、冂、三、丿,其中"冂"有变形;

段:亻、三、几、又,其中"亻"有变形;

凸"丨,一、几、丨、一,其中"几"有变形;

凹"几、几、一,其中"几"有变形。

但是,不能盲目去"变形",如"该"字,字根应为"讠、亠、乙、丿、人",切不可将第三、四字根按"步"字的"小"字根中的"丶"变形方法而视为"厶"的变形。所以,如果不能很好地理解笔画的变形,是不能找出字根的。

另外,在拆字时,应首先弄清楚汉字的书写笔画,特别是在输入手写文稿时。例如"禺"字的字根应该是"日、冂、丨、一、丶",常常有人误认为是"日、冂、厶";"尴尬"二字的前两个字根均应是"尢、乙",不少人将其视为一个字根"九"了;同样,"似"字的字根是"亻、乙、丶、人",不是"亻、厶、人";"协"字的字根是"十、力",不是"忄、力"。又如"切、地、顷"3个字中左边那个字根分别是"七、土、匕"。

7.2　汉字的取码拼形输入

利用上面的拆分原则将汉字的字根全部拆分出后,再按取码规则选取拼形组字的几个字根码组成外码,打入相应外码即可输入汉字。

下面按拆分的字根数多少分类介绍。

7.2.1　拆分超过四字根码

指构成汉字的基本字根数量在 4 个以上。

取码规则是:取一、二、三、末字根码。如

德:拆分结果为"彳、十、四、一、心",只取其中第一、二、三字根"彳、十、四"及最后一个字根"心"组成外码 TFLN(这里省略了中间的字根"一"),则从键盘输入外码 TFLN 即可输入汉字"德"。这里打入的外码字母实际上是小写字母。

纂:字根依次为"竹、目、大、幺、小",取码"竹、目、大、小",外码为 THDI。这里省略了中间字根"幺"。

遭:字根依次为"一、冂、廿、日、辶",取码为"一、冂、廿、辶",外码为 GMAP。这里省略了中间字根"日"。

鹰:字根依次为"广、亻、亻、圭、勹、丶、勺、一",取码为"广、亻、亻、一",外码为 YWWG。这里省略了中间字根"勹、丶、勺"。

夔:"丷、止、丿、目、巳、八、夂",取码为"丷、止、丿、夂",外码为 UHTT。这里省略了中间字根"目、巳、八"。

由此可见,汉字的字根一旦能够拆出,只要按取码规则去取码输入是非常简单的。

7.2.2　拆分刚好四字根码

指构成汉字的基本字根数量不多不少刚好 4 个。

取码规则仍然是:取一、二、三、末字根码。只不过这里末字根就是第四字根。例如

建:字根依次为"彐、二、丨、廴",全部取码,则外码为 VFHP。

能:字根依次为"厶、月、匕、匕",外码为 CEXX。

炼:字根依次为"火、七、乙、八",外码为 OANW。

墨:字根依次为"罒、土、灬、土",外码为 LFOF。

由此可见。四根字汉字的输入特别容易、迅速。熟练后可一边拆分,一边将字根外码打入,拆完即输入完毕。

7.2.3　拆分不够四字根码

指拆分出的字根数目为二或三,即不足四字根。

取码规则为:

取全部字根码 + 末笔字型交叉识别码

小结7

本章重难点是汉字的拆分。这部分内容亦是本课程的重难点。

由上面讲解可知,取码拼形输入过程是拆分字根的逆过程。正确的拆分汉字是取码拼形输入的基础,只要掌握了拆分,拼形输入也就非常容易。

习题7

7.1 分析下面汉字字根的构成,特别注意字根笔画上的变形处理。
即、良、出、敝、身、乘、史、束、予、段、尔、判、光、兴、兼、肃

7.2 拆分下列汉字并写出相应外码。
使路两资事制甚核都重期营提道侵颂席题建教常灌统造程热病型带操给被整装传规斯需影选养片觉殖身势端感圆照靡值美班排该检怎植抓副围射臻短剂靠够满豉卷律播毒激跟裂塞留刺冷彻版烈零望润触偏寨硬翻甲掌氧溶旋槽殖握脚编域露核念倾燃献猪腐脉脑穗愈藏州悟剌铜照

7.3 拆分出下面汉字的字根并写出字根的编码。
(1)二根字
正责麦灭走击未元声去云套奋页故有矿泵厄杆苦草苗艺卡里旱足固回连岩见千升自利和备血冬看牛迫气把逐伍什企余位仅镣尔讨床亩访应京壮兰半状头章问疗油灶农异改尺飞孔孟召隶她奴幼乡纹弄吾盏歹玛圭卉址刊昔茧匣芹艾匹汞巨芯茸卓旺且雷坝坊垃亏厌硒夯矽太辜尤厄码柱酉栈杜栖栗杠朴杏贾枚柏杉杰札本甘戎戒晒冒申蛊旷蚊曳吐咕吠叮叭兄喑叹邑囚轧贱冉巾败岁冈丹笺壬秆竿午矢香备秃舟乏乞私笆皇丘皂扯扑拍拥扒斥泉扎肚肘肪孕舀钍仁仕付伏佬仆佣父仿仔仓仇仑鱼句钾铀钡铂勿钥久锌勾庄讣卞齐咨库庙讥亢哀亦亡享亨玄羊丫音闽闸痈阎闰疤浅尘汗汁汀汇小泪沂汐兆泣洱汝粕宋冗穴宰刁丑眉忻翌尿屎忌孜耶奸尹刃丸圣驮驯又予驰驭毋弗幻弘
(2)三根字
封场奇厘植唯置圆待等告彻程推伉住今触剂市美判卷单润悟阻剥刑敖琼赶坤坍霍动奎砧厕酥朽票框椎巧蕾芜葫茄恭苟芦荤虏虾蛆晾蛹吁哎哭啄岸贼贴屺徒秸廷刮辞臭囱身筋愁捂挂拜皋拈爪捏皑扦卑誓掠拌抉拂腮债佳伎仗倡仲仟仰伴岔忿昏钟钒狈锈狄卯犯钓钧钩饯刨饵诚旅讫谁讹舀庐谆谜豪肩雇扇忘妄诵絮闺痔眷誊翊酋疟单剖兑竞彦阎凉瘴洼酒湘泄涅溅尚沃雀渔汹涧漏粪炯烂礼怯惜悼惶翟惊忙买屑坠聂君妒忍绣
(3)多根字
使路两资事制甚核都重期营提道侵颂席题建教常灌统造热病型带操被整装传规斯需影选养片觉殖身势端感圆照靡值班该检怎植抓副围射臻短剂靠够满豉卷律播毒激跟裂塞

留刺冷彻版烈零望润触偏寨硬翻掌氧溶旋槽殖握脚编域露核念倾燃献猪腐脉脑穗愈藏州悟刺铜照型整速两裂烈致毒域露鼓献都教零感槽核斯甚藏彪题影照围穗靠造选版片怎射翻律制播抓氧势热脚脉使命愈传斜偏含领够铜猪留磨靡州腐该望养端道冷资满辉游常掌觉溶燃塞寨察被建编逼逗豌赖遭枣棘敷靛熬颊晋恶顿臻致垣埔坯墙垮堰戴塔矗墟颠趁趋堤韩斡嘉喜彭煮霉坞救韧违霞卖厨辱唇砖励砸慧韭辈裴悲耐耍愿磴硷蠢戍耘

上机练习 7

1）上机目的要求

熟练掌握多根汉字(4 个字根以上)的输入方法。

2）上机说明

多根字在汉字中的数量最多,其中使用频度较高的字定义了简码(二级简码汉字约 600 个,三级简码有 4 400 多个),余下的不少字其使用频度并不高, 所以在今后实际对连续文本的录入中,出现简码汉字的时候要多得多,要打足 4 个字根编码的字相对而言就并不多了。

3）操作练习

(1)多根字对照练习
文本文件名:多根汉字.PST
文本全文:

(多根汉字)
使路两资事制甚核都重期营提道侵颂席题建教常灌统造热病型带操给被整装传规斯需影选养片觉殖身势端感照靡值班排该检怎植抓副围射臻短剂靠够满毀律播毒激跟裂塞留刺冷彻版烈零望润触偏寨硬翻掌氧溶旋槽殖握脚编域露核念倾燃献猪腐脉脑穗愈藏州悟刺铜照型整速两裂烈致毒域露鼓献都教零感槽核斯甚藏彪题影照围穗靠造选版片怎射翻律制播抓氧势热脚脉使命愈传斜偏含领够铜猪留磨靡州腐该望养端道冷资满辉游常掌觉溶燃塞寨察被建编逼逗豌赖遭枣棘敷靛熬颊晋恶顿臻致垣埔坯墙垮堰戴塔矗墟颠趁趋堤韩斡嘉喜彭煮霉坞救韧违霞卖厨辱唇砖励砸慧韭辈裴悲耐耍愿磴硷蠢戍耘

(2)无简码字对照练习
文本文件名:无简码字.PST
文本全文(下面列出的无简码字取自 Super-CCDOS 5.1 版五笔字型输入模块程序 WBX.COM 内部所定义的字,其中有的字是成字字根或键名,个别字有简码,练习时注意识别):

(无简码字)
皑矮俺岸凹敖熬翱傲捌跛拜稗版拌剥堡饱豹悲卑辈贝狈被蹦逼毙毖痹弊壁臂编扁彪鳖憋瘪濒播搏膊擦猜踩藏槽厕蹭茬搽察岔诧搀蝉馋颤猖场常敞畅倡掣彻澈趁橙程惩澄痴匙虫酬踌稠愁筹臭橱厨蹰锄矗搐触川穿传船捶锤椿醇唇蠢戳茨辞慈瓷词聪葱囱蹿篡淬翠寸搭戴袋待单郸掸

诞捣蹈岛悼道盗蹬登等凳堤狄翟递颠滇靛垫奠淀雕钓爹叠侗洞兜抖逗痘都督毒犊赌妒端兑蹲
顿钝遁躲舵堕鹅额讹恶遏鄂饵藩翻樊钒繁犯匪废忿粪封缝敷孵拂袱辅腐阜该干赶感港篙皋糕
告歌戈鸽割羹梗工恭躬钩苟够鼓雇刮剐挂褂乖冠罐广逛闺跪贵刽裹孩氦亥骇酣憨韩含喊撼憾
豪耗浩核盒貉褐衡鸿葫唬桓患荒簧惶幌辉徽慧讳荤昏豁惑霍祸稽棘籍蓟伎剂嘉佳荚颊甲监煎
肩硷拣捡俭剪鉴键舰饯溅涧建酱骄娇搅矫侥脚饺剿教酵窖秸街劫竭诫筋金今津晋惊警竞炯窘
韭酒救狙踞眷卷撅抉掘觉诀钧君浚郡揩勘糠抗靠咳恳恐口寇哭酷垮挎侩框窥奎魁坤廓赖篮阑
澜览懒烂郎酪蕾垒冷厘狸漓鲤礼励镰廉怜敛炼凉粱两晾燎潦裂烈邻赁拎菱零龄铃伶羚岭领溜
馏留瘤漏芦颅庐虏麓露潞旅律滦掠裸买卖脉瞒馒满漫氓忙猫茅卯貌酶霉美寐猛靡糜谜蜜冕勉
缅渺蔑敏命谬摸摹膜磨摩魔墨默牡墓暮幕慕木目拿耐挠匿蔫拈撵捻念酿鸟捏聂孽啮涅您疟懦
鸥藕呕爬牌徘潘磐判叛磅刨裴沛抨澎彭蓬篷坯劈譬篇偏骗飘瓢票撇瞥萍凭泼婆魄蒲埔圃浦期
欺凄奇讫恰扦签仟黔遣谴歉羌墙敲巧鞘撬翘窍茄怯窃勤擒寝卿擎氰琼酋趋蛆躯渠龋醛犬瘸榷
雀裙燃瓤惹热人忍韧日溶揉柔蠕辱褥润腮塞赛桑搔骚莎傻啥筛删煽膳善扇赏尚裳摄射甚甥牲
绳盛剩狮尸石拾使士柿誓势嗜饰市舒淑孰薯署戍墅漱耍衰谁舜朔斯饲巳诵艘擞嗽酥俗速塑宿
穗塔獭蹋踏酞坍贪瘫毯袒探堂棠躺烫誊剔题蹄嚏涕剃甜舔帖廷庭挺桐酮铜童筒偷徒土兔推颓
褪臀鸵挖洼豌挽惋望忘妄违围唯纬喂尉文紊窝斡卧沃呜芜捂坞悟西夕惜熄媳铣虾霞辖狭舷涎
献馅湘翔萧嚣鞋携邪斜谐蟹泄泻屑辛猩刑型汹熊朽嗅锈绣墟嘘酗婿悬选靴薛循鸦崖雅阉蜒颜
阎掩堰彦秧佯氧仰养漾邀尧耀腋颐遗疑已屹逸肄吟樱鹰赢影庸蛹泳悠犹游淤榆愚俞逾渝渔娱
雨域吁喻峪愈欲狱誉垣圆猿愿曰跃耘韵砸攒赞遭糟枣躁噪造贼怎渣咋窄债寨毡蘸掌仗瘴照肇
遮蛰斟甄砧臻镇蒸挣狰整帧蜘植值侄挚掷致置帜制智痔钟衷仲州诌皱猪煮住抓爪砖撰椎追赘
坠谆啄咨资姿揍卒阻纂遵丕鬲噩禺卮囟胤馗毓睾丬孛啬厥厮靥赝匾赜卦刭刎刺剞剜蒯剽劂
劁劐劓仫伛仵伧攸佟佶侍俪俅俜俸倩俳倬倏偃偕偎偬傥傩傺僖儆僭僬儇佘佥俎龠氽兮馘黼甪
凫兕亳衮袤亵裒禀嬴羸羸讵诋诎诓诔诖诜诤诰诶谂谄谌谔谕谛谝谧谮谯谲谵谶卺阪阽陔陲隈
邬邴邳邸郏郅郐郦郢郜郗郫郾鄞鄱鄯鄹酆劾哿勰坌垩垡塾墼壅坩坫垆坨垴垓埘埙埴埝堀堠墉
鼙懿艹芫芸芟芮苁芩芴苎茌苻苓茑茚茆茔茗荜莒茼莛荞茬荇荃荟茗荠茭荩荬荪荻莩莳莅莶莩
莸荻莞菁萁堇萘菖菇萑菔菟萏菸菅菀菡萸葑葚葳葙蒉葸葶萱葭蓁蓍蓐蓦蒽蓓蓠蒡蒗蓥蓣甍蒐
蔹蕖蔻蓿蕤蕺蕈蕲蕻薤薨薏蕹薮薅薹薷薰藓藁藿蘅蘩蘖蘼奘匏尴挢捋掭捱捺掴捩掮揲揠揄揞
摒揆摅搋搛搌搡撖摺撷撺擐擢攉攥攘弋甙吒呔呙咔吟咚呦咕哔呲呷哙咤唔唏唧喏唪啕唿啶喉
啜喋嗒喱喈啻嗟喔嗪嗷嗦嘟嗑嗬嗔嗦嗝嗄嗯嗨嗤嘈嘁嘭嘹噍噢噙噔噤噱噫嚯囔囗囵囿圊帙帔
帻幄幔幛幡岌岍岘岑岚岱峒峤峋峥崛嵘崴嶝豳彳徂徭徵衢犰犴犷犸狃狍狨狯狩狲狴狷猁狳猃
狻猗猓猡猊猞猝猕猢猥猬猸猱獐獍獗獠獬獯獾飧夤饧饨饩饪饫饬饷饽馄馊馍馐馑馓馔馕庠庋
庵庾赓廛廪膺忄忏忮忤忭怏怿恸恹恪悖悚悝悻悱悴愠愦惴愎慵憔憧懔闶闳闾闱阌阍阒丬爿戕
氵汉沭泱泠洧洇洎洫浍浏浒浔浈涑涪浞浜浠浣淇淞渎涿渭淙渫湮湫湟溆湓渲滟溘漭滢溥溧溽
溷溴溏溟潆潇溇漕漙滤潋潴漪漉漩澍澌潸潼潺濑澹澶濞瀚瀛瀹灏宓宥宸骞搴寤褰蹇謇辶迓迕
迮逅逋逦逑逖逵逭逯遒遨遘遛邂邈邃彗屐屣屦羼弪鬻姊妤娌娉娑娓婊婺媛婺媾嫒嫱嫦嫜嬗嬖
孥孳孑骁骐骓骘骛骜骝骗纥纨纰绁绗绛绨绯绻绰缌缏缒缙缛缧缬缱缳缵幺巛琊琯瑗瑷瑭瑾璜
璎璀璇璞璩璐璧瓒韪韫韬杌杓杈枇枧杵枭柰枢栌柝栀柃柽栲栳桠桎桄桤梃栝桁桀梏楮椋楗榛
椹榄椠槎榛榧桦槁槊榕槠槭樗獠槲樾檠橐樵檎樽樨橘橼檐檩檗檫猷獒殁殇殄殍殪轳轩辁辂辇
辍辔戋戢戡戥戤戬瓯瓴瓿甑甓昙曷昵耆晁晖晡晗晷暌暝曛赀赈觊觋觎觑觐觇觑犟牦牯牾牿犋
犏犒挈挲掰掮擘耄毪毳毽毵毹氅氇氆氍氕氘氙氚氡氩攵敕敫牍牒牖虢肓胪胂胲胩腈腌腓腙腱

腼腧䏲腠膂滕腔膪臌臊欤欷欹歔歆飑飒飕飙彀榖斐甂斓旄旆旌旎旐旖炀炖焱煳煲煸熘熨熠爨焘煦熹肩扈扉祀袄祛祜袯祇祠祯桃禅禊禠禧禳忑悬恚恶恬恣恚惢愍愿憩憨懋懑懿聿淼耄砜砝砹砺砥砜硖碓碇碲碹碥磔磬磲磴匏粜黻黼耆智睑睇睢睿睽督瞌瞀畛畲罨罴盍蠲钅钚钤钪钰钲铈铍钺铈铋铐铑铕铗铆铞铟铤铥铪铯铼铽锆铱铹铳锏铜银锔锖锝锢锫锩锷锸锼锾锬锵镆镉镌锝镏镗镛镞镟镡镢镧镫镬镯镱镲镳锤矧雉秫秸秬稞稔稹稠黏馥皈皓皤皽瓠鸠鸢鸪鸲鸱鸳鸴鸶鸷鹋鸬鸽鹌鸺鹕鹇鹈鹁鹚鸫鹄鹆鹒鹣鹞鹛鹜鹩鹗鹡鹪鹫鸶鹥鹬鹮鹫鹳疒疠疣疴痄疰痂痖痍痣痨痦痱瘀痒痢痤瘥瘛瘼瘢癃瘳癫癔癫辣宦宼窃窦窬窨宑衲衽衿裆袷袼裉裣裥裱褚裼裙裰裆裢褊褴褫褶襦襻皴矜矽耖耢耨耩耧聃聆聱顸烦颌颏颔颚颥颢颞颥颢颥擘虿虮虬蚪虻蚱蚯蚧蚵蚺蚖蜒蛞蚿蜓蛄蜃蜣蜻蜥蜚蜴蜩蜷蜻蜮蝮蝓蝣蝙蛰蛏螯蟓螨蟒蟆蟪蟥螗蟊蝻螈螅蠊蟛蟮蠹蠼罄罅舐笈笄笕笮笫笪笤笙笳筚笮筵笙筝筲篁筐簦篌箬笾箨箪箫箴箦篁篝筐篦籁篽篌筮筻筜篨篾簏箦筻簸籁籀钿舡舣舨舫舢舴舾艄艋艚艟艨佥衾裒裘裟襞羟羧羯粢粲粼粽糌糇暨翎禽翥翡翦翮翻翳絷綦紫縻麸麴赳趔趑赦赭虹赪酊酎酤酢酰酪酽酾酲酴酳醅醐醍醑醢醭醪醯醴醯醋醑醍醢醭醪醯醐醍醑醢醒醍醐醢醭酲酴酯醅醐醍醑醢醭醪醯醴醯醷蹉跫逭遑憿趵跋跰跄跖跗跚跞跎跏跛跬跷跸跛跣跹趾跤踉跟踔踝跨蹰跗踣踯踺蹀踹踵踽踱蹉蹁跶蹒蹊蹰蹶蹴蹯蹼蹲躅躁躜躐躞貔觞觯罄雳雱霏霆霭霾龇龃龅龆龀龈龉龇龌龊雹隼隽雒瞿銎銮銎鋈鏊鎏鐾鑫鲂鲅鲇鲈稣鲨鲑鲒鲔鲕鲝鲠鲡鲢鲣鲥鲦鲧鲨鲫鲭鲮鲯鲱鲲鲳鲴鲵鲶鲻鲼鲽鳄鳅鳆鳊鳋鳌鳍鳎鳒鳓鳔鳕鳗鳖鳙鳚鳝鳟鳢钽鞅鞑鞒鞔鞯鞲鞴鞳鞴骷骶骱骺骸魅魃魈魁魍魉魑饕餮饔麂麇麈麋麒麝麟黜黝黠黟骏黢黧黪黢黩黢黠黟黝黜黠黟勋舢舸鼽鼾齇

（总字数＝2 351）

8

末笔与字型交叉识别码

采用末笔与字型交叉识别码(简称识别码)可有效地解决因不同字根位于同一键位上造成的字根编码相同而重码字多的矛盾,而且保证了汉字外码字根数始终不超过4。

8.1 字根编码相同的原因

1)字根编码相同

如"叭"、"只"两个汉字,拆分的结果为:

叭:口、八,编码为 KW;

只:口、八,编码为 KW。

又如"汀"、"沐"两个汉字,拆分的结果为:

汀:氵、丁,编码为 IS;

沐:氵、木,编码为 IS。

可见,尽管字不同,但其字根的编码完全相同。

2)全码与简码相同

五笔字型对常用字中许多使用频度较高的汉字除定义了全码外(外码长度为 3 或 4),还允许只输入其全码中前二个或三个码即可得到汉字的简化输入方式。

例如:"面"字,全码为"一、冂、川、三"即 DMJD,二级简码为"一、冂"即 DM。而"页"字的全码为"一、贝"即 DM。由此可见"面"字的简码与"页"的全码相同。当欲输入"页"字时,输入外码 DM 得到的不会是"页"字而是"面"字,这是因为五笔字型编码体系采用了"高频先见"原则的结果,即使用频度高的字优先选取。

由此可见,对不足 4 个字根的汉字,会出现字根码相同但字不同的现象,也可能出现全码与简码冲突的现象。解决矛盾的办法就是利用识别码。

8.2　有多少字需要补充识别信息

五笔字型中,字根数在 4 个及 4 个以上的汉字其外码相同的(即重码字)约有 155 对(310 个)。但因其中约 88 对有一个字有简码,且不少是不常用字,所以这种 4 字根及 4 字根以上有重码的汉字使用概率非常低,其编码可以说是惟一的。故没必要对其补充识别信息去离散重码。

国标一级汉字中属二字根或三字根的汉字多达 1 973 个。在这部分汉字中,有相当一部分字的字根编码相同,即重码率很高。为了降低重码率,有必要给这部分汉字追加识别信息以大幅度降低重码字的数量,进而提高录入速度。

8.3　末笔与字型交叉识别码的定义

8.3.1　定义

识别码的定义为

$$识别码 = 末笔画代号 + 字型代号$$

其中,末笔画代号指该汉字若按单笔画方式一笔一划写出时,最后那一笔笔画在五种基本笔画分类中的代号(1—5);字型代号指该汉字的字型代号(1—3)。如某个字的末笔画代号为 2,其字型代号为 3,则该字的识别码为 23。

8.3.2　为什么要将末笔画号与字型号交叉起来进行识别

在五笔字型中,单纯用末笔画代号或字型代号是不能惟一确定汉字的。例如:

叭:口、八,末笔为"丶",代号为 4;

只:口、八,末笔也为"丶",代号也为 4。

可见用末笔代号识别不能确定。又如:

汀:氵、丁,字型代号 1;

沐:氵、木,字型代号为 1。

可见用字型代号识别亦不能确定。只能将二者结合起来,才能惟一识别。例如:

叭:末笔代号为 4,字型代号为 1,识别码 41;

只:末笔代号为 4,字型代号为 2,识别码 42。

可见识别码不同。又如:

汀:末笔为"亅",代号为 2,字型为 1,识别码为 21;

沐:末笔码为"丶",代号为 4,字型为 1,识别码 41。

可见识别码不同。

识别码是以键码(英文字母)的形式给出,不同识别码与键码的对应关系见表8.1。

表8.1 五笔字型编码方案末笔字型交叉识别码

字型 笔型	左右型 1	上下型 2	杂合型 3
横 1	11G(一)	12F(二)	13D(三)
竖 2	21H(∣)	22J(‖)	23K(川)
撇 3	31T(丿)	32R(彡)	33E(彡)
捺 4	41Y(丶)	42U(冫)	43I(氵)
折 5	51N(乙)	52B(巜)	53V(巛)

注意:识别码与键码所在区号与位号有密切关系,即

末笔画代号 = 区号

字型代号 = 位号

对照表8.1,可以得到上面几个例字的字根码加上识别码后的外码(即全码)了。

叭:KW 41 即 KWY;

只:KW 42 即 KWU;

汀:IS 21 即 ISH;

沐:IS 41 即 ISY。

显而易见这些字已经能识别即惟一确定了。这就是末笔与字型必须交叉同时使用才能识别的原因。二者交叉同时使用不仅保证了识别的惟一性,而且简化了识别的复杂性,降低了识别信息数量(仅用一个码键),可提高输入速度。

顺便说一下,尽管识别码以键码的形式给出,但它与键码(如Y键)上的字根(如"方")没有关系。

8.4 如何正确找到识别码

8.4.1 判断字型的规定

①属于"散"的汉字才能分为左右型或上下型;

②属于"连"与"交"的汉字,一律属于杂合型;

③不分左右,上下的汉字一律属于杂合型;

④单笔画字根与一基本字根相连,一律属于杂合型;

⑤带点结构的汉字,一律属于杂合型。

8.4.2 特殊字末笔画的规定

(1)所有包围型或半包围型汉字中的末笔,规定取被包围的那一部分字根中字根笔画结构的末笔。如

囚:其末笔应取"人"中的"、",识别码为 43(I);

逮:其末笔应取"水"中的"、",识别码为 43(I);

冈:其末笔应取"乂"中的"、",识别码为 43(I);

应:其末笔应取"丷"中的"一",识别码为 13(D);

勾:其末笔应取"厶"中的"、",识别码为 43(I);

匹:其末笔应取"儿"中的"乙",识别码为 53(V);

旭:其末笔应取"日"中的"一",识别码为 13(D);

眉:其末笔应取"目"中的"一",识别码为 13(D);

烟:其末笔应取"大"中的"、",识别码为 41(Y);

茵:其末笔应取"大"中的"、",识别码为 42(U);

囱:其末笔应取"夕"中的"、",识别码为 43(I)。

把这条规定更一般化:当末字根不为辶或廴时,末笔取拆分的末字根的末笔。这样对下面类型汉字的末笔就很容易判断了。

贱:末笔为"戋"的"丿",识别码为 31(T);

戒:末笔为"廾"的"丨",识别码为 23(K);

戎:末笔为"ナ"的"丿",识别码为 33(E);

肃:末笔为"刂"的"丨",识别码为 23(K)。

(2)对于字根"刀、九、力、匕"参加组字且为末字根时,规定一律用它们的"折"笔作末笔识别。如

仇:末笔为"九"的"乙",识别码为 51(N);

分:末笔为"刀"的"乛",识别码为 52(B);

历:末笔为"力"的"乛",识别码为 53(V);

伦:末笔为"匕"的"乙",识别码为 51(N);

化:末笔为"七"的"乙",识别码为 51(N)。

(3)带点结构汉字的末笔一律用点"、"作末笔,识别码为 43(I)。如

刀、丸、义、叉、勺、术等。

8.5 识别码的输入

需要识别码的汉字其取码规则为

$$全码 = 取全部字根码 + 末笔字型交叉识别码$$

即依次键入全部字根码,再补打入"末笔字型识别码"。若外码长度仍不足四码,则补打空格键。如

彻:"彳、七、刀",识别码为 N(51),外码为 TAVN;

美:"丷、王、大",识别码为 U(42),外码为 UGDU;

倡:"亻、日、曰",识别码为 G(11),外码为 WJJG;

凹:"几、几、一",识别码为 D(13),外码为 MMGD;

改:"己、攵",识别码为 Y(41),则外码为 NTY。打入 NTY 后仍不足四码长,补打一下空格键;

青:"龶、月",识别码为 F(22),外码为 GEF,补打空格;

冉:"冂、土",识别码为 D(13),外码为 MFD,补打空格;

固:"囗、古",识别码为 D(13),外码为 LDD,补打空格;

丈:"ナ、乀",识别码为 I(43),外码为 DYI,补打空格。

最后说明一下,对拆分字根数不足 4 的汉字,多数已纳入二级或三级简码汉字,输入时可以不输入识别码。在国标一级汉字中全部无简码的二根字共有 296 个,无简码的三根字共有 187 个,这就是说只有输入这 483 个汉字时才加入识别码。

图 8.1 是五笔字型汉字编码流程图,高度概括了五笔字型的输入方法。

8.6 难 拆 字

所谓难拆字,指那些较难于正确识别其笔画变形的汉字。对于这些汉字(尽管非常少),如果在拆分时不能迅速、准确地分离出组成汉字的成分,不能准确地找出识别码,无疑会影响录入速度。

许多实质上并不难拆的字之所以变得难拆,多数是由于受长期书写习惯的误导,把汉字的笔画构成弄错而致。从另一个角度讲,对照手写稿进行录入时,不少人常常按手写出的不正确的笔画构成或书写顺序去拆字,显然不能拆出。

例如,"尴尬"中,第一、二个字根分别应为"尢、乙"(DN),而很多人将其认成一个成字字根"九"(V 键)。

又如,"夜"字,其正确的字根应为"亠、亻、夂、丶"(YYTL),不能把第三个字根"夂"误为"夕"(Q 键的成字字根)的变形。

当然,有极个别的字并不严格遵守拆分规则,而必须用一种非常特殊的拆法拆出。例如,"舞"字,按理说,它的全部字根应是"𠂉、川、丨、一、夕、匸、丨",但是,如果取"𠂉、川、丨、丨"(前 3 后 1)组字,并不能得到它,只能取"𠂉、Ⅲ、一、丨",实际上它的外码是"RLGH",其中"L"代表 4 竖"Ⅲ"(尽管在全部字根中并没有这个 4 竖笔画的字根)。

要把难拆字完全弄清楚,最好的办法是查证于《新华字典》和《常用字笔顺字典》。

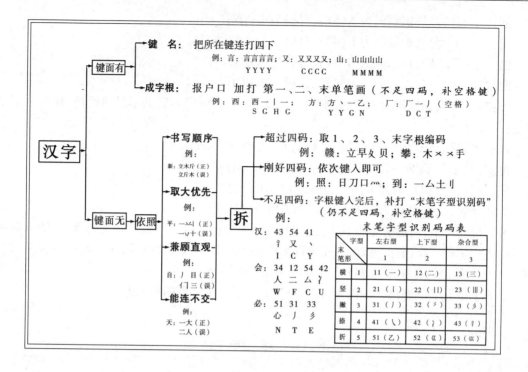

图8.1 五笔字型汉字编码流程图

小 结 8

本章内容的重难点在于找识别码。

要正确地找出识别码，首先需要准确地判断汉字的字型和正确地划分字根的笔画。

找识别码时，不要去记忆识别码的数字代码而应记忆该识别码应由哪个键给出。如"企"，字根是"人、止"，末笔是"止"的"一"，识别码应在左手键区的中排上，因是上下型，识别码的键码应是F，所以"企"的外码是"WHF"加空格键。

习 题 8

8.1 说明下面汉字识别码由来(识别码在括号中)。

(1) 包围、半包围

氏(V)	氘(V)	匡(D)	毋(E)	间(D)	质(I)
应(D)	勾(I)	民(V)	母(I)	幽(I)	后(D)
房(V)	酉(D)	厅(K)	逐(I)	旭(D)	疗(K)

（2）带点

义（I）　　　丸（I）　　　术（I）　　　凡（I）　　　勺（I）　　　太（I）

（3）末字根在左下面

戒（K）　　　戎（E）　　　武（D）　　　贰（I）　　　式（D）

（4）单笔画与字根

习（D）　　　申（K）　　　卫（D）　　　尺（I）　　　歹（I）　　　旦（F）

飞（I）　　　丰（K）　　　尹（E）　　　千（K）　　　于（K）　　　旧（G）

卜（I）　　　刁（D）　　　必（E）　　　久（I）　　　丑（D）　　　乞（B）

丫（K）　　　入（I）　　　业（D）　　　丈（I）　　　么（U）　　　个（J）

天（I）　　　亡（V）

（5）其他

象（U）　　　兆（V）　　　鬼（I）　　　巫（I）　　　曳（E）　　　差（F）

免（B）　　　出（K）　　　乐（I）　　　疝（D）　　　乘（V）　　　非（D）

严（R）　　　夫（I）　　　翅（D）　　　步（R）　　　牛（K）　　　乍（D）

迅（K）　　　无（V）　　　定（U）　　　甘（F）　　　午（J）　　　卢（E）

与（D）　　　末（I）　　　龙（V）　　　办（I）　　　击（K）　　　卤（D）

厄（V）　　　未（I）　　　百（F）　　　为（I）　　　左（F）　　　企（F）

君（D）　　　瓜（I）

8.2　写出下面二根汉字的全码（加识别码）。

正责麦灭走击未元声去云套奋页故有矿泵厄杆苦草苗艺卡里旱足固回连岩见千升自利和备血冬看牛迫气把逐伍什企余位仅镣尔讨床亩访应京壮兰半状头章问疗油灶农异改尺飞孔孟召隶她奴幼乡纹弄吾盏歹玛圭卉址刊昔茧匣芹艾匹汞巨芯茸卓旺旦雷坝坊垃亏厌硒夯矽太辜尤厄码枉酉栈杜栖栗杠朴杏贾枚柏杉杰札本甘戌戒晒冒申蛊旷蚊曳吐咕吠叮叭兄啫叹邑囚轧贱冉巾败岁冈丹笺壬秆竿午矢香备秃舟乏乞私笆皇丘皂扯扑拍拥扒斥泉扎肚肘肪孕臽钍仁仕付伏佬仆佣父仿仔仓仇仑鱼句钾铀钡铂勿钥久锌勾庄讣卞齐咨库庙讥亢哀亦亡享亨玄羊丫音闽闸痌闷闯疤浅尘汗汁汀汇小泪沂汐兆泣洱汝粕宋冗穴宰刁丑眉忻塑尿屎忌孜耶奸尹刃丸圣驮驯叉予驰驱毋弗幻弘

8.3　写出下面三根汉字的全码（加识别码）。

封场奇厘植唯置圆待等告彻程推伉住今触剂市美判卷单润悟阻剥刑敖琼赶坤坍霍动奎砧厕酥朽票框椎巧蕾芜葫茄恭荤虏虾蛆晾蛹吁哎哭啄岸贼贴屹徒秸廷刮辞臭囱身筋愁捂挂拜皋拈爪捏皑扦卑誓掠拌拌抉拂腮债佳伎仗倡仲仟仰伴岔忿昏钟钒狈锈狄卯犯钓钩钩饯刨饵诚旅讫谁讹饧庐谆谜豪肩雇扇忘妄诵紊闺痔眷誉翊酋疝单剖兑竞彦阎凉瘴洼酒湘泄涅溅尚沃雀渔汹涧漏粪炯烂礼怯惜悼惶翟惊忙买屑坠聂君妒

8.4　分析下面汉字，看哪些字需要识别码，哪些字不需要。

的一是在了不和有大这主中人上为们地个用工时要动国产以我到他会作来分生对于学下级义就年队发成部民可出能方进同行面说各过命度革而多子后自社加小机也经力线本电高量长学得实家定学法表关水理休争现所二起政三好十战无农使性前等反体合半路图把结第里正新开论之物从当两些还天资事队批如明四道马认次文通但条较克又公孔领军流入接席位情运器并习原油放立题质指建光专什六型具示复安带每东增则完风

回南文劳轮科北打积车计给节做务被整联步刀叶率述仿选养德话查差半敌始片施响收华觉备名红续均药标记难存士身测紧液火段算适讲按传题美态黄易彪服早班麦削信排台声该击素张密害侯草何树肥继右践府鱼随考该靠够满夫失包信促板局菌杆周仿岩师举曲春元超负砂封换太模贫减互裂粮跟粒母练塞钢顶策双留误础吸阻故寸盾晚丝女散焊攻株亲院冷彻弹错尼高矿寨责熟稳夺硬价努翻厅甲预职评读背协损棉侵灰虽矛厚罗泥辟告卵箱掌氧恩爱辉异序锡纸夜乡久隶缸念夹兰映沟乙吗儒杀汽磷艰晶插埃燃欢铣补演咱烧语责倾最公并活此少么委将先科联研防组或及群习常你见每步史数外条原心支光即断果展系军别志专增集坚况掺才齿配敌许神称省帝助层格始破便段美台试布选半快考失供邦互律死射承靠块充策吸盾缺优曲练室益座执俄卡获印永映束独协瓦牙官

8.5 下面是按区分列的基本字根组字示例。写出其全码。

（第一区）

瑟斑表晴语伍亘于钱残封都示动什南革鞍村得夺天然伏闫丰邦悲韭晨振厅尖洋善着羚磊矿胡剧页万在爱万龙跋雪民东式岱区臣茄哎莽酣谨甘黄腊垂或轻或划载瑟斑表晴语伍亘于钱残末封都示动什南杆舍革鞍衬得半奔彭裁冉夺天然伏闫丰邦悲韭晨振厅源洋戊戊戍善着羚磊矿胡剧页万在爱尤龙跋肆鬓养适套森棵要洒宁歌哥栽民东式岱区臣茄哎莽酣谨甘黄腊垂功轻或划载医倾越曲

（第二区）

相自道具植引申事占贞卡下叔让趾肯是足疋虎虚皮玻晶曙汩暮临象坚进归界肃利刊章朝虹蚕品中喊训带田雷恩回闸鸭轧轰泗曼黑柬温盆曾增蝇历相处道什引申事占卡下让肯足疋虎虚皮玻晶曙泪暮象坚进归界肃梨刊章朝虹蚕朝品中喊训带思雷回闸鸭轧泗曼黑温盆曾增加历舞见禹凹凸盎幢丹典朵邮风刚骨肮谪内

（第三区）

积委叙者秘复怎炸笺简放数赣处彻覆徽凰皑物易肠后派汽朱失拿攀势氚乍拜析哲渐岳兵肢助县甫拥解珍穆采貌援秀级家豪橡毅衰衣畏丧眼良众夷份雁谷苏癸蹬蔡察鑫镜梅跑你鸟鸣岛然炙印乐狈逛鲁渔无免见史积季余叙者秘复炸简放数条赣处彻微乘改败般碧凰皑物易肠后派汽朱失拿打势抛看拜析哲惭岳兵卑朋肢甩助县甫解珍穆采受貌豺秀家豪毅衷衣畏丧眼派众输夷份雁只谷苏癸蹬蔡察追段鑫錾针镜构跑久软你鸟岛多残炙印乐氏猬逛鲁渔克无免见史便敖包鲍夜

（第四区）

信誓蛮认辩京高义诉尺入州亢亡丹充亥孩庆俯刘雯肪激唯截暗颜冲头飞均壮北样兽敝关幸夹商旁辞滓疗嫉森泵承永函净太康淡汉学兴检否杯少党未秋来杰庶赤兼显濮粉播便信誓蛮认辩高义诉尺入州丹充亥孩庆俯刘雯肪激唯截哀离暗颜冲头飞均壮兽敝关幸夹商旁辞滓疗嫉森泵承永函兆泰淡汉学兴检否杯少系党未藕秋灭杰庶赤兼显濮粉播严冗农礼幂远袄爱榜建诞党

（第五区）

记凯皑导撰民亿挖肠官追巨卢启眉媚声蕊闷必怀渐恭舔翌翻李孱孙熟遴画屈屯齿龄亨蒸邓陈滁最邮椰节报矛仓顾宛她施委媳案淄巢切扭那杂旭刃寻津食毁霓坚骚轻疏令通私去离肥爸妈骤纺蕴雍幻累慈每互张第沸此龙记凯皑导撰民亿挖肠官追巨卢眉媚蕊必怀惭恭舔翌翻练永书决李孱孙熟邻画屈屯齿龄亨蒸邓滁最椰节报矛仓顾宛她施卫予聊承委媳案淄巢切扭那杂旭丸寻食毁霓坚骚轻疏令通私云离肥爸妈骤纺蕴雍幻累慈每互张第沸此龙曳批缘

8.6 拆分下面的汉字。

敖舞藏鼎尴尬官追拜晓尧夜牙贯那予段曳禹禺

上机练习8

1）上机目的要求

熟练掌握识别码输入方法。

2）上机说明

这里进行练习时给出的汉字都是要加识别码的。常用的需加识别码的汉字其使用频度比键名汉字约高，在单字中占5.7%，在连续文本中占1.7%。

在国标一级汉字中必须要识别码的汉字只有400多个，在对连续文本进行录入或在练习中应对工作中使用频度较高的那些需加识别码的汉字加以必要的记忆。

找识别码时不要去记忆识别码的数字代码而应记忆该识别码应由哪个键给出。

需要识别码的汉字其取码规则为

$$全码 = 取全部字根码 + 末笔字型交叉识别码$$

3）操作练习

（1）用随意练习输入下面的汉字（加识别码输入）

氏应房氖勾酉匡民厅毋母遂间幽旭质后疗义丸术凡勾太戒戎武贰式氏习飞卞丫天申丰刁入亡卫尹必业尺千久丈歹于丑么旦旧乞个象免严迅与甩君兆出夫无末未瓜鬼乐翅定龙百巫疟步甘办为曳乘牛午击左差非乍卢卤企

（2）有识别码字对照练习

文本文件名：有识别字.PST

文本全文：

（有识别码字）

自农等斗里正应千去气问头住连什回单欠场判万状青走固置床圆值美麦声击亓市页抗苦仅京升苗足尺杆岩元封亩余去粒阻艺灭血厘冲奴润冬章纹矿责奇告幼卡逐飞伍异乡兰吗杀壮企牛

疗蛾访召旱悟礼伏雷句败齐库庄钟弄妄扎羊仁音亡皇甘巨私杜午尚刃刊秧渔户买冒犯宋香忘
丹浅拥穴岁亦马予尤锈苡肩付圣汗童贴岸君乏汇仕仔屑钾旺兄叉拍票仓杠尿丘斥父弗兑尘爪
租巧筋舌忍仇仿扑旦库秆闸话浏庙茧仲朴巩闯柏奎配卑申吐眉臭风幼离地址孕钩勾倡贾蛹奸
涅钼汞轧泪汗湘肪惜仰廷玄兆玛蚊皂艾叹闲佳肚昔刑扛亏拌扯岘仑债闷蛄洼哭件吾辞钒杉秸
钛圭枚耶茄栗亨垃讥砧巾仆咕兑忌厌栖卓煌钡虾坊勿秃阁盏乞扒叨盆坠卟汰夯竿孜笛劫
翟皑艾岸敖扒笆把坝柏败拌剥卑钡狈叉备卡铂仓草厕盆扯彻尘程驰尺斥愁仇丑臭触床闯辞歹
待悼等笛狄刁钓叮冬抖斗杜肚妒兑讹厄尔洱饵伐乏钒犯坊肪仿访飞吠奋忿粪封拂伏父讣改甘
杆竿赶秆冈杠皋告恭汞勾钩苟辜咕沽蛊故固刮挂圭旱汗夯豪亨弘户幻皇惶煌回卉昏霍击讥伎
剂忌佳贾钾笺肩奸茧贱见涧饯秸劫戒诫巾今筋仅京惊井炯酒巨句誉卷抉诀钧君卡刊看扛抗亢
栗利隶连凉晾疗斋漏芦庐掠仑玛码蚂吗麦忙卯昌枚眉美闷孟苗庙灭闽牡亩拈尿捏聂牛农弄疟
呕判刨匹票迫粕扑朴栖奇乞泣讫扦竿千仟浅羌巧怯青琼丘酋蛆泉去雀冉壬刃戎茸冗汝伞杀晒
杉汕扇尚勺舌申声升圣什矢屎仕市谁私宋诵粟岁她坍口叹讨套誉贴汀廷童头秃徒吐推吞驮洼
丸万亡枉旺忘妄唯未位蚊问沃吾毋午伍勿悟昔硒矽汐虾匣闲香湘乡翔享泄芯锌刑杏讴朽玄
穴血驯丫岩阎厌唁彦佯羊仰舀耶曳沂艺邑亦异翌音尹应拥佣痈蛹尤铀油酉幼余鱼渔予叶誉驭
元钥云孕宰皂扎札轧闸债盏栈章丈仗兆召砧正汁置痔钟仲舟谄肘住爪庄壮状谆卓啄孜仔自走
足易混淆的字人八入田申申果电重干于午牛年矢失朱未末大犬尤龙万天夫元平半夹与书片
专义毛才太出来世身事长垂重曲面州为发严承永离禹凹凸民切越印乐段追服乡鸟北敝决恭苏
曳鬼就考看见貌我成或裁武钱食低派辰非少位飞左着每酒其官制啊薄渤稠餐鳝抓瀛鸳鲭舆玺
看气憩挑衷傲慧牖制舞殄了卫孑戊戍率藕振拜歌哥带兆适朝去搬乒乓球兼乘正责麦灭走击末
元声去云套奋页故有矿泵厄杆苦草苗艺卡里旱足固回连岩见千升自利和备血冬看牛迫气把逐
伍什企余位仅镣尔讨床亩访应京壮兰半状头章问疗油灶农异改尺飞孔孟召隶她奴幼乡纹弄吾
盏歹玛圭卉址刊昔茧匣芹艾匹汞巨芯茸卓旺旦雷坝坊垃亏厌硒夯矽太辜尤厄码枉酉栈杜栖栗
杠朴杏贾枚柏杉杰札本甘戎戒晒冒申蛊旷蚊曳吐咕吠叮叭兄唁叹邑囚轧贱冉巾败岁冈丹笺壬
秆竿午矢香备秃舟乏乞私笆皇丘皂扯扑拍拥扒斥泉扎肚肘肪孕舀钍仁仕付伏佬仆佣父仿仔仓
仇仑鱼句钾铀钡铂勿钥久锌勾庄讣卞齐斋库庙讥亢哀亦亡享亨玄羊丫音闽闸痈闷闯疤浅尘汗
汁汀汇小泪沂汐兆泣洱汝粕宋冗穴宰刁丑眉忻翌尿屎忌孜耶奸尹刃丸圣驮驯叉予驰驭毋弗幻
弘封场奇厘植唯置圆待等告彻程推优住今触剂市美判卷单润悟阻剥刑敖琼赶坤坍霍动奎砧厕
酥朽票框椎巧蕾芜葫茄恭苟芦荤虏虾蛆晾蛹吁哎哭啄岸贼贴屺徒秸廷刮辞臭卤身筋愁捂挂拜
皋拈爪捏皑扦卑誓掠拌抉拂腮债佳伎仗倡仲仟仰佯盆忿昏钟钒狈锈狄卯犯钓钧钩钱刨饵诫旅
讫谁讹诣庐谆谜豪肩雇扇忘妄诵綮闺痔眷誉翊酉疟单剖兑竞彦阎凉瘴洼酒湘泄涅溅尚沃雀渔
泅涧漏粪炯烂礼怯惜悼惶翟惊忙买屑坠聂君妒忍绣

9
简码及输入

国标一、二级汉字共计 6 763 个,其中使用频度较高的只有一二千个。如果这些汉字只能按拆分取码(一、二、三、末 4 个字根码,不足四根码追加识别码)的原则来输入,在录入文章时,其累计取码量很大,不利于提高录入速度。

五笔字型的编码方案已经考虑到了这一点,故在编码方案中定义了很多简码,意在最常用字能高速输入。尽管大量最常用的汉字已经定义了全码,但因编码容量有充足的空闲余地,所以完全能将最常用的汉字另外定义出可用简化取码方式输入的编码——简码。在输入它们时可以只取其全码中前面一个、两个或三个字根码构成简码。定义了简码的汉字称为"简码汉字",利用简码输入汉字可使击键数最少,录入速度快。

简码汉字可分为三级,级数低者使用频度高。

9.1 一级简码汉字及输入

定义为"一级简码"的汉字是汉字中使用频度最高的,因此又称为"高频字",共计 25 个。每个字仅用一个编码表示,从 A 到 Y 共 25 个键位代码,根据这 25 个高频字的特征与每一键位上字根形态的特征,每键安排 1 个。图 9.1 是全部一级简码汉字的简码及键位。

从图 9.1 可以看出,一级简码中大部分字的简码就是其全码的第一码。下面几个字的简码是其全码的第二码:"有、不、这",而"我、为、以、发"与全码无关。这些特征有利于记忆。

一级简码的输入方法很简单,只须打入对应键码后再打一个空格键即可。如
"要":打 S,再打空格键。

我	人	有	的	和	主	产	不	为	这
35Q	34W	33E	32R	31Q	41Y	42U	43I	44O	45P

工	要	在	地	一	上	是	中	国	:
15A	14S	13D	12F	11G	21H	22J	23K	24L	;

	经	以	发	了	民	同	<	>	?
Z	55X	54C	53V	52B	51N	25M	,	.	/

图 9.1   一级简码键位图

9.2   二级简码汉字及输入

"二级简码"汉字的简码是从其全码中依次取出第一、二码组成。二级简码编码容量为 25×25 =625 个汉字,实际选用了 599 个左右。习题 9.3 为部分二级简码汉字。

二级简码汉字的输入方法为:依次打入该字前面第一、二个字根码,再打一下空格键即可。如

笔:全码为"竹、丿、二、乙"(TTFN),简码为"竹、丿"即 TT。所以打入 TT 加空格键即得"笔"字。

枯:全码为"木、古"+ 识别码(SDG),简码则为 SD,只须打入 SD 加空格键即可。从而省去了判断识别码的麻烦。

9.3   三级简码汉字及输入

"三级简码"汉字的简码是从其全码中依次取出第一、二及第三码组成。三级简码编码容量为 $25^3 = 15\,625$ 个,实际选用了 4 400 个左右。习题 9.4 为部分三级简码字。三级简码汉字字根数均为 3 个或 3 个以上。

三级简码汉字的输入方法为:依次打入该字前面第一、二、三字根码,再打入空格。如

填:全码为 FFHW,简码为 FFH,打入 FFH 补加一空格键即可。

盟:全码为"日、月、皿"+ 识别码,即 JELF,简码为 JEL,用空格键代替了识别码。

个别汉字有几种输入编码。如"经"字,就有一、二、三级及全码等输入方式。

全部简码已占常用汉字的绝大多数。在实际录入文章时,应充分利用简码输入以提高录入速度。

小 结 9

本章内容很简单,需要做到的是熟记一级简码。对二级简码,通过上机练习和课后的阅

读,尽可能将其全部记做,这对今后连续文本的高速录入有很大帮助。

在学习本章时,应注意几点:

①某个字所能定义的简码必须与其他汉字的全码编码不相冲突,所以简码中并非都是使用频度高的汉字。例如"槑"字,很罕见,但有三级简码 DEW,因为没有哪个字的全码是 DEW。

②不同的汉字系统(如王码 WMDOS、Super-CCDOS 和 2.13),由于在使用频度高汉字的取舍(定义)上有差异,故当某字在某个汉字系统五笔字型输入模块中定义了简码,在另一个汉字系统中却可能没有简码。所以当使用不同的汉字系统时,要注意其间的差别。

习题 9

9.1　一级简码、二级简码和三级简码的定义依据是什么？它们分别是如何定义的？为什么不定义四级简码？

9.2　给下面的一级简码汉字找到相应的键盘字母。

一地在要工上是中国同和的有人我主产不为这民了发以经

工要在地一同国中是上我人的和这为不产主经以发了民

和一了的地发有在以人要经我工主上民产是同不中为国这

人不在的发为工在的不地发产我为上一是产发民了的一主

工要地为这经以发同民的民在产发有了不为在发的民不同

9.3　熟记下面二级简码汉字。

大们个用时到他会作来分主对于学下级义就年成训可出方进行面说过度革多子后社加小机也力线本电所二三好无前反结第开之物从当天事队批如心样向变关思与间内因查由员业代全果导平各基然间比或它属及外没提五林米只胆四马认条较克公军入并习原放立量早区决此强极少要共直式雪九你取持料志观么七折极必保扫手管外支光几会六具示安东燕风南增北打车计给节甸事联类列轴知争防史拉达达历断采参止边术离交取且儿表才际近注办铁引细格空刀叶率查半录收名红药记给角降村隐服早信台张害肥继右检左显约针眼杂旧充划承粉夫失四负换太阳包红折宁听站另陈字间阿功肥限让帮皮占委找叫双顾晚攻采尼高办轻城李困纪兴夺职灰虽纲陈械仍吧粗介弱怕末久五七九引才纪几少之定由同钱入字多百安家半空心习比杂妇区东记计生得知闻离张率炎方弱虎类关示友它断秋么没敢承共果开较此步机基本左克服字长加导北地夫双啊吧叫哪哟名外最间站庆后则给约观灵妈阵出陈说各向只节无为高普汉化从你近爱杰极亲守兴光水家钉思早术面江这吵渐代进直城南决闻劝然铁格灰现载显害肯红朵册良灾没宛难如居悄必比止太暗亿公包铁放衣类休胡马线听或可寺赤过委实楷芳卢遇休昆喧轩斩崭贩赠阅迪凤押抽扔折搂批肛肿肋遥妥肥脂亿钉氏句诉甸欠炙锭凶订诉闰曾瓣冰汪浊渐泊注沁涨灶灯煤粘烛灿烽蝗炮炎迷籽晨寂宾宛宵宾怀慢愉懈耿降耻另毁旭奶婚妨嫌巡姆绵综驻驼交矣牟弛绿肯凤风骨秋笔订央睛眼宙宽弱纱纪参吵秋伙淡官且强划表列丰历闪止类半脸胸换答你外找苟菜呆料阿产呆管邮皮呼胆左右雪当烟法煤断戏报结基艰恨怪怕和胃降罗罚瞎

9.4 拆分下面的三级简码汉字。

埃挨哎唉蔼碍爱隘鞍氨按胺案肮昂斑搬扳般颁板扮伴绊邦梆榜膀绑杖磅摈兵柄丙秉饼炳病玻菠拨笨波博勃箔舶脖渤驳哺祉埠布啊怖载材睬彩惫焙佐苯笨崩绷甭迸鼻鄙彼碧蔽毕蚕残惨谗苍舱沧操糙曹策侧测层手茶碴拆柴豺掺缠铲阐尝肠唱超抄钞朝嘲巢撤郴臣辰沉村撑诚逞骋秤吃迟齿翅冲崇宠畴绸瞅初雏滁除楚础储揣橡串疮窗幢创吹炊垂淳纯绰疵雌刺赐次丛状醋簇促窜摧崔催脆瘁粹存磋撮搓党荡侧祷稻德的瞪低滴敌涤嫡低底蒂缔掂碘点典店惦殿碉叼凋掉吊调跌呓惰蛾思而耳发筏阀珐帆番覆复傅腹富附缚咐噶概钙盖溉相谷股瓜帼拐棺馆惯灌贯瑰规硅龟鬼诡宏喉候猴吼厚侯乎忽瑚壶蝴锋湖弧护桔捷睫洁解姐藉芥界俏疥斤襟锦靳烬浸尽劲荆兢茎晶鲸精醒颈静境敬镜菊局咀矩举沮聚拒据距锯俱惧炬剧捐慨堪坎砍康慷炕考拷烤坷柯棵磕颗壳筐狂眶况盔岿葵傀鲷愧溃拥括阔喷莲涟帘恋练粮梁辆亮聊僚寥撂镣乱略抢轮伦沦纶论萝曼逻锣箩骡落洛

9.5 拆分下面的文本，找出其中的简码。

十几年的改革开放令国人耳目一新。人们对资本主义的了解和认识逐渐趋于全面，与此同时，对什么是科学社会主义，什么是具有中国特色的的社会主义，什么是假社会主义，国人也有了深刻的认识。他们深知，只有不断发展社会主义的生产力，增强国家的综合国力，提高人民的生活水平，才是人民拥护的有中国特色的社会主义。

上机练习 9

1）上机目的要求

熟记并熟练掌握一级简码的输入，熟练掌握二级简码的输入方法，掌握三级简码的输入方法。

2）上机说明

25 个一级简码汉字（高频汉字）在连续文本中的出现频度非常高，在单字中占 18.1%，连续文本中占 5.4%，分别均比键名和成字字根高。

近 600 个二级简码的使用频度最高，单字中占 60.4%，连续文本中占 18%。

三级简码较多，约有 4 400 多个。不要求将全部三级简码都记住，只要求将其中在应用工作中使用频度最高的那些汉字加以必要的记忆就行了。由于三级简码太多，实际应用中使用的频度也不太高，最保险的办法是用全码（即打 4 键）将其输入，以免出错影响录入速度。

3）操作练习

（1）一级简码对照练习

文本文件名：一级简码.PST

文本全文：

工了以在有地一上不是中国同民为这我的要和产发人经主主经人发产和要的这我为民同国中是不上一地有在以了工中国要在不为有人这人不在一上同民工产和主为以发了同了不中同发

民了有地不这我有在是发以经有的产不这为有的是是人国工要地工上国中不是人民发不在人国上一有的产主发了的和民同中国不这中有中不产为产在不的和民上地人中了民同以的产不为这人有的和我要一中上主中同中国人民有的人经以发的不为中中是不为地有是五的产不上民了经以发地我工的为这是的的不是要在有工地的和不国同民了上是和产有人要经有在以的地发和一主上民产是同不中同为国这民在有的工地有的工在

（2）二级简码对照练习

文本文件名：二级简码.PST

文本全文：

大们个用时到他会作来分主对于学下级义就年成训可出方进行面说过度革多子后社加小机也力线本电所二三好无前反结第开之物从当天事队批如心样向变关思与间内因查由员业代全果导平各基然间比或它最及外没提五林米只胆四马认条较克公军入并习原放立量早区决此强极少要共直式雪九你取持料志观么七折极必保扫手管外支光几会六具示安东燕风南增北打车计给节甸事联步类列轴知争防史拉世达历断采参止边术离交取且儿表才际近注办铁引细格空刀叶率查半录收名红药记给角降村隐服早信台张害肥继右检左显约针眼杂旧充划承粉夫失四负换太阳包红折宁听站另陈字间阿功肥限让帮皮占委找叫双顾晚攻采尼高办轻城李困纪兴夺职灰虽纲陈械仍吧粗介弱怕末久五七九引才纪几少之定由同钱入字多百安家半空心习比杂妇区东记计生得知闻离张率炎方弱虎类关示友它断秋么没敢承共果开较此步机基本左克服字长加导北地夫双啊吧叫哪哟名外最间站庆后则给约观灵妈阵出陈说各向只节无为高普汉化从你近爱杰极亲守兴光水家钉思早术面江这吵渐代进直城南决闻劝然铁格灰现载显害肯红朵册良灾没宛难如居悄必比止太暗亿公包铁放衣类休胡马线听或可寺赤过委实楷芳牙卢遇休昆喧轩斩崭贩赠阅迪凤押抽扔折搂批肛肿肋遥妥肥脂亿钉氏旬诉甸欠炙锭凶订诉闰曾瓣冰汪浊渐泊注沁涨灶灯煤粘烛灿烽蝗炮炎迷籽晨寂审宾宛宵宾怀慢愉懈耿降耻另毁旭奶婚妨嫌巡姆绵综驻驼交矣牟弛绿肯凤风骨秋笔订央睛眼宙宽弱纱纪参吵秋伙淡官且强划表列丰历闪止类半脸胸换答你外找苛莱呆料阿产呆管邮皮呼胆左右雪当烟法煤断戏报结基艰恨怪怕和胃降罗罚瞎

（3）三级简码对照练习

文本文件名：三级简码.PST

文本全文：

埃挨哎唉蔼碍爱隘鞍氨按胺案肮昂斑搬扳般颁板扮伴绊邦梆榜膀绑杖磅摈兵柄丙秉饼炳病玻菠拨笨波博勃箔舶脖渤驳哺祉埠布啊怖载材睬彩怠焙佐苯笨崩绷甭迸鼻鄙彼碧蔽毕蚕残惨谗苍舱沧操糙曹策侧测层手茶碴拆柴豺掺缠铲阐尝肠唱超抄钞朝嘲巢撤郴臣辰沉村撑诚逞骋秤吃迟齿翅冲崇宠畴绸揪初雏滁除楚础储揣椽串疮窗幢创吹炊垂淳纯绰疵雌刺赐次丛状醋簇促窜摧崔催脆瘁粹存磋撮搓党荡侧祷稻德的瞪低滴敌涤嫡低底蒂缔掂碘点典店惦殿碉叼凋掉吊调跌吃惰蛾思而耳发筏阀珐帆番覆复傅腹富附缚噶概钙盖溉相谷股瓜幂拐棺馆惯灌贯瑰规硅龟鬼诡宏喉候猴吼厚侯乎忽瑚壶蝴锋湖弧护桔捷睫洁解姐藉芥界俏疥斤襟靳烬浸尽劲荆兢茎晶鲸精醒颈静境敬镜菊局咀矩举沮聚拒据距锯俱惧炬剧捐慨堪坎砍康慷炕考拷烤坷柯棵磕颗壳筐狂眶况盔岿葵傀鲷愧溃拥括阔喷连涟帘恋练粮梁辆亮聊僚寥撂镣乱略抡轮伦沦纶论萝曼逻锣箩骡落洛

（4）常用 1 500 字对照练习

文本文件名：三千汉字.PST（其中有常用 1 500 汉字）

文本全文：

的一是在了不和有大这主中人上为们地个用工时要动国产以我到他会作来分生对于学下级就年阶义发成部民可出能方进同行面说种过命度革而多子后自社加小机也经力线本电高量长党得实家定深法表着水理化争现所二起政三好十战无农使性前等反体合斗路图把结第里正新开论之物从当两些还天资事队批如应形想制心样干都向变关点育重其思与间内去因件日利相由压员气业代全组数果期导平各基或月毛然问比展那它最及外没看治提五解系林者米群头意只明四道马认次文通但条较克又公孔领军流入接席位情运器并飞原油放立题质指建区验活众很教决特此常石强极土少已根共直团统式转别造切九你取西持总料连任志观调七么山程百报更见必真保热委手改管处己将修支识病象几先老光专什六型具示复安带每东增则完风回南广劳轮科北打积车计给节做务被整联步类集号列温装即毫知轴研单色坚据速防史拉世设达尔场织历花受求传口断况采精金界品判参层止边清至万确究书术状厂须离再目海交权且儿青才证低越际八试规斯近注办布门铁需走议县兵固除般引齿千胜细影济白格效置推空配刀叶率述今选养德话查差半敌始片施响收华觉备名红续均药标记难存测士身紧液派准斤角降维板许破述技消底床田势端感往神便贺村构照容非搞亚磨族火段算适讲按值美态黄易彪服早班麦削信排台声该击素张密害侯草何树肥继右属市严径螺检左页抗苏显苦英快称坏移约巴材省黑武培著河帝仅针怎植京助升王眼她抓含苗副杂普谈围食射源例致酸旧却充足短划剂宣环落首尺波承粉践府鱼随刻靠够满夫失包住促枝局菌杆周护岩师举曲春元超负砂封换太模贫减阳扬江析亩木言球朝医校古呢稻宋听唯输滑站另卫字鼓刚写刘微略范供阿块某功套友限项余倒卷创律雨让骨远帮初皮播优占死毒圈伟季训控激找叫云互跟裂粮粒母练塞钢顶策双留误础吸阻故寸盾晚丝女散焊功株亲院冷彻弹错散商视艺灭版烈零室轻血倍缺厘泵察绝富城冲喷壤简否柱李望盘磁雄似困巩益洲脱投送奴侧润盖挥距触星松送获兴独官混纪依未突架宽冬章湿偏纹吃执阀矿寨责熟稳夺硬价努翻奇甲预职评读背协损棉侵灰虽矛厚罗泥辟告卵箱掌氧恩爱停曾溶营终纲孟钱待尽俄缩沙退陈讨奋械载胞幼哪剥迫旋征槽倒握担仍呀鲜吧卡粗介钻逐弱脚怕盐末阴丰编印蜂急拿扩伤飞露核缘游振操央伍域甚迅辉异序免纸夜乡久隶缸夹念兰映沟乙吗儒杀汽磷艰晶插埃燃欢铁补咱芽永瓦倾阵碳演威附牙芽永瓦斜灌欧献顺猪洋腐请透可危括脉宜笑若尾束壮暴企莱穗楚汉愈绿拖牛份染既秋遍锻玉夏疗尖殖井费州访吹荣铜沿替滚客召旱悟刺脑措贯藏敢令隙炉壳硫煤迎铸粘探临薄句善福纵择礼愿伏残雷延烟句纯渐耕跑泽慢栽鲁赤繁境潮横掉锥希池败船假亮谓托伙哲怀割摆贡呈劲财仪沉炼麻罪祖息车穿货销齐鼠抽画饲龙库守筑房歌寒喜哥洗蚀废纳腹乎录镜妇恶脂庄擦险赞钟摇典柄辩竹谷卖乱虚桥奥伯赶垂途额壁网截野遗静谋弄挂课镇妄盛耐援扎虑键归符庆聚绕摩忙舞遇索顾胶羊湖钉仁音迹碎伸灯避泛亡答勇频皇柳哈揭甘诺概宪浓岛袭谁洪谢炮浇斑讯懂灵蛋闭孩释乳巨徒私银伊募坦累匀霉杜乐勒隔弯绩招绍胡呼痛峰零柴簧午跳居尚丁秦稍追梁折耗碱殊岗挖氏刀剧堆赫荷胸衡勤膜篇登驻案刊秧缓凸役剪川雪链渔啦脸户洛孢勃盟买杨宗焦赛旗滤硅炭股坐蒸凝竟陷枪黎救冒暗洞犯筒您宋弧爆谬涂味津臂障褐陆啊健尊豆拔莫抵桑坡缝警挑污冰柬嘴啥饭塑寄赵喊垫康遵牧遭幅园腔订香肉弟屋敏恢忘衣孙龄岭骗休借丹渡耳刨虎笔稀昆浪萨茶滴浅拥穴覆伦娘吨浸袖珠雌妈紫戏塔锤震岁貌洁剖牢锋疑霸闪埔猛诉刷狠忽灾闹乔唐漏闻沈熔氯荒茎男凡抢像浆旁玻亦忠唱蒙予纷捕锁尤乘乌智淡允叛畜俘摸锈扫毕璃宝芯爷鉴秘净蒋钙腾枯抛轨堂拌爸循诱祝励肯酒绳穷塘燥泡袋朗喂铝软渠颗惯贸粪综墙趋彼届墨碍启逆卸航雾冠丙街莱贝辐肠付吉渗瑞惊顿挤秒悬姆烂森糖圣凹陶词迟蚕亿矩

(5)次常用 1 500 字对照练习

　　文本文件名:三千汉字. PST（其中有次常用 1 500 汉字）

　　文本全文:

脊歼羽掩汗碰谱童庭蓬贴岸店怪馆挡肢胆君乏傅凌恰吴鸡盆氮铃荡汇狂偶辽宴珊描监涉伏弃
仔坯症睛窝跃串瑚饱巢辑迷诗肃谊胎宾顽钠辛阔牲估禁屑秀催炸搬坑暂埋墓腰隆堡迈慌钾魏
踏旺蜜兼扭肺兄撒矮拆叉贮抬痕彩冻丛漆详拨瓜奔腿暖脾棒湾旅潜摄朱纤览融拍愚添抱蓄稿
翅蛾锐栓签牌瞧疏舍糊驱泉毁伪锯卢函掘扰淬册棱爬豪螟标授朋俗骂仓脏昌邦欺博伐衰寻杠
蜗尿幕絮蘖辨孵垄粹填丘歪鬼挺帅斥摘父狗罢炎疆肝酶恨曼蹲币返颠剩港颜酵梯楼绪淮邻御
杰恒弗溉淀苯跨肿抑诸凉胚舒胀氢搭醒逃曰竞疾韩尘寿孤督涡甜拒梅乔锡睡昂烯拧扑郊患购
蝗锅蔑赖瓶租怒巧膏涌狭醇惕档燕泰胁盘竭违丽氨框舌膨骤蓝幸诚吓秩扶芬咬牵忍椎愤迁仇
滩仿绘辈拚喝驳畦番扑葡款敲邀郭妥隐税耄籽忆旦犹庸崇庙秆闸厉臣窗纺掠涝涨递葬阅堵扁
钳棚鳞伴珍敦椭沃欲鼻宇甫锌皆铲砖贼渣济筛斋梦贪哇萄铺桃蟹挝糙颈雅晒韦耻沸雇储畏霍
菲徐榜囊腺茨陕抹屈宿硝昨蔬郝铬茧窄哨辆耀仲薯僚浙饰朴恐腊兽蜡惠犁嘛售鳍敬坝烘颂叔
卧纠络玩栏剑苹闯丢柏牺奎嚷宫肾笼郑叙奶芒霞朽妹苕码掀阁卑铰铵弦肤拟署淋梨迪俩撑呵
申穆杯姑劝崩劣贺棕裁吐嫩凭曹摧疫鸟镍眉梁禾臭冈陵歧幻丧迭脆怨董镀酷罐逻橡浩撤驭享
锦俺佛兔姿铅堤址溃胺皱晨胃氟灿漫泄枢戴孕扣沼逼肌碗巡吊盗蚜钩汤梢挨翼疯鞭扇冶烦悉
蔓泼桌柯罩啮勾舰晋扳遣侯倡诊鸣桂奖贾朵霜萌滞蛹阐偿译稼捞楔戈诬撮洒萧奸饮涅衬镗纱
瘤葛饼凶饵沾馏钼鞋姓汞枣溜疼凑醛颌肖篡邓撞锁铡卜歇妨挽审凯轧垒箭炕浑龟账趣俭泪泊
乃捉窑驾汁凿饿帽湘郎欣慎芳肪蔽绵畅盲缚焕惜仰衍廷玄泻蒲捣妙帕蛇锰棘溪匪绒潘疲纬鸭
坎盒拚荫兆熊悲捧锄奉陪玛微钨籍蚊漂糟嘉狼桶拾唉默皂吕馈酯邪孝睛屠崎峡祥蒂拜蝉艾叹
淑烤骄篮伞尝吏吞雹勘萎闲佳耙剿鳃砍冯毅骑酚咳煮披佩杏偷摊肚昔韧唇喘吵荆刑拦镁蹄瓷
澳塌饥垮滋钝醋捍诡哩宏瞬缔婆扛捷刹猿葱亏阮帆篆喀邵丑郁茂糠俞泳夸砚抖渴聪拱泌藻靶
褶扯藤悄逊岷姜砾舆瘦咸焰榴涛垦媳圃胳肆仑叠攀莲债汪棍飘闷蛄蔗贷俊傲哺蝼颁蠢鲤噪膀
氖洼栅凤溢炊浦橄陡胰仙柔哑呆姐哭懈兹赋岳楔蜕赏僵晰挠熙婚缠鬓佣吾辞抚暑遮嚣赴钒嫁
磺膛辣谨鄙桩惨杉秸蝇鞘匆娟晃涕萍钛眇趁邮蛮廉熏侦浴俯圭颇赢掏帜枚酮瓣宙谣踩奏竖鞍
曝耶茄谐躺榄臼哎抄铆晓虱矢艇坞鞅履恳弥搜肛逸喉苔茁欠叭扔琴芦俱砌拢礁茫筹辱靳枕惩
醉挣婶拣嫂荚膊铂昏滨誓夕扮昼艘遥戒逢苍匈慈愁唤蕾帐掺丈瘟顷裕誉祸坛彭橘匹傍淤烷绞
豫庞咒芝荀弓罚捏嗨楞仕嘻沫崖揪帘榨墒捐恕螨汛涎赏琼贩鸿铭嘱隘驰娃睛遣跌挪耘悦钴魂
裸薛鲢躲鳙悠碘沥嘿灶饶酬艳堪淹怠砷吁涤慰缴窜羔趟脖锭兜魔梗炒纽奈硼鼎惑栗谎袁滥亨
浊埂垅匝轲遂乒踪俘怔陨噬惧颖茅摔粳垃圾疮厅鄂讥隧睁痰镶哀劈峻尸拐拳眠蔡腋哑契翁肋
砧捆哟菊笨垛谦畴膝铍猜殷咽巾赌骚挫钦乓痹嘲渍杭蕉妻壶仆耸蛙廊蛛翠鹰喻扼蕴寇腥瞪籼
蜘酰矫钵哗梭毂嗓禽壕凳筐藕漠屁恭钡驴姚怖滔煽虾哼匠禄稚蚁窍咐茵坊裤勿熬狱熄荐镰柑
屯醚耿髓戊腕愉蕨眶煎盈慨晕盼勉虏釉皿瘀昭蝈嗽讽秃谚畔疽冕宵窍峪槐癌敷岂侮脓卿丸
柜碾咀烃怜蜷傻椰逮猎崎涌寺恼胖颊氩盯赠甩坪淘谭莎雏棺躯熹蚧懒踢爵衷仟陋撕缆琼狡庇
莼酿拓簇蚌阎雀鹿卤荸荠搂琢猾苷祛崭硕苞逞炫厄焚铀舵耽爽稠跗邱盏廖韵豹钓奠溴枫犬猖
驯侨灼翟擂嘀汹磅嚼狮爹鹅贤颅煞萤烙蛀裹骡痢巷寡碧猴栋嗯柿篷吱厩鳄蕊甸澄闰荧黔嫌瑟
玲撒敞葫碰乞蛭皂矾瞒聊琅傀儡啃澜绥豌删龚衔敛厢堕潭舶翔赔夷稗啉僻堰恋萘扒瞄韶笋蚴
媒榆廊蚌吼锹睦颤剑蒿慧碑彝瘠祭侣赚蝶郡叨岔坟疤蟑悔譬乖巍疡禹魁掷棋憎阱坠碲卟哄彬

绑腑押揉枷菱蹈汰渎愧珩贬衫宅蛴夯吭烫灸竽酱倦镦寮戳睾拴孜迄秤笛羟蜱樟鲍蠕苟诫慕虹厦弊翰锣沪逝诈劫锂咧凋毡蓟椅毯斧绸矣祁襄

（6）国标一级汉字对照练习

文本文件名：国标一级.PST

文本全文：

啊阿埃挨哎唉哀皑癌蔼矮艾碍爱隘鞍氨安俺按暗岸胺案肮昂盎凹敖熬翱袄傲奥懊澳芭捌扒叭吧笆八疤巴拔跋靶把耙坝霸罢爸白柏百摆佰败拜稗斑班搬扳般颁板版扮拌伴瓣半办绊邦帮梆榜膀绑棒磅蚌镑傍谤苞胞包褒剥薄雹保堡饱宝抱报暴豹鲍爆杯碑悲卑北辈背贝钡倍狈备惫焙被奔苯本笨崩绷甭泵蹦迸逼鼻比鄙笔彼碧蓖蔽毕毙毖币庇痹闭敝弊必辟壁臂避陛鞭边编贬扁便变卞辨辩辫遍标彪膘表鳖憋别瘪彬斌濒滨宾摈兵冰柄丙秉饼炳病并玻菠播拨钵波博勃搏铂箔伯帛舶脖膊渤泊驳捕卜哺补埠不布步簿部怖擦猜裁材才财睬踩采彩菜蔡餐参蚕残惭惨灿苍舱仓沧藏操糙槽曹草厕策侧册测层蹭插叉茬茶查碴搭察岔差诧拆柴豺搀掺蝉馋谗缠铲产阐颤昌猖场尝常长偿肠厂敞畅唱倡超抄钞朝嘲潮巢吵炒车扯撤掣彻澈郴臣辰尘晨忱沉陈趁衬撑称城橙成呈乘程惩澄诚承逞骋秤吃痴持匙池迟弛驰耻齿侈尺赤翅斥炽充冲虫崇宠抽酬畴踌稠愁筹仇绸瞅丑臭初出橱厨躇锄雏滁除楚础储矗搐触处揣川穿椽传船喘串疮窗幢床闯创吹炊捶锤垂春椿醇唇淳纯蠢戳绰疵茨磁雌辞慈瓷词此刺赐次聪葱囱匆从丛凑粗醋簇促蹿篡窜摧崔催脆瘁粹淬翠村存寸磋撮搓措挫错搭达答瘩打大呆歹傣戴带殆代贷袋待逮怠耽担丹单郸掸胆旦氮但惮淡诞弹蛋当挡党荡档刀捣蹈倒岛祷导到稻悼道盗德得的蹬灯登等瞪凳邓堤低滴迪敌笛狄涤翟嫡抵底地蒂第帝弟递缔颠掂滇碘点典靛垫电佃甸店惦奠淀殿碉叼雕凋刁掉吊钓调跌爹碟蝶迭谍叠丁盯叮钉顶鼎锭定订丢东冬董懂动栋侗恫冻洞兜抖斗陡豆逗痘都督毒犊独读堵睹赌杜镀肚度渡妒端短锻段断缎堆兑队对墩吨蹲敦顿囤钝盾遁掇哆多夺垛躲朵跺舵剁惰堕蛾峨鹅俄额讹娥恶厄扼遏鄂饿恩而儿耳尔饵洱二贰发罚筏伐乏阀法珐藩帆番翻樊矾钒繁凡烦反返范贩犯饭泛坊芳方肪房防妨仿访纺放菲非啡飞肥匪诽吠肺废沸费芬酚吩氛分纷坟焚汾粉奋份忿愤粪丰封枫蜂峰锋风疯烽逢冯缝讽奉凤佛否夫敷肤孵扶拂辐幅氟符伏俘服浮涪福袱弗甫抚辅俯釜斧脯腑府腐赴副覆赋复傅付阜父腹负富讣附妇缚咐噶嘎该改概钙盖溉干甘杆柑竿肝赶感秆敢赣冈刚钢缸肛纲岗港杠篙皋高膏羔糕搞镐稿告哥歌搁戈鸽胳疙割革葛格蛤阁隔铬个各给根跟耕更庚羹埂耿梗工攻功恭龚供躬公宫弓巩汞拱贡共钩勾沟苟狗垢构购够辜菇咕箍估沽孤姑鼓古蛊骨谷股故顾固雇刮瓜剐寡挂褂乖拐怪棺关官冠观管馆罐惯灌贯光广逛瑰规圭硅归龟闺轨鬼诡癸桂柜跪贵刽辊滚棍锅郭国果裹过哈骸孩海氦亥害骇酣憨邯韩含涵寒函喊罕翰撼捍旱憾悍焊汗汉夯杭航壕嚎豪毫郝好耗号浩呵喝荷菏核禾和何合盒貉阂河涸赫褐鹤贺嘿黑痕很狠恨哼亨横衡恒轰哄烘虹鸿洪宏弘红喉侯猴吼厚候后呼乎忽瑚壶葫胡蝴狐糊湖弧虎唬护互沪户花哗华猾滑画划化话槐徊怀淮坏欢环桓还缓换患唤痪豢焕涣宦幻荒慌黄磺蝗簧皇凰惶煌晃幌恍谎灰挥辉徽恢蛔回毁悔慧卉惠晦贿秽会烩汇讳诲绘荤昏婚魂浑混豁活伙火获或惑霍货祸击圾基机畸稽积箕肌饥迹激讥鸡姬绩缉吉极棘辑籍集及急疾汲即嫉级挤几脊己蓟技冀季伎祭剂悸济寄寂计记既忌际妓继纪嘉枷夹佳家加荚颊贾甲钾假稼价架驾嫁歼监坚尖笺间煎兼肩艰奸缄茧检柬碱碱拣捡简俭剪减荐槛鉴践贱见键箭件健舰剑饯渐溅涧建僵姜将浆江疆蒋桨奖讲匠酱降蕉椒礁焦胶交郊浇骄娇嚼搅铰矫侥脚狡角饺缴绞剿教酵轿较叫窖揭接皆秸街阶截劫节桔杰捷睫竭洁结解姐戒藉芥界借介疥诫届巾筋斤金今津襟紧锦仅谨进靳晋禁近烬浸尽劲荆兢茎睛晶鲸京惊精粳经井警景颈静境敬镜径痉靖竟竞净炯窘揪究纠玖韭久灸九酒厩救旧臼舅咎

就疚鞠拘狙疽居驹菊局咀矩举沮聚拒据巨具距踞锯俱句惧炬剧捐鹃娟倦眷卷绢撅攫抉掘倔爵
觉决诀绝均菌钧军君峻俊竣浚郡骏喀咖卡咯开揩楷凯慨刊堪勘坎砍看康慷糠扛抗亢炕考拷烤
靠坷苛柯棵磕颗科壳咳可渴克刻客课肯啃垦恳坑吭空恐孔控抠口扣寇枯哭窟苦酷库裤夸垮挎
跨胯块筷侩快宽款匡筐狂框矿眶旷况亏盔岿窥葵奎魁傀馈愧溃坤昆捆困括扩廓阔垃拉喇蜡腊
辣啦莱来赖蓝婪栏拦篮阑兰澜谰揽览懒缆烂滥琅榔狼廊郎朗浪捞劳牢老佬姥酪烙涝勒乐雷镭
蕾磊累儡垒擂肋类泪棱楞冷厘梨犁黎篱狸离漓理李里鲤礼莉荔吏栗丽厉励砾历利傈例俐痢立
粒沥隶力璃哩俩联莲连镰廉怜涟帘敛脸链恋炼练粮凉梁粱良两辆量晾亮谅撩聊僚疗燎寥辽潦
了撂镣廖料列裂烈劣猎琳林磷霖临邻鳞淋凛赁吝拎玲菱零龄铃伶羚凌灵陵岭领另令溜琉榴硫
馏留刘瘤流柳六龙聋咙笼窿隆垄拢陇楼娄搂篓漏陋芦卢颅庐炉掳卤虏鲁麓碌露路赂鹿潞禄录
陆戮驴吕铝侣旅履屡缕虑氯律率滤绿峦孪挛卵乱掠略抡轮伦仑沦纶论萝螺罗逻锣箩骡裸落
洛骆络妈麻玛码蚂马骂嘛吗埋买麦卖迈脉瞒馒蛮满蔓曼慢漫谩芒茫盲氓忙莽猫茅锚毛矛铆卯
茂冒帽貌贸么玫枚梅酶霉煤没眉媒镁每美昧寐妹媚门闷们萌蒙檬盟锰猛梦孟眯醚靡糜迷谜弥
米秘觅泌蜜密幂棉眠绵冕免勉娩缅面苗描瞄藐秒渺庙妙蔑灭民抿皿敏悯闽明螟鸣铭名命谬摸
摹蘑模膜磨摩魔抹末莫墨默沫漠寞陌谋牟某拇牡亩姆母墓暮幕募慕木目睦牧穆拿哪呐钠那娜
纳氖乃奶耐奈南男难囊挠脑恼闹淖呢馁内嫩能妮霓倪泥尼拟你匿腻逆溺蔫拈年碾撵捻念娘酿
鸟尿捏聂孽啮镊镍涅您柠狞凝宁拧泞牛扭钮纽脓浓农弄奴努怒女暖虐疟挪懦糯诺哦欧鸥殴藕
呕偶沤啪趴爬帕怕琶拍排牌徘湃派攀潘盘磐盼畔判叛乓庞旁耪胖抛咆刨炮袍跑泡呸胚培裴赔
陪配佩沛喷盆砰抨烹澎彭蓬棚硼篷膨朋鹏捧碰坏砒霹批披劈琵毗啤脾疲皮匹痞僻屁譬篇偏片
骗飘漂瓢票撇瞥拼频贫品聘乒坪苹萍平凭瓶评屏坡泼颇婆破魄迫粕剖扑铺仆莆葡菩蒲埔朴圃
普浦谱曝瀑期欺栖戚妻七凄漆柒沏其棋奇歧畦崎脐齐旗祈祁骑起岂乞企启契砌器气迄弃汽泣
讫掐恰洽牵扦钎铅千迁签仟谦乾黔钱钳前潜遣浅谴堑嵌欠歉枪呛腔羌墙蔷强抢橇锹敲悄桥瞧
乔侨巧鞘撬翘峭俏窍切茄且怯窃钦侵亲秦琴勤芹擒禽寝沁青轻氢倾卿清擎晴氰情顷请庆琼穷
秋丘邱球求囚酋泅趋区蛆曲躯屈驱渠取娶龋趣去圈颧权醛泉全痊拳犬券劝缺炔瘸却鹊榷确雀
裙群然燃冉染瓤壤攘嚷让饶扰绕惹热壬仁人忍韧任认刀妊纫扔仍日戎茸蓉荣融熔溶容绒冗揉
柔肉茹蠕儒孺如辱乳汝入褥软阮蕊瑞锐闰润若弱撒洒萨腮鳃塞赛三叁伞散桑嗓丧搔骚扫嫂瑟
色涩森僧莎砂杀刹沙纱傻啥煞筛晒珊苫杉山删煽衫闪陕擅赡膳善汕扇缮墒伤商赏晌上尚裳梢
捎稍烧芍勺韶少哨邵绍奢赊蛇舌舍赦摄射慑涉社设砷申呻伸身深娠绅神沈审婶甚肾慎渗声生
甥牲升绳省盛剩胜圣师失狮施湿诗尸虱十石拾时什食蚀实识史矢使屎驶始式示士世柿事拭誓
逝势是嗜噬适仕侍释饰氏市恃室视试收手首守寿授售受瘦兽蔬枢梳殊抒输叔舒淑疏书赎孰熟
薯暑曙署蜀黍鼠属术述树束戍竖墅庶数漱恕刷耍摔衰甩帅栓拴霜双爽谁水睡税吮瞬顺舜说硕
朔烁斯撕嘶思私司丝死肆寺嗣四伺似饲巳松耸怂颂送宋讼诵搜艘擞嗽苏酥俗素速粟僳塑溯宿
诉肃酸蒜算虽隋随绥髓碎岁穗遂隧祟孙损笋蓑梭唆缩琐索锁所塌他它她塔獭挞蹋踏胎苔抬台
泰酞太态汰坍摊贪瘫滩坛檀痰潭谭谈坦毯袒碳探叹炭汤塘搪堂棠膛唐糖倘躺淌趟烫掏涛滔绦
萄桃逃淘陶讨套特藤腾疼誊梯剔踢锑提题蹄啼体替嚏惕涕剃屉天添填田甜恬舔腆挑条迢眺跳
贴铁帖厅听烃汀廷停亭庭挺艇通桐酮瞳同铜彤童桶捅筒统痛偷投头透凸秃突图徒途涂屠土吐
兔湍团推颓腿蜕褪退吞屯臀拖托脱鸵陀驮驼椭妥拓唾挖哇蛙洼娃瓦袜歪外豌弯湾玩顽丸烷完
碗挽晚皖惋宛婉万腕汪王亡枉网往旺望忘妄威巍微危韦违桅围唯惟为潍维苇萎委伟伪尾纬未
蔚味畏胃喂魏位渭谓尉慰卫瘟温蚊文闻纹吻稳紊问嗡翁瓮挝蜗涡窝我斡卧握沃巫呜钨乌污诬
屋无芜梧吾吴毋武五捂午舞伍侮坞戊雾晤物勿务悟误昔熙析西硒矽晰嘻吸锡牺稀息希悉膝夕

惜熄烯溪汐犀橄袭席习媳喜铣洗系隙戏细瞎虾匣霞辖暇峡侠狭下厦夏吓掀锨先仙鲜纤咸贤衔
舷闲涎弦嫌显险现献县腺馅羡宪陷限线相厢镶香箱襄湘乡翔祥详想响享项巷橡像向象萧硝霄
削哮嚣销消宵淆晓小孝校肖啸笑效楔些歇蝎鞋协挟携邪斜胁谐写械卸蟹懈泄泻谢屑薪芯锌欣
辛新忻心信衅星腥猩惺兴刑型形邢行醒幸杏性姓兄凶胸匈汹雄熊休修羞朽嗅锈秀袖绣墟戌需
虚嘘须徐许蓄酗叙旭序畜恤絮婿绪续轩喧宣悬旋玄选癣眩绚靴薛学穴雪血勋熏循旬询寻驯巡
殉汛训讯逊迅压押鸦鸭呀丫芽牙蚜崖衙涯雅哑亚讶焉咽阉烟淹盐严研蜒岩延言颜阎炎沿奄掩
眼衍演艳堰燕厌砚雁唁彦焰宴谚验殃央鸯秧杨扬佯疡羊洋阳氧仰痒养样漾邀腰妖瑶摇尧遥窑
谣姚咬舀药要耀椰噎耶爷野冶也页掖业叶曳腋夜液一壹医揖铱依伊衣颐夷遗移仪胰疑沂宜姨
彝椅蚁倚已乙矣以艺抑易邑屹亿役臆逸肆疫亦裔意毅忆义益溢诣议谊译异翼翌绎茵荫因殷音
阴姻吟银淫寅饮尹引隐印英樱婴鹰应缨莹萤营荧蝇迎赢盈影颖硬映哟拥佣臃痈庸雍踊蛹咏泳
涌永恿勇用幽优悠忧尤由邮铀犹油游酉有友右佑釉诱又幼迂淤于盂榆虞愚舆余俞逾鱼愉渝渔
隅予娱雨与屿禹宇语羽玉域芋郁吁遇喻峪御愈欲狱育誉浴寓裕预豫驭鸳渊冤元垣袁原援辕园
员圆猿源缘远苑愿怨院曰约越跃钥岳粤月悦阅耘云郧匀陨允运蕴酝晕韵孕匝砸杂栽哉灾宰载
再在咱攒暂赞赃脏葬遭糟凿藻枣早澡蚤躁噪造皂灶燥责择则泽贼怎增憎曾赠扎喳渣札轧铡闸
眨栅榨咋乍炸诈摘斋宅窄债寨瞻毡詹粘沾盏斩辗崭展蘸栈占战站湛绽樟章彰漳张掌涨杖丈帐
账仗胀瘴障招昭找沼赵照罩兆肇召遮折哲蛰辙者锗蔗这浙珍斟真甄砧臻贞针侦枕疹诊震振镇
阵蒸挣睁征狰争怔整拯正政帧症郑证芝枝支吱蜘知肢脂汁之织职直植殖执值侄址指止趾只旨
纸志挚掷至致置帜峙制智秩稚质炙痔滞治窒中盅忠钟衷终种肿重仲众舟周州洲诌粥轴肘帚咒
皱宙昼骤珠株蛛朱猪诸诛逐竹烛煮拄瞩嘱主著柱助蛀贮铸筑住注祝驻抓爪拽专砖转撰赚篆桩
庄装妆撞壮状椎锥追赘坠缀谆准捉拙卓桌琢茁酌啄着灼浊兹咨资姿滋淄孜紫仔籽滓子自渍字
鬃棕踪宗综总纵邹走奏揍租足卒族祖诅阻组钻纂嘴醉最罪尊遵昨左佐柞做作坐座

　　(7)国标二级汉字对照练习

　　　　文本文件名:国标二级. PST

　　　　文本全文:

丁丌兀丐廿卅丕亘丞鬲孬噩丨禺丿匕乇夭爻卮氐冈胤馗毓睾鼗、亟鼐乜乩亓芈孛嗇虔厍厝
厣厥厮靥赝匚叵匦匮匾赜卦卣刂刈刎刭刳刿剀剌剞剡剜蒯剠剽劂劁劐劓冂罔仃仉仂仄仉仈仉
仨仝仡仚仞仟仫仞伉佧伫佰佬伋伎仵伅伭佟佗伲伽佶佴侑侉侃侏侁佸侜佹佴偌亻佾佻侪佼侬
俦俨俅俍俜俣俢俦俳倌俣偻倜倓倔偬偻偌偈偬傈偕偈偎偬偻偌偾傥傧偻偃傲僖僭僬僦僮儇儋
仝余佘金俎龠籴兮巽黉鹾鞔夔勹訇匐匍訇鸮兕宀宄宊宀亠兖毫衮袤亵裒襄裒廪赢赢嬴丬冱冽
洗淞冖宀冥讠讣讦讪讴讵讷诂诎诒诓诔诖诗诙诜诟诠诤诨诩诮诰诳诶诹诼诿谀谂谄谇谌谏谑
谒谔谕谖谙谛谝谟谠谡谥谧谪谫谲谮谯谰谶卩卺阝阢阡阱阪阽阼陂陉陔陟陧陬陲陴限隍陾隗
隰邗邛邝邙邬邡邴邳邶邺邸邰郏郅邾郐郄郓郝邬邘邠邳部鄢鄙邬邺鄹邬邰邦邻郐邳郑郐邘丨
夋彑屮巛甾弁畚畋坌堑垄型埒垡垪圳圹圮圯坜圻坂坩埚坨坭坫坭坼坻坡坳埏坩坶坰垭埕峒垲
埏垧塥垠埕塒埚垴垲埒垸埇垱堍垌塬塅塘塥塬埯埭埤坶塄塍塄塥墚埘馨鏊懿艹艽艿芏芋芊芨
芄芎苄苈荶苊苉苌苋芩芪茺苁芰芴芟莰芨荮茉苷荜茏苼苜苴苒苘茌苻苓莅苠苘苻苓茛苠莒荀
荽荶茈茸茛莴莳葳荬菏荸荽荪荑莒莘莪莼莓莩莸荻莘莞莨莺荸菁萁萚菘堇萘萋菝菽菖萜萸茴
萑菰茼葜葑葚葙葳葺葜葙葶萼葭蓁葸蒇萱蒈蓥萘蓍蒉蒌葆葳蓓蓊蒿蒺蓠蒡蓁蒴蒗蓥蒉蒗蒇
蓰蓣蔟蔺蒉蔻蒈蓼蕙蕈蕨蕤蕞蕺瞢蕃蕲蕺蘼蕹薏薮薜薅薹薷薰藓藁藜藿蘧蘅蘩蘖蘼廾弈

夼夿奁奕奚奘匏尢尥尬尴扌扪抟抻拊拚拗拮挢挲捂捋捃捺掇捱掭掎掴捭掬掊捩掮掼揲揸揠揿
揄揞揎揲揆搡揓揠搋搛搠搌搦搡搿摞摭撖摺撷撸撙撺擀擐擗擤擢擢攉攮弋忒甙弑卟叱叽叩叨
叻吒吖吆呋呒呓呔呖呃吡呗呙吣吲咂咔呷呱呤咚咛咄呶呦咝哐咭哂咴哒咧咦哓哔呲咣哕咻咿
哌哙哚哜咩咪咤哝哏哞唛哧唠哽唔哳唢唣唏唑唧唪啧喏喵啉啭啁啕唿啐唼唷啖啵啶啷唳唰啜
喋嗒喃喱喹喈喁喟啾嗖喑啻嗟喽喾喔喙嗪嗷嗉嘟嗑嗫嗬嗔嗦嗝嗄嗯嗥嗲嗳嗌嗍嗨嗵嗤辔嘞嘈
嘌嘁嘤嘣嗾嘀嘧嘭噘嘹噗嘬噍噢噙噜噌噔嚆噤噱噫噻噼嚅嚓嚯囔囗囝囡囵囫囹囿圄圊圉圜帏
帙帔帑帱帻帼帷幄幔幛幞幡岌屺岍岐岖岈岘岙岑岚岜岵岢岽岬岫岱岣峁岷峄峒峤峋峥崂崃崧
崦崮崤崞崆崛嵘崾崴崽嵬嵛嵯嵝嵫嵋嵊嵩嵴嶂嶙嶝豳嶷巅彳彷徂徇徉後徕徙徜徨徭徵徼衢彡
犭犰犴犷犸狃狁狎狍狒狨狯狩狲狴狷猁狳猃狺狻猗猓猡猊猞猝猕猢猹猥猬猸猱獐獍獗獠獬獯
獾舛夥飧夤夂饣饧饨饩饪饫饬饴饷饽馀馄馇馊馍馐馑馓馔馕庀庑庋庖庥庠庹庵庾庳赓廒廑廛
廨廪膺忄忉忖忏怃忮怄忡忤忾怅怆忪忭忸怙怵怦怛怏怍怩怫怊怿怡恸恹恻恺恂恪恽悖悚悭悝
悃悒悌悛惬悻悱惝惘惆惚悴愠愦愕愣惴愀愎愫慊慵憬憔憧憷懔懵忝隳闩闫闱闳闵闶闼闾阃阄
阆阈阊阋阌阍阏阒阕阖阗阙阚丬爿戕氵汔汜汊沣沅沐沔沌汨汩汴汶沆沩泐泔沭泷泸泱泗沲泠
泖泺泫泮沱泓泯泾洹洧洌浃浈洇洄洙洎洫浍洮洵洚浏浒浔洳涑浯涞涠浞涓涔浜浠浼浣渚淇淅
淞渎涿淠渑淦淝淙渖涫渌涮渫湮湎湫溲湟溆湓湔渲渥湄滟溱溘滠漭滢溥溧溽溻溷滗溴滏溏滂
溟潢潆潇漤漕滹漯漶潋潴漪漉漩澉澍澌潸潲潼潺濑濉澧澹澶濂濡濮濞濠濯瀚瀣瀛瀹瀵灏灞宀
宄宕宓宥宸甯骞搴寤寮褰寰蹇謇辶迓迕迥迮迤迩迦迳迨逅逄逋逦逑逍逖逡逵逶逭逯遄遑遒遐
遨遘遢遛暹遴遽邂邈邃邋彐彗彖彘尻咫屐屙孱屣屦羼弪弩弭艴弼鬻屮妁妃妍妩妪妣妗姊妫妞
妤姒妲妯姗妾娅娆姝娈姣姘姹娌娉娲娴娑娣娓婀婧婊婕娼婢婵胬媪媛婷婺媾嫫媲嫒嫔媸嫠嫣
嫱嫖嫦嫘嫜嬉嬗嬖嬲嬷孀尕尜孚孥孳孑孓孢驵驷驸驺驿驽骀骁骅骈骊骐骒骓骖骘骛骜骝骟骠
骢骣骥骧纟纡纣纥纨纩纭纰纾绀绁绂绉绋绌绐绔绗绛绠绡绨绫绮绯绱绲缍绶绺绻绾缁缂缃缇
缈缋缌缏缑缒缗缙缜缛缟缡缢缣缤缥缦缧缪缫缬缭缯缰缱缲缳缵幺畿巛甾邕玎玑玮玢玟珏珂
珑玷玳珀珉珈珥珙顼琊珩珧珞玺珲琏琪瑛琦琥琨琰琮琬琛琚瑁瑜瑗瑕瑙瑷瑭瑾璜璎璀璁璇璋
璞璨璩璐璧瓒璺韪韫韬杌杓杞杈杩枥枇杪杳枘枧杵枨枞枭枋杷杼柰栉柘栊柩枰栌柙枵柚枳柝
栀柃枸柢栎柁柽栲栳桠桡桎桢桄桤梃栝桕桦桁桧桀栾桊桉栩梵梏桴桷梓桫棂楮棼椟椠棹椤棰
椋椁楗棣椐楱椹楠楂楝榄楫楦楔楸椴槌榇榈槎榉楦楣楹榛榧榻榫榭槔榱槁槊槟榕槠榍槿樯槭
樗樘橥槲橄樾檠橐橛樵檎橹樽樨橘橼檑檐檩檗檫猷獒殁殂殇殄殒殓殍殚殛殡殪轫轭轱轲轳轵
轶轸轷轹轺轼轾辁辂辄辇辋辍辎辏辘辚軎戋戗戛戟戢戡戥戤戬臧瓯瓴瓿甏甑甓攴旮旯旰昊昙
杲昃昕昀炅曷昝昴昱昶昵耆晟晔晁晏晖晡晗晷暄暌暧暝暾曛曜曦曩贲贳贶贻贽赀赅赆赈赉赇
赍赕赙觇觊觋觌觎觏觐觑牮犟牝牦牯牾牿犄犋犍犏犒挈挲掰搿擘耄毪毳毽毵毹氅氇氆氍氕氘
氙氚氡氩氤氪氲攵敕敫牍牒牖爰虢刖肟肜肓肼朊肽肱肫肭肴肷胧胨胩胪胛胂胄胙胍胗朐胝胫
胱胴胭脍脎胲胼朕脒豚脶脞脬脘脲腈腌腓腴腙腚腱腠腩腼腽腭腧塍媵膈膂膑滕膣膪臌朦臊膻
臁膦欤欷欹歃歆歙飑飒飓飕飙飚殳彀毂觳斐齑斓於旆旄旃旌旎旒旖炀炜炖炝炻烀炷炫炱烨烊
焐焓焖焯焱煳煜煨煅煲煊煸煺熘熳熵熨熠燠燔燧燹爝爨灬焘煦熹戾戽扃扈扉礻祀祆祉祛祜祓
祚祢祗祠祯祧祺禅禊禚禧禳忑忐怼恝恚恧恁恙恣悫愆愍慝憩憝懋懑戆聿肀沓泶淼矶矸砀砉砗
砘砑斫砭砜砝砹砺砻砟砼砥砬砣砩硎硭硖硗砦硐硇硌硪碛碓碚碇碜碡碣碲碹碥磔磙磉磬磲礅
磴礓礤礞礴龛黹黻黼盱眄眍盹眇眈眚眢眙眭眦眵眸睐睑睇睃睚睨睢睥睿瞍睽瞀瞌瞑瞟瞠瞰瞵
瞽町畀畎畋畈畛畲畹疃罘罡罟詈罨罴罱罹羁罾盍盥蠲钅钆钇钋钊钌钍钏钐钔钗钕钚钛钜钣钤
钫钪钭钬钯钰钲钴钶钷钸钹钺钼钽钿铄铈铉铊铋铌铍铎铐铑铒铕铖铗铙铘铛铞铟铠铢铤铥铧

铨铪铩铫铮铯铳铴铵铷锛铼铽铿锃锂铴铩铼锉铻铳铜铜铟锒铜铜锖锘锛锝锞锟铟锶锫锩锬锚锲锴锶锷锸锼锾锿镀锃镁镂锵镄锔镆镉锩锌镏镒镓镔镖镗镘镙镛镞镟镝镡镢镤镥镦镧镨镩镪镫镬镯镱镲镳锤矧烨雉秕秭秼秫稆秸秄稂稞稔稹稷稯稿黏馥穰舨皎皓皙皤皮瓠甬鸠鸢鸨鸩鸪鸫鸬鸲鸱鸶鸸鹭鸹鹇鸾鹁鹂鸪鸰鹈鹉鹋鹌鹄鸭鹑鹕鹗鹓鹏鸷鹚鹣鹦鹛鹜鹝鷉鹭鹴鹭鹳广疒疔疖疠疝疬疕疣疳疴疸疰疱疰疢疴疝痄疳痃痂疵瘩痨痦痤痫痧瘃痱痼瘘瘐瘀瘅瘌痖痪瘕瘆瘪瘠瘠瘭瘰瘵瘳瘘瘫痪瘿瘳瘢癫癔瘿癣癫瞿翊竦歹歼穸窀窆窈窕窦窠窬窨窭窳衤衩衲衽衿袂衻裆袷袼裉裢裎裣裥裱褚褐裨裾裰褡褙褓褛褊褴褫褶褙襦襻疋胥鞍皱矜耒耔耖耙耜耢耥耦耧耩耨耱耰耵聃聆聍聒聩聱罨顸颀颃颌颍颏颔颚颙颛颟颢颡颣虍虔虬虮蚕虺虻虿虷蚄蚍蚋蚬蚝蚧蚣蚪蚓蚩蚶蚍蚵蛎蚰蛄蚱蚯蛉蛏蚴蚤蛱蛲蛭蛳蛐蜒蛞蛴蛟蜂蛘蜃蜇蛸蜈蜊蜍蜉蜣蜻蜞蜥蜮蜚蜾蝈蜴蜱蜩蜷蜿蜽螨蜡蝶蝻蝠蝌蝮螋蝓蝣蝼蝤蝙蝥螓蝰螨蟒蟆螈螅螗螃螫蟥蟮螵螳蟋蟓螽蟑蟀螯螃蟛螅蟠螬蟥蟊蟛蟾蟪蠊蠡蠹蠼缶罂罄罅舐竺竽笈笃笄笕笎笫笋笏笮笾笸笪笙笮笱笠笥笤笳笾筌笞笪笏筘筢筲筅筵筌笮筘筮箸笕筲筱箐簦篌箸箬箱箐箅算箪箜筮箫筬箅筻筷箐箩箙筲篼箣筷篯篥篑箸篑簃篁簪簟籥簸籁籀臾舁舂鸟臬衄肛舢舣舭舯舨舫舸舻舳胙舾艄艉艋艏艚艟艨衮袅袈裘裒褰袛羟羧羯羰羲籼籵籽籸籴粑粝粜粞粢粲粼棕糁糇糌稃糅糍糈糇稆暨羿翎翕翥翡翦翩翮翳糸絷綦綮絛纛麸麴赳趄趔趄赵趱赧赭虹赲酊酐酎酏酤酢酡酰酩酯酽酾酲酴酵酩醐醍醑醢醅醪醛醮醯醨醴醺豕趿趸趵跫踅趿跹跄跖跗跚跞跎跏跛跆跬跷跸跣跹趼跻跤踉跽踔踉跚踬踟踮踯踺踝踹踵踽踱蹉蹁跺蹊蹰蹂蹑蹼蹴蹯蹶蹼蹯蹙蹰躏躐蹼躜蹊豸貂貊狄貘貔斛觖觞觚觜觥觫訾誉靓雩霁雯霆霄霈霏霎霪霭霾龇龃龅龆龇龈龉龊龌龟鼋鼍隹隼隽睢雒瞿雏竖銮鎏錾鍪鏊鐾鎏鐾鑫鱿鲂鲅鲆鲇鲈鲉鲊鲨鲍鲑鲒鲔鲕鲚鲛羞鲟鲠鲤鲢鲣鲥鲦鲧鲨鲩鲫鲭鲮鲰鲱鲲鲳鲴鲵鲷鲺鲻鲼鲽鳄鳅鳆鳇鳊鳋鳌鳍鳎鳏鳐鳔鳕鳗鳖鳙鳚鳛鳜鳝鳟鳡靼靿鞅鞑鞒鞔鞯鞫鞣鞲鞴骱骰骺骷骶骼骭骽骱髀髁髅髂髋髌髑魅魃魇魈魍魑魉魈飨餍餐饕馕彡髟髦髯髫髻髭髹髓鬃鬈鬏鬟鬣麽麾縻鹿麂麇麈麋麒麀麝麟黛黜黝黠黟黢黩黪黯鼢鼬鼯鼹鼷鳧鼽鼾齄

10

词组及输入

词组(亦称词汇)指由两个及两个以上汉字构成的汉字串。在输入法中定义了词组可大大提高录入速度。

词组分为双字词组、三字词组、四字词组及多字词组。取码规则因词组长短而异,外码长度则规定无论词组字数多寡,均为4。所以,输入词组时与输入汉字单字时一样可直接打入外码,而不需另外的键盘操作转换,这就是所谓的"字词兼容"。

10.1 双字词组及输入

由2个汉字组成的词组叫双字词组。

取码规则是:分别取两个字的单字全码中的前两个字根代码,组合成四码。如

经济:"经"的前两码为"纟、ス",即 XC;

"济"的前两码为"氵、文",即 IY;

组合而成即为"经济"一词的外码 XCIY。

词组输入时,直接从键盘上打入词组的外码即可。如打入 LGPE,屏幕上出现"国家"二字。

对键名字根或成字字根参加组词时,仍从其全码中取前两码参加组合。如

金属:金金尸丿,即 QQNT;

人民:人人乙七,即 WWNA;

一切:一一七刀,即 GGAV。

10.2 三字词组及输入

由3个汉字组成的词组叫三字词组。

取码规则是:前两个字各取其全码中的第一码,最后一个字则取全码中的前两码,组合成四码。如

国务院:"国"的第一码为"囗",即 L;

   "务"的第一码为"夂",即 T;

   "院"的前两码为"阝、宀",即 BP;

组合而成 LTBP。

键入 LTBP 即得三字词组"国务院"。同理,键入 YAIT 得"广东省";键入 AGLF 得"共青团"。

要注意键名字根与成字字根参加组词的取码。如

  星期日:JAJJ;

  生产力:TULT。

10.3 四字词组及输入

由 4 个汉字组成的词组叫四字词组。

取码规则是:每字各取全码中的第一码组合成四码。

如:文明礼貌:"文"的第一码为"亠",即 Y;

   "明"的第一码为"日",即 J;

   "礼"的第一码为"礻",即 P;

   "貌"的第一码为"爫",即 E;

组合成而 YJPE 即为"文明礼貌"的外码。

10.4 多字词组及输入

由 5 个及 5 个以上汉字组成的词组叫"多字词组"。

取码规则是:取第一、第二、第三及最末一个字汉字全码中的第一码组合成四码。如

中国共产党:"中"的第一码为"口",即 K;

   "国"的第一码为"囗",即 L;

   "共"的第一码为"廿",即 A;

   "党"的第一码为"⺌",即 I;

组合而成"KLAI"即为"中国共产党"的外码。

中华人民共和国:

分别取"中、华、人、国"的第一码,外码为 KWWL。

五笔字型计算机汉字编码方案:

分别取"五、笔、字、案"的第一码,外码为 GTPP。

小 结 10

本章内容比较容易理解,重点是熟练掌握双字词组的输入方法。

注意在实际应用中,不同的汉字系统(如王码 WMDOS、Supor-CCDOS 和 2.13)其词组的定义是有些差别的。一般而论,词库中双字词组数量最多,多字词组最少。但是,词组数目的多少及选词标准因汉字系统的不同而不同,确切地说是因配用的五笔字型输入法实现模块中词库大小的不同而不同。所以,当按上述方法取码而打不出录入的词组时,表明该词组在所用的输入法词库中没有收入。

习题 10

10.1　写出下面双字词组的外码。

其他	随即	布置	友人	教员	表明	于是	港澳
出版	欢送	古代	才能	协会	青年	上层	清醒
沿海	四通	粮食	报纸	校对	延期	妇联	伤害
冒进	见面	农村	扩张	策略	道路	保存	优质
唱歌	发现	宗教	损坏	籍贯	谦虚	公社	结果
办法	书记	然而	制造	牲畜	意识	今日	综合

10.2　写出下面三字词组的外码。

工程师	大西洋	青少年	财政部	本世纪	交通部	红领巾	畜牧业
基本上	研究所	常委会	发言人	奥运会	建筑物	评论员	这时候
联系人	教育部	电脑部	数据库	秘书长	俱乐部	文汇报	座右铭
台湾省	无线电	国防部	铁道部	知识化

10.3　写出下面四字词组的外码。

劳动纪律	党政机关	精神文明	各级党委	系统工程	人民日报	引以为戒
百货公司	兴高采烈	实践证明	科研成果	建筑材料	人民团体	广播电台
副总经理	国家机关

10.4　写出下面多字词组的外码。

五笔字型计算机汉字输入技术　常务委员会　中国科学院

中国人民银行　中华人民共和国　中央电视台　中央政治局委员

中央政治局常委　新技术革命　全国人民代表大会

全民所有制　人民大会堂　人民代表大会　纺织工业部

10.5　找出下面短文中的各种词组并编码。

（一）

共青团是中国共产党领导的先进青年的群众组织,这是共青团的根本性质。

中国共产党是中国社会主义现代化建设事业的总设计师,是全中国各族人民利益的忠实代表,是建设有中国特色的社会主义现代化的领导核心。党是共青团的组织者和领导者,共青团是党用自己的路线、方针、政策来团结教育全国各族青年的桥梁和纽带。没有党的领导,共青团就不能完成自己的基本任务:以共产主义精神教育青年,帮助青年用马克思列宁主义,毛泽东思想和现代化科学文化知识武装自己,引导青年在社会主义现代化建设和实践中,锻炼成为有理想,有道德、有文化、有组织纪律的共产主义事业的接班人和建设者。党的领导是共青团各方面工作沿着正确方向进行的根本保证。

(二)

我们的经济建设,是社会主义的经济建设。为了保证我国的现代化建设事业沿着社会主义的轨道前进,就必须坚持四项基本原则,反对资产阶级自由化,粉碎国际敌对势力"和平演变"的阴谋,激发全国人民的爱国热情,提高社会主义觉悟。批判资产阶级自由化,离不开马克思主义理论的武装。我们要继续组织广大干部学好科学社会主义理论,并向广大人民群众进行宣传教育,用社会主义思想牢牢占领思想文化阵地。

改革开放是社会主义制度的自我完善和发展,目的是为了促进生产力的发展和社会的全面进步,充分发挥社会主义制度的优越性,过去两年多,经过艰苦努力,治理整顿、深化改革已经取得明显的阶段性成效,但是,一些深层次问题还没有得到根本解决。在"八五"头一年或更长一点时间,要继续进行治理整顿和深化改革,在治理整顿中求发展,并为长远的经济发展创造更为良好的条件。

在我们这样一个人口众多、经济文化基础薄弱的大国,进行社会主义现代化建设,是极其伟大而又极为艰难的事业。情况是复杂的,任务是艰巨的。不论建设和改革,都不能急于求成。国民经济要持续、稳定、协调发展。各项改革要积极稳步地进行。只要我们稳扎稳打,踏踏实实地进行艰苦细致的工作,我们就一定能够一步一步地达到自己的目的。

上机练习 10

1)上机目的要求

熟练掌握双字词组的判断和输入方法,掌握三字、四字和多字词组的输入方法。

2)上机说明

各种词组在连续文本中的出现频度非常高,约占 70%。输入汉字时,取码最优先的就是词组,而词组的取码级别依次是双字词组、三字词组、四字词组和多字词组。其中词汇量最多的是双字词组,其实用频度也最高,所以应加强双字词组的输入练习。

3)操作练习

(1)双字词组对照练习

文本文件名:双字词 AO. PST（首码为 A ~ O）

双字词 PY. PST（首码为 P ~ Y）

文本全文:

双字词 AO. PST

菜场	基金	区分	出来	孙子	观点	验收	磁盘
草案	节目	区委	出去	卫生	观念	勇气	存在
东北	节日	区域	出入	卫星	观众	预测	达到
东方	节省	荣誉	出生	陷害	欢呼	预订	大地
东京	节约	若干	出席	限定	欢乐	预定	大队
东西	警察	甚至	出现	限度	欢送	预防	大概
范围	警惕	世纪	出租	限期	欢笑	预告	大海
甘肃	敬爱	世界	聪明	限制	欢迎	预料	大会
革命	敬礼	蔬菜	队伍	阳光	艰巨	预见	大家
革新	巨大	苏联	队长	也是	艰苦	预言	大量
工厂	巨型	项目	耳朵	也许	艰难	允许	大批
工程	勘测	药材	防守	隐蔽	艰险	帮助	大使
工会	勘探	药品	防御	隐藏	骄傲	布告	大型
工农	蓝色	医疗	防止	院校	马达	布署	大学
工人	劳动	医生	附近	院长	马路	布局	大约
工业	落后	医学	附录	障碍	矛盾	布置	大众
工艺	落实	医药	孩子	职称	难免	成家	而且
工资	蔑视	医院	阶段	职工	难受	成长	非常
工作	某些	艺术	阶级	职权	难题	成本	非洲
巩固	欧洲	英国	联合	职务	能够	成都	奋斗
贡献	期待	英明	联络	职业	能力	成分	丰富
共同	期间	英雄	联系	子女	能量	成功	丰收
花园	期刊	英语	辽阔	阻挡	能源	成果	感动
划分	期望	营养	辽宁	阻力	双方	成绩	感激
黄海	期限	营业	了解	参观	台北	成交	感觉
黄河	欺骗	著名	隆重	参加	台湾	成就	感冒
黄色	七月	承包	陆军	参考	通常	成立	感情
黄山	其他	承担	聘请	参谋	通告	成为	感受
获得	其中	承认	取得	对待	通过	成员	感想
或者	巧妙	出版	取消	对方	通俗	成长	感谢
基本	勤奋	出差	陕西	对象	通信	春风	古代
基层	勤俭	出产	随即	对于	通讯	春季	顾客
基础	勤劳	出发	随时	观测	通知	春节	顾问
基地	区别	出口	随意	观察	戏剧	磁带	故事

故乡	研究	脱离	二月	考虑	协定	专政	理解
故障	研制	妥当	封闭	考试	协会	专制	理论
灰尘	硬件	妥善	封建	考验	协商	班长	理事
灰色	尤其	县委	封锁	老实	协议	表面	理想
灰心	有关	县长	夫妇	零件	协助	表明	理由
克服	有机	胸怀	夫妻	零售	协作	表示	列车
矿藏	有利	须知	夫人	南昌	幸福	表现	烈士
厘米	有时	遥控	干净	南方	需求	表演	平安
厘升	友好	用户	干劲	南海	需要	表扬	平常
厉害	友人	用具	干部	南京	元件	玻璃	平等
历史	友谊	用品	鼓励	南宁	元首	不但	平凡
垄断	原理	用途	鼓舞	培训	元素	不断	平方
码头	原料	用于	规定	培养	元月	不仅	平均
面积	原因	月亮	规范	起初	越南	不要	平原
面临	原则	助理	规格	起来	云南	不然	妻子
面貌	原子	助手	规划	起源	运动	残废	青春
耐心	愿望	裁判	规律	趋势	运输	到达	青海
破坏	愿意	裁决	规模	去年	运算	到底	青年
奇怪	采购	才能	规则	去世	运行	到来	事故
奇迹	采纳	超额	过程	声明	运用	恶劣	事迹
确定	采取	超过	过来	声音	增大	否定	事件
确认	彩电	超产	过去	十分	增强	否认	事例
确实	彩色	朝鲜	吉林	示范	增设	否则	事情
三月	采购	城市	嘉奖	士兵	增添	互相	事实
盛大	采纳	城乡	教材	坦白	增长	互助	事物
盛开	采取	城镇	教师	坦克	真诚	画报	事务
石油	采用	地方	教室	坦率	真正	画家	事先
寿命	肥料	地理	教授	填补	震荡	环节	事项
太阳	服务	地球	教学	土地	震动	环境	事业
太原	服装	地区	教训	顽强	支部	歼灭	束缚
态度	肌肉	地图	教育	违反	支持	开发	速度
泰山	及时	地位	教员	未来	支援	开放	天才
夏季	膨胀	地址	进步	无论	直径	开关	天津
夏天	朋友	地质	进度	无限	直流	开会	天空
厦门	脾气	动力	进口	喜爱	直线	开阔	天气
雄厚	胜利	动态	进行	喜欢	志愿	开幕	天然
雄伟	受到	动物	均匀	喜讯	专家	开辟	天真
雄壮	受害	动员	刊物	喜悦	专利	开始	武汉
压力	脱产	动作	考察	献身	专业	开展	武器

武术	正常	叔叔	法制	觉悟	污染	电扇	日子
五月	正当	睡觉	港澳	渴望	消费	电视	申请
下级	正确	睡眠	港口	浪费	消化	电台	师范
下列	正如	虚心	灌溉	满意	消灭	电影	师傅
下面	正式	眼光	光辉	满足	消失	电子	师雄
下午	正文	眼睛	光明	没有	消息	果然	师长
下旬	正在	眼泪	光荣	浓厚	小姐	监督	时常
现象	政策	战斗	光线	漂亮	小时	监视	时代
现在	政府	战胜	海关	汽车	小说	监狱	时候
形成	政权	战士	海军	洽谈	小型	坚持	时机
形容	政委	战争	海洋	潜力	小学	坚定	时间
形式	政协	卓越	汉语	清楚	小组	坚固	时刻
形势	政治	波浪	汉字	清单	兴奋	坚决	时期
形象	至少	渤海	汉族	清洁	兴盛	坚强	晚报
亚军	致敬	测定	河北	清醒	学科	坚信	晚会
亚洲	琢磨	测量	河流	沙漠	学历	坚硬	晚年
严格	步骤	测试	河南	少数	学生	鉴别	晚上
严肃	步伐	测验	湖北	少年	学术	鉴定	显然
严重	此刻	常常	湖南	深刻	学说	紧张	显示
一般	此外	常规	辉煌	深切	学问	景象	显著
一旦	具备	常识	汇报	深入	学习	昆明	星期
一定	具体	常委	汇合	深夜	学校	临时	影片
一共	具有	潮流	混合	深圳	学院	冒进	影响
一切	肯定	当前	活动	沈阳	学者	冒险	早晨
一些	目标	当然	活泼	省略	沿海	明白	早日
一样	目光	党风	活跃	省委	沿途	明朗	早晚
一致	目录	党纲	激动	省长	沿线	明年	早已
于是	目前	党内	激光	湿润	游泳	明确	照顾
与其	盼望	党派	激烈	水产	掌握	明天	照相
再见	皮肤	党外	济南	水电	浙江	明显	照耀
遭遇	歧视	党委	尖端	水果	治安	暖和	最初
责任	上层	党性	尖锐	水库	治疗	日报	最后
珍惜	上海	党员	渐渐	水利	注释	日本	最近
正月	上级	党章	江山	水泥	注意	日常	最终
整顿	上面	党政	江苏	水平	电报	日程	昨天
整风	上述	法国	江西	淘汰	电灯	日记	唱歌
整洁	上午	法令	举例	温度	电话	日期	贵州
整理	上学	法律	举行	温和	电力	日夜	号称
整齐	上旬	法院	觉得	温暖	电脑	日用	号召

距离	中医	力量	财产	山西	发展	情形	以为
另外	足球	连队	财富	同胞	飞机	情绪	以下
路线	办法	轮船	财经	同时	改变	屈服	异步
哪个	办公	逻辑	财务	同事	改革	慎重	异常
哪里	办事	轻松	财物	同学	改进	收藏	愉快
品德	边疆	软件	财政	同样	改良	收割	展览
品质	边缘	输出	财产	同意	改善	收购	展望
品种	车间	输入	财富	同志	改造	收获	昼夜
器材	车辆	输送	财务	同盟	怀念	书本	爆发
器械	车站	思考	财物	网络	怀疑	书店	爆炸
顺便	辅导	思索	财政	由于	恢复	书籍	灿烂
顺利	辅助	思维	崇拜	邮电	尽管	书记	粉碎
顺序	固定	思想	崇高	邮购	居民	书刊	火车
虽然	固然	四川	崇敬	邮局	居然	书目	火箭
跳舞	固体	四化	典礼	邮票	居住	属于	精彩
听风	国防	四季	典型	崭新	局部	司法	精华
听众	国际	四通	风格	周密	局面	司机	精简
吸取	国家	四月	风光	周期	局势	慰劳	精力
吸收	国外	四周	风景	周围	局限	慰问	精密
吸引	国营	田野	风俗	必然	局长	习惯	精确
兄弟	黑暗	图画	刚刚	必须	慷慨	心理	精神
踊跃	黑色	图书	岗位	必需	快乐	心灵	精致
只是	回答	图象	购买	必要	买卖	心情	粮食
只要	回顾	图形	贿赂	避免	民兵	心脏	煤炭
只有	回来	图纸	几乎	惭愧	民航	心中	燃料
中国	回忆	团结	见解	导弹	民间	性别	燃烧
中华	加工	团员	见面	导演	民主	性格	烧毁
中年	加急	围绕	内部	发表	民族	性能	数据
中外	加紧	因此	内存	发达	譬如	性质	数量
中文	加密	因而	内容	发挥	屏幕	迅速	数目
中心	加强	因素	赔偿	发明	恰当	已经	数学
中学	加入	因为	曲折	发生	情报	以后	数字
中旬	加速	转变	山东	发现	情节	以来	业务
中央	驾驶	转换	山河	发言	情景	以上	业余
中药	困难	转移	山脉	发扬	情况		

双字词 PY. PST

宝贵	宾馆	补充	补助	初步	初级	初期

初中	社论	宗旨	名额	报导	皇帝	批判
定义	社员	祖父	名誉	报道	技工	批评
福建	神经	祖国	钦佩	报告	技能	指示
福利	神秘	祖母	然而	报刊	技巧	批准
福州	神圣	包括	然后	报名	技师	迫害
富强	审查	包围	铁路	报社	技术	迫切
官僚	审判	错误	外国	报销	接触	气概
冠军	审批	独立	外行	报纸	接待	气候
寄托	实际	锻炼	外汇	报道	接近	气魄
家具	实力	多次	外交	报告	接洽	气体
家属	实习	多么	外界	报刊	接收	气温
家庭	实现	多年	外贸	报名	接受	气象
家乡	实验	多少	外面	报社	揭露	抢救
军队	视察	多数	外设	报纸	揭示	缺点
军民	守卫	多种	外文	抱歉	拒绝	缺乏
军事	守则	儿女	外语	播种	看法	缺少
军委	宿舍	儿子	危害	操练	看见	热爱
军用	它们	饭店	危机	操纵	抗拒	热烈
军长	突出	犯罪	危险	操作	抗议	热情
客观	突破	负责	希望	抄送	控制	摄影
空军	突然	钢笔	鲜花	持久	扩大	失败
空气	完成	钢铁	象征	持续	扩建	失效
宽广	完工	忽略	销毁	抽象	扩张	逝世
宽阔	完全	忽然	销售	措施	拉萨	势必
礼貌	完善	急件	钥匙	挫折	描绘	势力
礼堂	完整	急忙	银川	打印	描述	手段
礼物	宪法	急需	银行	担任	描写	手法
密件	宣传	急躁	饮食	的确	摸索	手工
宁肯	宣誓	键盘	印刷	反动	年代	手术
宁夏	宣言	解放	印象	反对	年底	手续
宁愿	宣扬	解决	迎接	反而	年度	搜集
农场	宴会	解剖	犹如	反复	年纪	搜索
农村	宇宙	解释	犹豫	反映	年龄	损害
农民	灾害	金属	镇定	后边	年轻	损耗
农业	灾难	留念	镇静	后代	年终	损坏
容量	字典	留学	争论	后果	排斥	损失
容纳	字库	贸易	争取	后来	排除	所谓
容易	字母	名称	报表	后面	排列	所以
社会	宗教	名单	报酬	护士	批发	所长

探索	指挥	机械	西方	待遇	利弊	适应
探讨	指令	机要	西南	等候	利害	特别
提倡	指明	极大	西宁	等级	利润	特点
提出	指示	极端	西医	等于	利益	特级
提纲	制定	极力	西藏	敌人	利用	特区
提高	制度	极其	相等	冬季	律师	特权
提供	制品	极限	相对	冬天	每年	特色
提前	制造	检查	相反	翻译	每人	特殊
提要	榜样	检验	相互	繁华	每天	条件
提议	本国	校对	相似	繁荣	秘密	条理
挑选	本来	杰出	相同	符号	秘书	条约
投产	本领	禁止	相信	符合	盘旋	透露
投资	本职	可爱	校长	复杂	签订	透明
推测	本质	可耻	要求	告诉	签字	往来
推迟	标点	可贵	酝酿	管理	千克	微机
推动	标题	可见	植物	航海	千米	微笑
推翻	标准	可靠	笔记	航空	千升	微型
推广	材料	可能	策略	航天	千万	委托
推荐	木材	可是	长城	行业	秋季	委员
推进	村庄	可以	长度	和平	秋天	稳定
挽救	档案	林业	长期	积极	入党	我党
舞蹈	概况	棉花	长沙	积累	稍微	我国
掀起	概括	模范	长途	积压	身体	我军
欣赏	概念	模糊	长征	籍贯	生产	我们
氧气	概述	模型	彻底	季度	生成	物价
邀请	歌曲	木材	程度	季节	生存	物理
殷克	根本	配合	程序	简报	生动	物体
拥护	根据	配套	重复	简便	生活	物质
摘录	构造	配制	重庆	简单	生机	物资
摘要	杭州	飘扬	重新	简短	生理	系数
招待	核算	桥梁	筹备	简明	生命	系统
折磨	核心	权利	筹建	简要	生日	先进
哲学	机场	权力	处分	街道	生物	先烈
振动	机动	权威	处境	靠近	生长	先生
振奋	机构	树立	处理	科技	牲畜	香港
振兴	机关	树林	处处	科普	剩余	向往
指标	机会	松懈	处长	科学	释放	行动
指出	机密	西安	垂直	科研	适当	行李
指导	机器	西北	答案	科长	适合	行政

选拔	部门	况且	商品	壮大	即使	杂志
选举	部长	兰州	商榷	壮观	既然	召开
选择	曾经	立场	商人	壮丽	建成	保持
延迟	差别	立方	商业	状态	建国	保存
延期	次序	立即	首都	准备	建立	保护
延续	单位	立刻	首相	准确	建设	保健
移动	道德	六月	首要	准时	建议	保留
赞美	道理	美国	首长	咨询	建筑	保密
赞赏	道路	美化	塑料	资产	姐姐	保守
赞颂	弟弟	美丽	瘫痪	资格	姐妹	保卫
赞扬	弟兄	美术	疼痛	资料	九月	保险
赞助	斗争	凝结	童年	资源	妈妈	保障
征求	疯狂	判断	问答	姿态	那边	保证
知道	关键	叛徒	问候	总部	那个	便于
知识	关系	疲倦	问题	总参	那么	仓库
秩序	关心	疲劳	效果	总和	那些	倡议
智慧	关于	普遍	效率	总后	那样	储备
智力	疾病	普查	辛苦	总计	那种	储藏
智能	减轻	普及	辛勤	总结	奴隶	储存
种类	减少	普通	新疆	总局	努力	储蓄
重点	间接	谦虚	新闻	总理	女儿	传达
重量	将近	前程	新型	总数	女士	传统
重视	将军	前进	颜色	总统	群众	创办
重要	将来	前景	养料	总政	忍耐	创立
自动	奖金	前年	冶金	总之	忍受	创新
自豪	奖励	前提	意见	尊敬	如此	创业
自己	奖品	前途	意识	尊严	如果	创造
自觉	奖状	前线	意思	尊重	如何	创作
自然	交换	亲爱	意图	遵守	如今	从此
自由	交流	亲戚	意义	遵循	如实	从而
自愿	交通	亲切	意志	遵照	如同	从前
自主	交易	亲人	毅力	剥削	始终	从事
北方	郊区	亲自	毅然	妨碍	肃清	促进
北京	竞赛	痊愈	音乐	妇联	她们	促使
辩论	竞争	闪耀	郑州	姑娘	退休	代表
辩证	决策	善良	装备	好象	姓名	代理
并且	决定	商场	装配	婚姻	寻求	代替
部队	决心	商店	装饰	即将	寻找	登记
部分	决议	商量	装置	即刻	娱乐	仿佛

分别	化学	伦敦	仍然	依据	比如	经验
分类	化验	命令	伤害	依靠	比赛	经营
分裂	会场	命名	什么	依赖	比喻	纠正
分配	会见	命运	食品	依照	毕竟	绝密
分析	会谈	你们	食堂	亿万	毕业	纠纷
分子	会议	偶然	食物	优待	编辑	练习
供应	伙食	佩服	使命	优点	纯粹	绿色
公报	货币	偏僻	使用	优化	纯洁	绿化
公尺	货物	便宜	舒服	优惠	纺织	母亲
公分	集合	凭借	似乎	优良	费用	弥补
公共	集市	企图	他们	优美	纲领	纽约
公斤	集体	企业	体操	优势	贯彻	强大
公里	集团	侨胞	体会	优秀	红旗	强调
公路	集中	侵略	体积	优异	红色	强烈
公民	假如	倾向	体系	优质	缓和	强迫
公社	假设	全党	体现	悠久	缓慢	强制
公式	假使	全国	体育	舆论	幻想	强壮
公司	假装	全会	体制	侦察	绘画	弱点
公园	价格	全军	体质	值班	纪律	丝毫
估计	价钱	全局	停留	值勤	纪念	统筹
何必	价值	全面	停止	住宅	纪录	统计
何况	健康	全民	途径	传达	纪要	统一
合并	健全	全年	伟大	追查	继承	统战
合成	健壮	全体	位置	追悼	继续	统治
合肥	介绍	人才	信号	仔细	结构	维持
合格	今后	人工	信件	坐标	结果	维护
合计	今年	人口	信念	作法	结合	维修
合理	今日	人类	信任	作废	结晶	细胞
合适	今天	人们	信息	作风	结论	细菌
合同	会计	人民	信心	作家	结束	细致
合作	例如	人生	信用	作品	结局	线索
候补	例外	人物	信誉	作为	结算	线路
华北	例子	人员	修订	作业	经常	疑问
华东	领导	人造	修改	作用	经费	引导
华南	领事	任何	修理	作者	经过	引进
华侨	领土	任命	修养	做法	经济	幼稚
华人	领先	任务	修正	比较	经理	约束
华中	领袖	任意	休息	比方	经历	终于
化工	领域	仍旧	爷爷	比例	经受	综合

组成	方针	毫升	旅馆	认为	忘记	应当
组合	房间	户口	旅客	认真	为此	应该
组长	房屋	计划	旅游	设备	为了	赢利
组织	访问	计较	论述	设计	文化	应用
变动	放大	计算	论文	设想	文件	永久
变化	放假	记号	论证	设置	文教	永远
诚恳	放弃	记录	麻烦	诗歌	文章	语文
诚实	放松	记忆	磨练	施工	文字	语言
充当	废除	记载	盲目	识别	文献	这里
充分	讽刺	记者	诺言	市场	文学	这些
充满	高潮	讲话	庞大	市委	文艺	这样
充实	高等	讲究	评比	市长	误差	这种
充足	高峰	讲座	评价	试验	详细	诊断
词典	高级	谨慎	评论	试用	享受	证明
诞生	高兴	京剧	旗帜	试制	谢谢	证实
调查	高原	就是	启动	熟练	许多	衷心
调动	广播	就要	启发	熟悉	序号	主动
读书	广场	刻苦	启示	衰弱	序列	主观
读者	广大	课程	谴责	率领	序言	主任
度过	广东	课题	请假	说明	询问	主席
方案	广泛	离开	请教	谈话	训练	主要
方便	广告	离休	请求	谈论	谣言	主义
方法	广西	离别	请示	谈判	夜晚	主张
方面	广州	恋爱	庆贺	唐舟	衣服	庄严
方式	毫克	良好	庆祝	讨论	义务	座谈
方向	毫米	庐山	认识	调整	议论	

（2）三字词组对照练习

文本文件名：三字词组．PST

文本全文：

甘肃省	共产党	营业员	马克思	大多数	太阳能	规律性	南宁市
革命化	共和国	出版社	难道说	大规模	太原市	吉林省	求伯君
革命家	共青团	联合国	台北市	大使馆	研究室	教研室	十二月
工程师	基本上	联系人	台湾省	大西洋	研究所	教育部	无线电
工商业	劳动力	辽宁省	百分比	大学生	有效期	进一步	云南省
工业化	劳动者	陕西省	成都市	大洋洲	服务员	老中青	运动员
工业品	莫斯科	卫生部	成品率	三极管	博物馆	南昌市	专利法
工艺品	世界观	参考书	存储器	石家庄	动物园	南极洲	专业化
工作者	医学院	参谋长	大部分	太平洋	二进制	南京市	副总理

理事会	消费品	办事员	司令部	拉萨市	积极性	普通话	编者按
青海省	小朋友	国防部	司令员	年轻化	科学家	商业部	纺织品
青年人	浙江省	国民党	展览会	年轻人	科学院	新华社	缝纫机
青少年	电冰箱	国庆节	展销会	气象台	毛主席	新技术	红领巾
事实上	电动机	国务院	炊事员	手工业	秘书长	阅览室	幼儿园
天安门	电风扇	黑龙江	数据库	所有制	千百万	总工会	组织部
天津市	电脑部	轻工业	安徽省	托儿所	生产力	总书记	房租费
现代化	电气化	四川省	福建省	招待所	生产率	总经理	广东省
责任制	电视机	图书馆	福州市	本报讯	私有制	建筑物	广州市
政治部	电视台	团支部	农作物	本世纪	委员会	灵敏度	计算机
目的地	电影院	财政部	审计署	标准化	委员长	八进制	计算所
上海市	鉴定会	山东省	宣传部	杭州市	系列化	代办处	摩托车
常委会	昆明市	山西省	解放军	机器人	怎么样	代表团	评论员
党中央	日用品	同志们	留学生	机械化	知识化	公安部	试金石
海南岛	贵阳市	邮电部	铁道部	可能性	重工业	公有制	为什么
河北省	贵州省	必然性	银川市	可行性	自动化	合肥市	文化部
济南市	中纪委	必要性	印度洋	林业部	自行车	介绍信	文化宫
江西省	中宣部	发电机	印刷体	西安市	自治区	俱乐部	文化馆
没关系	中学生	发动机	操作员	奥运会	半导体	领事馆	文汇报
少先队	中组部	发言人	打印机	长春市	北冰洋	全世界	畜牧业
沈阳市	办公室	收录机	反革命	长沙市	北京市	人民币	这时候
水电站	办公厅	书记处	后勤部	复印机	辩证法	人生观	座右铭
洗衣机	办事处	司法部	技术员	各单位	交通部	编辑部	

(3)四字词组对照练习

文本文件名:四字词组.PST

文本全文:

工人阶级	蒸蒸日上	大公无私	专业人员	再接再厉
工人日报	出租汽车	奋发图强	专用设备	政协委员
工作人员	联系群众	石家庄市	副总经理	政治面目
共产党员	联系实际	爱国主义	平方公里	上层建筑
共产主义	阴谋诡计	脑力劳动	五笔字型	党政机关
基本原则	参考消息	培训中心	天气预报	港澳同胞
基础理论	参考资料	十六进制	五讲四美	光明日报
戒骄戒躁	艰苦奋斗	无产阶级	形而上学	海外侨胞
劳动纪律	通信地址	无论如何	形式主义	少数民族
劳动模范	通讯卫星	无穷无尽	刑事犯罪	少年儿童
劳动人民	百货公司	无微不至	一分为二	少先队员
勤工俭学	百货商店	朝气蓬勃	一国两制	兴旺发达

兴高采烈	四化建设	操作系统	千方百计	新兴产业
汉字编码	四通公司	技术革命	生产方式	资本主义
电报挂号	因势利导	技术革新	生产关系	资产阶级
电话号码	内部矛盾	技术交流	生动活泼	总参谋部
时时刻刻	同心同德	技术咨询	生活方式	总后勤部
哈尔滨市	由此可见	提高警惕	生活水平	总而言之
呼和浩特	发明创造	推广应用	微不足道	总结经验
中文电脑	民主党派	欣欣向荣	物质财富	总政治部
踏踏实实	情报检索	扬长避短	物质文明	建筑材料
唯物主义	以身作则	拥政爱民	系统工程	群众观点
唯心主义	民主党派	振兴中华	先进个人	群众路线
中共中央	精神文明	指导思想	先进事迹	众所周知
中国青年	数据处理	标点符号	行政管理	公共汽车
中国人民	炎黄子孙	核工业部	行之有效	合资经营
中国银行	农副产品	机构改革	知名人士	集成电路
中国政府	农民日报	程序控制	知识分子	集体主义
中华民族	社会关系	程序设计	自动检测	领导干部
中外合资	社会科学	得不偿失	自动检索	企业管理
中央军委	社会实践	第三产业	自动控制	全党全国
中央全会	社会主义	繁荣昌盛	自负盈亏	全国各地
中央委员	实际情况	各级党委	自力更生	全心全意
国防大学	实践证明	各级领导	自始至终	人民日报
国际主义	解放军报	科技人员	自我批评	人民政府
国家机关	外部设备	科学分析	交通规则	贪污盗窃
国民经济	银行账号	科学管理	新陈代谢	体力劳动
国务委员	针锋相对	科学技术	新华书店	体制改革
黑龙江省	报刊杂志	科学研究	新生事物	信息处理
思想方法	操作规程	科研成果	新闻记者	

(4) 多字词组对照练习

　文本文件名:多字词组 . PST

　文本全文:

对外经济贸易部	五笔字型计算机汉字输入技术	电子工业部
马克思列宁主义		电子振兴办公室
马克思主义	五笔字型计算机汉字编码方案	呼和浩特市
历史唯物主义		中国共产党
历史唯心主义	常务委员会	中国科学院
喜马拉雅山	深圳四通公司	中国人民解放军
政治协商会议	深圳四通公司技术开发部	中国人民银行

中华人民共和国　　　　内蒙古自治区　　　　新疆维吾尔自治区

中央办公厅　　　　　　发展中国家　　　　　北京四通集团公司

中央电视台　　　　　　民主集中制　　　　　化学工业部

中央各部委　　　　　　军事委员会　　　　　集体所有制

中央人民广播电台　　　宁夏回族自治区　　　人民内部矛盾

中央书记处　　　　　　乌鲁木齐市　　　　　全国人民代表大会

中央委员会　　　　　　兵器工业部　　　　　全民所有制

中央政治局　　　　　　技术开发部　　　　　人民大会堂

中央政治局委员　　　　西藏自治区　　　　　人民代表大会

中央政治局常委　　　　毛泽东思想　　　　　纺织工业部

国防科工委　　　　　　新华通讯社　　　　　广播电视部

国务院办公厅　　　　　新技术革命　　　　　广西壮族自治区

四个现代化　　　　　　新疆维吾尔族

11

重码与容错码、"Z"键

11.1 重码及处理

重码指编码(外码)相同但汉字不同的汉字编码。重码字指编码为同一编码的所有汉字。在这里对不能离散的重码字提供了两种处理办法。

11.1.1 分级处理

如:"万、尤、尢"三个字,编码均为 DN,加上识别编码为 DNV,显然编码仍然相同,无法区别。解决这个问题的办法是将这些重码字按其使用频度作了分级处理,当输入编码时将重码字全部显示在屏幕底部的"外码输入提示行"上,并编上相应号码供挑选。其中,将最常用的那个字排在第一位,即"高频先见"。

例如:键入 DNV 后外码输入提示行状态为

五笔字型:1:万 2:尤 3:尢[000]

如果需要的字是"万"字,则不必挑选,此时可只管继续输入文章中下一个字(或打一下空格键),"万"字将自动跳到屏幕上光标所在处。这就是所谓的"高频优先默认"。如果需要的是"尤"字,则打入数字"2",则"尤"字跳到屏幕上光标所在处。

上面外码输入提示行状态中的[000]表示当前尚未列显完的剩余重码字有[000]个。当提示行所显汉字无所需要的时,可用"<、>"或"-、+"键去翻页显示余下的重码字并进行选择。

11.1.2 定义后缀

经分级处理后排列的重码字,输入法默认的是处于第一位的字。对处于第二或第三位的重码字,可用所谓的"定义后缀"的方法从键盘直接输入。方法是:把处于第二或第三位的重码字原来编码的第四个外码字母改为 L(24)。如对"万、尤、尢"三个字,处于第二位的是"尤,"字,若要直接输入该字,则可用 L 代替输入 DNV 后所打入的空格键,即输入 DNVL,则直接输入"尤"字。字母 L 即为定义的后缀。

又如,"配,朽"二字的编码均为 SGNN,而排在第二位的"朽"字可用外码 SGNL 代替。

国标一、二级汉字中重码字仅有 246 组约 500 个字。其中很多字有简码,故实际录入中需要挑选重码字的机率非常低,基本上不影响录入速度。

11.2　容错码

有极少部分汉字因人们书写习惯上的不同,容易造成字根拆分顺序错误或识别码判断错误。为了不致于因这种原因影响输入,编码方案对这部分汉字定义了两个或不止两个的编码,这样尽管拆分或识别上有错误也可输入它。另外定义的这部分编码就叫"容错码"。

容错码按出错原因主要分为 2 种:拆分容错码和识别容错码。

11.2.1　拆分容错码

指个别汉字因习惯书写顺序不同,而造成拆分顺序上的错误。如

　　长:丿、七、丶、识别码为 43,正确全码为 TAYI。

其容错编码有

　　长:七、丿、丶,43,即 ATYI;

　　长:丿、一、乙、丶,即 TGNY;

　　长:一、乙、丿、丶,即 GNTY;

所以输入"长"字时,上面 3 种拆分取码均可。

又如"版"字,其正确码应为 THGC,而容错码为"TGHC"。

11.2.2　识别容错

指个别汉字因习惯书写顺序不同,而造成识别码上的错误。如

　　右:ナ、口、12,即 DKF(正确编码);

　　右:ナ、口、13,即 DKD(字型容错码);

　　连:车、辶、23,即 LPK(正确编码);

　　连:车、之、13,即 LPD(末笔划容错码)。

总之,由于有容错码,在输入汉字时就算没有按正确编码输入,也可得到相同汉字,为录入提供了方便。

11.3 "Z"键的作用

在键盘上 26 个英文字母键中,Z 键没有分配字根。Z 键的作用有两个方面:

11.3.1 用于初学者学习

如键入 ZZZ 再加一空格键,则可列出所有外码长度为 3 码的汉字,提示行状态可能为

五笔字型:zzz　1:鼍 kkl　2:隹 wyg　3:睢 egw　4:錾 lrg

则可从中查阅汉字的外码。

若键入 ZZZZ 则可将所有汉字的外码显示出来(注意:有的五笔字型输入模块没有对此提供有效的操作)。

11.3.2 用于代替某个外码字母

如在对某一汉字进行拆分时,若某一个或多个字根编码难以确定或一时不知道正确的识别码,可用 Z 键代替这个字根或识别码。此时在提示行列出编码不同而其他码键相同的汉字供选择。

1)代替字根码

如"菜"字,若不知第二个字根是什么或不知第二个字根""应在哪个键上时,均可用"Z"键代替,即可打入"艹、Z、木"即 AZS,则提示行的显示状态为:

五笔字型:azs　1:菜 aes　2:茶 sws　3:荷 aws　4:菏 wis　5:蘑 ays

显示表明"菜"的编码为 AES。

2)代替识别码

如输入字根码为 GIE 的"甬"字时,不知道识别码应是什么,则可在打入全部字根码 GIE 后打入 Z 键来代替识别码,则提示行状态为

五笔字型:giez　　1:甬 giej　[000]

显示表明"甬"字的识别码为 J。

以上是"Z"键主要作用介绍,最好不要随便使用 Z 键,以免养成录入中大量依靠"Z"键识字的不良习惯而影响录入速度。

```
小 结 11
```

对个别汉字的编码定义了容错码,这固然是好事,但也有不好的副作用。例如,"长"字,

其正确编码应为"TAYI",但若在初学时就按"容错码"处理,即"ATYI",长此下去,当遇到词组"长度"时,用ATYA是打不出的。所以,在开始时就要搞清楚每个字的正确编码并且按正确编码输入汉字。

习题 11

11.1 分析下面重码字,看看它们的排列,并指出产生重码的原因。

来—灭 寸—雨 动—劫 太—丈 本—西 臣—卧 晴—蜻 晰—蜥 鉴—览
哎—呕 藏—茂 遣—遗 器—嚣 皿—四 办—囚 凹—册 岗—岚 骨—胄
风—冈 竿—午 囟—凶 衡—稀 愁—悉 拌—抖 孕—孚 妥—舀 凳—颖
仁—仕 赁—凭 贪—颔 铺—匍 久—勺 摩—磨 魔—麽 哀—衣 卒—座
讪—论 诌—诣 廉—谦 廖—谬 雇—诀 辣—竦 半—斗 眷—着 兑—竞
汗—汁 汩—汩 雀—誉 济—浏 洲—潊 泻—渲 糊—烟 害—豁 褚—襦
己—已 君—群 刃—丸 疑—肆 幻—纪 纫—纨 去—云—支 徽—微—徵
鲤—鲁—鲣—鲋 赢—羸—嬴—蠃

11.2 下面是几组有容错码的汉字,括号中第一个外码是正确码,第二个外码是容错码。指明是什么类型的容错码。

免(QKQB、QJQB)　　　　右(DKF、DKD)　　　　死(GQXB、GQXV)
卞(YHI、YHU)　　　　　藏(ANDT、ADNT)　　　　滚(IUCE、IYWE)
秉(TGVI、TVI)　　　　　卡(HHU、HHI)　　　　　个(WHJ、WHK)
凹(MMGD、MGMG)　　　　革(APLJ、APLF)　　　　门(UYHN、UHYN)

11.3 输入下面汉字,用"Z"键代替其中的一个字根码,然后从提示行中选择。

江山如此多娇,引无数英雄竞折腰。

上机练习 11

1)上机目的要求

理解重码和容错码的概念,掌握"Z"键的意义和基本使用方法。

2)上机说明

这章内容练习时间不要太长,只需要对本章内容有所了解就行了。

3)操作练习

(1)用"随意练习"输入下面的重码字,注意处理方式,并找出其中的简码。

来—灭	寸—雨	动—劫	太—丈	本—酉	臣—卧	晴—蜻	晰—蜥	鉴—览	哎—呕
藏—茂	遣—遗	器—嚣	皿—四	办—囚	凹—册	岗—岚	骨—胄	风—冈	竿—午
囱—凶	衡—稀	愁—悉	拌—抖	孕—孚	妥—舀	凳—颂	仁—仕	赁—凭	贪—颔
铺—甸	久—勺	靡—磨	魔—麽	哀—衣	卒—座	讹—论	诌—谄	廉—谦	廖—谬
雇—诀	辣—辢	半—斗	眷—着	兑—竞	汗—汁	汩—汩	雀—誉	济—浏	洲—漩
泻—渲	糊—煳	害—豁	褚—襦	己—巳	君—群	刃—丸	疑—肄	幻—纪	纫—纨
去—云—支	徽—微—徵	鲤—鲁—鲣—鲥	赢—嬴—羸—蠃						

(2)下面是部分有容错码汉字,每个字后面是它的容错码,请输入,并分析一下它们都是些什么样的容错方式(在 WBZT 中用 F1 键获得其对应的正确码)。

文本文件名:容错码.PST

文本全文:

卡 HHI	宿 PWGR	幞 MHOW	陌 BGRG	张 XGNY
布 DMHK	缩 XPWR	嵊 MTUX	慕 AJDY	涨 IXGY
差 UDAD	挑 RUQU	蚕 TDJU	哪 KNFB	涨 IXHY
差 UFTA	挑 RQIN	曹 GJJJ	那 NFTB	帐 MHTY
长 GNTY	桃 SUQU	谗 YQJU	娜 VNFB	帐 MHGY
长 TGNY	逃 UQUP	铲 QUDT	男 LLR	账 MTGY
长 ATYI	歪 DHGH	董 ATFF	挪 RNFB	仗 WGQY
奠 UMQD	巫 GWWG	躲 TEGS	沛 IYMH	胀 ETGY
发 NTYI	咸 TAGK	釜 WQGU	倾 WADM	胀 EGNY
甘 AGD	幽 MXXI	歌 GKGW	缺 RMND	谖 YEFT
贯 MFMU	濮 IWOW	恭 AWIY	炔 ONDY	暖 KEPT
灰 DOI	璞 GOGW	棺 SPHN	萨 ABUD	疠 UGQV
看 TFTH	美 UFDU	官 PHNN	陕 BGUD	妻 GVVR
哪 KNFB	佰 WGRG	管 TPHN	衰 YMFE	妻 GVVD
那 NFTB	班 GJGG	贯 MFMU	霞 FHFC	危 QDBV
娜 VNFB	辨 UJUH	贯 XDMU	暇 JHNC	坐 WWFD
年 TAHJ	步 HITR	缓 XEGT	衔 TQGS	义 YQU
暖 JEFT	颜 UDEM	莱 AGUD	宿 PWGR	主 YGF
挪 RNFB	彦 UDER	颏 GUDM	缩 XPWR	段 GHDC
呸 KDHG	谚 YUDE	兼 UVOI	添 ITDN	迅 FNPV
平 GUFK	掖 RYWQ	舅 VJLB	兔 QJKY	讯 YFNV
酋 UMQG	腋 EYWQ	抉 RNDY	挽 RQJQ	汛 IFNV
强 XCJY	液 IYWQ	决 UNDY	晚 JQJQ	死 GQXV
升 TDHK	仪 WQYY	诀 YNDY	五 GGTG	餐 HQI
剩 TUXJ	永 YIO	快 NNDY	逸 QJQP	餐 HQU
衰 YMFE	渊 IOJH	迈 GQPV	援 REFT	德 TDLN
爽 DQQY	兆 UQUY	兔 QJQB	张 XTGY	然 QYDO
睡 HTFF	噗 KOGW	勉 QJQL	张 XHTY	然 QUDO

空 PUAF	珑 GDXY	笔 TRNB	拦 RUDG	胧 EGQY
衡 TQDS	无 GDNV	矩 RWAN	挑 RUNU	胧 EGQT
衔 TQGS	求 GIYI	秉 TVI	掠 RYKI	胧 EDXY
稿 TYKK	与 NGGD	缺 RMND	会 WGAU	很 TVNY
糟 OGJJ	云 GGCU	行 TGSH	优 WGQY	预 CNHW
烩 OWGA	京 YKIU	毛 TGGN	侩 WWGA	预 CNHM
宿 PWGR	互 GNNG	稽 TGQH	倦 WUFB	犹 TNTN
宠 PGQT	平 GUFK	稭 TGQM	停 WYKS	狄 TNTO
宠 PGQY	龚 GQYW	笼 TGQT	傥 WYKN	铲 QUDT
缎 XTHC	龚 GQTW	笼 TGQY	偏 WYNJ	解 QEHH
缄 XDGK	尬 GQWJ	衢 THHS	左 DAF	镐 QYKK
线 XGAT	尴 GQJL	衍 TIGS	辰 DTEI	试 YGAY
线 XFNT	迈 GQPV	乐 THSI	辰 TDEI	盲 YAHJ
戊 TAE	聋 GQYB	乎 TUFK	非 DHHD	氓 YANA
厉 DGQV	炮 GQQY	式 AAV	来 GUII	庑 YGGQ
真 DHWU	尤 GQYI	戒 AAE	椛 SGQT	就 YKIY
耗 DIRN	袭 GQYE	巫 AWWD	板 STTC	就 YKIN
耘 DIGA	袭 GQTE	巫 GWWG	栏 SUDG	高 YKMK
右 DKD	琼 GYKI	藏 AHDT	忼 NGGN	敲 YKMC
灰 DOI	璃 GYQC	藏 ANDT	忧 NGQY	亭 YKPS
龙 DXYV	占 HKD	莆 AGEH	忧 NGQT	亮 YKPM
龙 GQYT	凹 HNMG	茏 AGQY	忧 NDNY	毫 YKPN
尤 GQYI	眺 HUQU	茫 AIYA	快 NNDY	豪 YKPE
肃 VHTH	眺 HQIY	遭 AJJP	惊 NYKI	享 YKBF
肃 VITH	泷 IDXY	或 GKGT	恼 NYQB	熟 YKBO
姚 VUTY	泷 IGQT	蔑 ALDY	瓣 UDRF	郭 YKBB
去 FCI	尝 IPGA	苻 ATGS	产 UDR	哀 YKTE
垃 FDXY	淳 IYKB	凹 MGMG	彦 UDEE	哀 YKER
城 FQAT	早 JFK	凹 HNHG	羌 UFTN	为 YTNY
坛 FGAY	曲 JJD	茊 AQTY	羞 UFTF	诀 YNDY
垅 FGQT	景 JYKI	拢 RGQY	翔 UFTN	廉 YUVW
越 FHNA	蹴 KHYQ	拢 RGQT	义 QYU	离 YQBC
块 FNDY	呼 KTUF	拢 RDNY	疣 UGQY	谅 YYKI
云 GAU	哼 KYKB	年 RAHJ	决 UNDY	差 UDAD
墩 FYKT	罢 LFAU	拜 TFTF	痒 UDFH	版 TGHC
魂 GARC	力 LNT	拜 DTDF	癣 UQGH	蓝 ATMX
运 GAPI	边 LPE	抉 RNDY	凉 UYKI	卞 YHU
动 GALN	出 MMJ	毡 RNHK	样 SUFH	车 LGNG
百 GRF	出 MMK	毛 RNI	羊 UFHJ	乘 TUXI

酬 SGYT	安 PVR	麦 DTCU	仕 WFGL	磨 YSSL
毒 GXYY	我 TGHT	螟 JPJW	尤 DNVL	诀 YNWL
每 TXYY	我 TAHG	姆 VXYY	丈 DYIL	予 CNHJ
敏 TXYT	乘 TGUI	脑 EYQB	嘉 FKUL	与 NGGD
阜 THNF	乘 TUXI	恼 NYQB	云 FCUL	面 DLJF
寒 PDJU	讹 YWAN	佩 WMTH	灭 GOIL	方 YQV
灰 DOI	繁 TXYI	群 VTKH	去 FCLL	文 YQU
悔 NTXY	个 WHK	舒 WFKH	寸 FGHL	击 FMJ
晦 JTXY	滚 IYWE	烁 OTHS	渺 IHIL	门 YMV
乘 TFUW	化 WXT	舔 TDGY	冈 MQIL	门 UHYN
诲 YTXY	挥 RPLG	吞 TDKF	午 TFKL	校 SYWQ
微 TMGM	荦 APLF	侮 WTXY	幻 XNNL	北 HUXG
徵 TMGG	夹 GUDI	心 NTNY	朽 SGNL	北 HUXN
徽 TMGI	救 GIYT	占 HKD	酉 SGDL	阵 BLG
赢 YNKM	聚 BCEU	阵 KLG	粟 SOUL	车 AFK
赢 YNKU	军 PLF	而 DMJ	眷 UDHL	延 THPV
亏 FNB	刊 TDHJ	裁 FYET	已 NNGL	瓦 AYNV
茅 ACNT	刊 TFHJ	栽 FSNT	鲤 QGJL	瓦 GCNV
矛 CNHT	库 YLD	截 AWYT	驭 CCYL	秉 TFVW
梅 STXY	览 JTMQ	载 FLNT	讹 YWXL	秉 TVI
拇 RXYY	砾 DTHS	戴 FLAT	勺 QYIL	恭 ACIY
母 XYYI	连 LPD	藏 ADNY	廉 YUVL	京 YKI
霉 FTXY	麦 DTI	七 AGNL	哀 YEUL	

12
提高录入速度

汉字键盘录入技术是一门集技术与熟练于一体的计算机应用技术。五笔字型计算机汉字编码方案在众多的汉字录入方案中有自己独特的一面,经过短期的学习就可掌握其输入方法,再经过一定时间和一定强度的练习,即可达到高速盲打的实际应用水平。

下面介绍如何有效地学习与练习以提高录入速度。

12.1 合理安排取码优先级

在进行连续文本录入中,符合五笔字型编码体系的取码优先级顺序如图 12.1 所示。

从图 12.1 中可见,在进行连续文本的录入时,首先尽可能用词组打出较长的文字段,若录入文字无词组对应,则首先选择用一级简码打入。如果一个字有二级简码,则不应用三级简码或全码打入。

12.2 眼、心、手的协调

录入时,要求眼、心、手高度协调,不能紊乱。当眼睛没看清字词之前不要去急于拆码,当编码未拆出之前不要急着去击键。即录入时是先眼后心最后是手。当比较熟练后方可一边看字,一边拆码,拆一码键入一码。反复练习,最终达到使有意识的录入成为一种下意识的动作。

12.3 减少识别码的判断与输入时间

识别码在常用字中尽管出现不多,但往往要输入识别码时速度就慢了下来。因为有识别码的字输入过程相对较复杂。这个过程可概括为:拆分全部字根,键入编码字根,末笔画是什么,末笔代号多少,字型是什么,字型代号是多少,末笔代号与字型代号交叉组成区位号,找到对应键位,击键。这个过程够复杂的了。如果能简化这个过程,将提高录入速度。下面是简化思路:

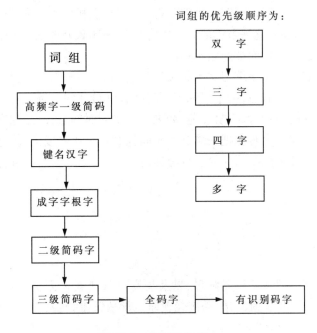

图 12.1 取码优先级

由于五笔字型只有 5 种笔画 3 种字型,且键盘布置将笔画与字型的交叉识别结合起来了,这为简化输入提供了有利条件。

研究一下键盘上 5 种基本笔画的布局,不难看出,若末笔为"一",则在中排左手的基本键位上,平时左手手指就放在这一排。由于字型只能是 1、2、3 种之一,故"一"作末笔的字的识别码键位只能在 G、F 及 D 键上。负责击末笔为"一"的字的识别码键的手指必定是食指或中指,食指负责左右型与上下型,中指负责杂合型,与无名指及小指无关。当要输入末笔为"一"的字的识别码时,思维只须驱动食指或中指即可。这样当要输入识别码时,先判清末笔是什么。如末笔是"一"则驱使左手食指与中指作好准备,再判清字型是什么,若字型是杂合型,动中指击键得识别码 D(末笔为折笔时原理同上)。

下面以输入"连"字为例来说明简化过程。"连"的字根码为 LP,当键入 LP 后,先看清末笔画是什么,为"丨"。因为竖笔画类在中间一排键的右手上,故右手做好准备;再看字型,为杂合型第三类,击下中指,键入识别码 K。

这中间没去进行思考什么笔画代号、字型代号、再组合两个代号的数字代号为识别码代号等抽象思维过程,而只进行看清字根形状、末笔画形状、字型形状及找键位、手指移动、击键等形象思维过程。因为拆字拼形输入的过程本身就是字体形状和键盘空间位置方面的形象思维与动作,整个过程用不着涉及数字如区号、位号及字型号等。

12.4 合理安排练习内容与时间

在学习过程中,采取学习一部分,理解掌握一部分,上机练习一部分的方法。学习中不可性急求快求多,学习哪部分就练习哪部分的内容可加深印象及时巩固理论知识。如果学习中跳跃太大,则会造成混乱,反而欲速则不达。

在上机练习中安排的单字练习文本是按汉字使用频度排列的,在练习中要把那些最常用的字词记熟练透,以达到用最短的学习和练习时间收到最佳的效果。

练习是枯燥泛味的,身心都很易疲劳,如果一次练习时间过长,必定会造成精力不集中,出现击键动作失误的现象。通常应把一次练习时间控制在 1 小时以内,休息 10～15 分钟后再进行下一次练习。连续几天练习后应停止练习休息一下,过一二天后再进行练习。

小 结 12

本章介绍了如何有效地学习与练习,以及提高录入速度的方法。俗话说"熟能生巧",只要能坚持学习,反复应用,不断总结,必定能使录入既快又准,达到"炉火纯青"的地步。

习题 12

12.1 拆分下面常用的 1000 汉字,有简码的字用最简码。

的一是在了不和有大这主中人上为们地个用工时要动国产以我到他会作来分生对于学下级义就年队发成部民可出能方进同行面说各过命度革而多子后自社加小机也经力线本电高量长学得实家定学法表关水理休争现所二起政三好十
战无农使性前等反体合半路图把结第里正新开论之物从当两些还天资事队批如应形想帛心样干都向变关点育重其思与间内去因件日利相由压员气业代全组数果期导平各基或月毛然部比展那它最及外没看治提王解系林者米群头意只
明四道马认次文通但条较克又公孔领军流入接席位情运器并习原油放立题质指建区验活众很教决特此常石强极土少已根共直团统式转别造切九你取西持总料连任志观调么七山程百报更见必真保热委手改管处已将修支识病象儿先老
光专什六型具示复安带每东增则完风回南文劳轮科北打积车计给节做务被整联步类集号列温装即毫轴知研单色坚据速防史拉世设达偿场枳历花受求传口断况采精金界品判参层止边清至万确究书术厂姿态须离再目海交权且儿青才低
越际八试规斯近注办布门铁需走议县虫固除般引齿衙胜细影济白格效推兵空配刀叶率述仿选养德话查差半敌始片施响收华觉备名红续均药标记难存士身测紧液置派准斤角

降维板许破技端消底床田势感往神便圆村构照容非搞亚靡族
火段算适讲按传题美态黄易彪服早班麦削信排台声该击素张密害侯草何树肥继右属市
径严螺检左页抗苏曙苦英快称环移约媚材省镶武境著河帝仅革怎植京助升王眼她抓含
苗副杂普谈围食身源例臻酸旧却充足短划剂宣环落首尺波承粉
践府鱼随考该靠够满夫失包信促板局菌杆周仿岩师举曲春元超负砂封换太模贫减阳扬
江析亩木言球朝医校古呢稻宁听唯输滑站另卫字豉刚写刘良徽略范供阿块某功套友限
项余卷创律寸让骨远帮初皮播优占死毒圈伟委训控激匠叫云
互裂粮跟粒母练塞钢顶策双留误础吸阻故寸盾晚丝女散焊攻株亲院冷彻弹错尼高视艺
来版烈零室轻血倍缺厘泵罕绝富城冲喷壤简否柱要肩盘磁雄似困巩益洲脱卒投奴侧润
盖挥距触星松送获兴独官混纪依未突架宽冬章湿偏纹吃执阀
矿寨责熟稳夺硬价努翻厅甲预职评读背协损棉侵灰虽矛厚罗泥辟告卵箱掌氧恩爱停曾
溶营终纲孟钱待尽饿缩沙退陈讨奋械载胞幼哪剥迫旋片槽倒握担仍呀鲜哪卡粗介钻逐
弱脚怕盐末阴丰编印唏急拿扩伤飞露核缘游振操央伍域其他迅
辉异序锡纸夜乡久隶缸念夹兰映沟乙吗儒杀汽磷艰晶插埃燃欢铣补演咱烧语责倾阵碳
威附牙芽永瓦斜灌欧献顺猪洋腐请透司危括脉宜笑若撬束壮暴企菜穗楚汉愈绿拖牛份
染既秋遍锻玉复疗尖殖井费州访吹荣铜沿替滚客召旱悟刺脑

12.2 根据取码优先级,分捡出下面连续文本中的词组、简码、成字字根和键名。

纪念白求恩

毛泽东

白求恩同志是加拿大共产党员,五十多岁了,为了帮助中国的抗日战争,受加拿大共产党和美国共产党的派遣,不远万里,来到中国。去年春上到延安,后来到五台山工作,不幸以身殉职。一个外国人,毫无利己的动机,把中国人民解放事业当作他自己的事业,这是什么精神?这是国际主义的精神,这是共产主义的精神,每一个中国共产党员都要学习这种精神。列宁主义认为:资本主义国家的无产阶级要拥护殖民地和半殖民地人民的解放斗争,殖民地的半殖民地的无产阶级要拥护资本主义国家的无产阶级的解放斗争,世界革命才能胜利。白求恩同志是实践了这一条列宁主义路线的。我们中国共产党员也要实践这一条路线。我们要和一切资本主义国家的无产阶级联合起来,要和日本的、英国的、美国的、德国的、意大利的以及一切资本主义国家的无产阶级联合起来,才能打倒帝国主义,解放我们的民族和人民,解放世界的民族和人民。这就是我们的国际主义,这就是我们用以反对狭隘民族主义的狭隘爱国主义的国际主义。

白求恩同志毫不利己专门利人的精神,表现在他对工作的极端的负责任,对同志对人民的极端的热忱。每个共产党员都要学习他。不少的人对工作不负责任,拈轻怕重,把重担子推给人家,自己挑轻的。一事当前,先替自己打算,然后再替别人打算。出了一点力就觉得了不起,喜欢自吹,生怕人家不知道。对同志对人民不是满腔热忱,而是冷冷清清,漠不关心,麻木不仁。这种人其实不是共产党员,至少不能算一个纯粹的共产党员。从前线回来的人说到白求恩,没有一个不佩服,没有一个不为他的精神所感动。晋察冀边区的军民,凡亲身受过白求恩医生的治疗和亲眼看过白求恩医生的工作的,无不为之感动。每一个共产党员,一定要学习白求恩的这种真正共产主义者的精神。

白求恩同志是个医生,他以医疗为职业,对技术精益求精;在整个八路军医务系统中,他的医术是很高明的。这对于一班见异思迁的人,对于一班鄙薄技术工作以为不足道、以为无出路的人,也是一个极好的教训。

我和白求恩同志只见过一面,后来他给我来过许多信。可是因为忙,仅回过他一封信,还不知他收到没有。对于他的死,我是很悲痛的。现在大家纪念他,可见他的精神感人之深。我们大家要学习他毫无自私自利之心的精神。从这点出发,就可以变为大有利于人民的人。一个人能力有大小,但只要有这点精神,就是一个高尚的人,一个纯粹的人,一个有道德的人,一个脱离了低级趣味的人,一个有益于人民的人。

上机练习 12

1)上机目的

掌握取码级优先级的划分,能熟练地处理连续文本中字/词的取码顺序。

2)上机说明

这章内容的练习文本都是连续文本,在练习录入时,要严格按教材中所讲的取码优先级进行取码,尽可能使用词组方式;对单字输入时,应用最简码输入。

录入时,要注意综合使用回车键、空格键和退格删除键,注意标点符号的打入方法。录入时,要仔细体会识字与击键输入的关系,形成自己的录入风格。

练习时间的安排要尽可能长,练习强度要加大。如果现有文本已经能熟练录入了,指导老师应根据实际情况另行生成其他文本供上机练习用。

3)操作练习

(1)用随意练习输入下面全角标点符号,直到能熟练正确打入为止。

· ,。、:;《》""''?【 】[ ]〈 〉…々

(2)综合文本对照练习

文本文件名:综合文本.PST

文本全文:

共青团是中国共产党领导的先进青年的群众组织,这是共青团的根本性质。

中国共产党是中国社会主义现代化建设事业的总设计师,是全中国各族人民利益的忠实代表,是建设有中国特色的社会主义现代化的领导核心。党是共青团的组织者和领导者,共青团是党用自己的路线、方针、政策来团结教育全国各族青年的桥梁和纽带。没有党的领导,共青团就不能完成自己的基本任务:以共产主义精神教育青年,帮助青年用马克思列宁主义,毛泽东思想和现代化科学文化知识武装自己,引导青年在社会主义现代化建设和实践中,锻炼成为有理想、有道德、有文化、有组织纪律的共产主义事业的接班人和建设者。党的领导是共青

团各方面工作沿着正确方向进行的根本保证。

共青团是一个非政党群众性组织,但与一般的群众组织有很大的不同,其中最重要的不同点就在于:共青团既有群众性,又具有先进性,是先进性与群众性辩证的统一。

调查表明,4 月份消费者满意指数为 99.4,比 1 月份跌落了 2.5。据统计,4 月份由于食品价格反弹等因素,主要城市物价环比涨幅又有上升。因此,只有 18.7% 的被调查者认为目前是购买家具、电视、冰箱等大件的适当时机,而持相反意见的几乎是前者的两倍,达 33.1%。

最近一个时期以来,政府一直致力于抑制通货膨胀,获得了良好的效果,并得到了消费者的肯定——有 55.2% 的应答者对政府在抑制通货膨胀方面的努力给予积极的评价。但由于惯性的作用,通货膨胀压力并没有大幅减缓,有 84% 的被调查者认为目前的物价水平依然很高。看来,控制物价上涨仍将是今后一个时期中国经济需要面对的重要课题。

不过,总的来说,消费者对当前的收入状况还算满意。有 32% 的消费者认为自己(家庭)的收入较去年同期有一定程度的增长,为给予相反判断的应答者数量的两倍以上。从区域上看,北京、上海两城市认为收入有所增长的消费者的数量相对要多一些。

在上周的美国白宫,又引人注目地发生了一桩枪击事件,而这正是紧跟着发生在白宫发布关闭宾夕法尼亚大道的决定以后。日前的《华盛顿邮报》和《纽约时报》都在头条对这些事件作了报道。

上周奥姆真理教的消息仍占据着日本报纸的主要版面。22 日《每日新闻》报道被捕信徒供认该教会从事了绑架坂本律师一家三口的犯罪行为。24 日《东京新闻》报道,该教会为印证麻原教祖 1995 年战争的预言,曾计划今年 11 月动用直升飞机在东京上空喷撒毒气沙林。

上周俄罗斯最引人注意的是叶利钦总统 23 日否决了俄罗斯国家杜马(议会下院)通过的国家杜马选举法案,建议地方选区和政党分别选出 300 名和 150 名议员,而不是选举法案中规定的各占 225 名。

26 日独联体国家在白俄罗斯首都明斯克举行了首脑会议,通过了延长独联体维和部队在塔吉克斯坦和阿布哈兹驻扎期限的协议。另外,在欧安会的主持下,俄罗斯支持的车臣民族和谐委员会同杜达耶夫部队的代表 26 日在格罗兹尼开始谈判。但是,由于双方分歧严重,和谈当天就宣告破裂,何时恢复尚不得而知。

1990 年过去了,1991 年来到了。我们向全国各族人民祝贺:新年好!

新年前夕,中国共产党召开十三届七中全会,审议并通过了《中共中央关于制定国民经济和社会发展十年规划和"八五"计划的建议》。这个《建议》提出了今后 5～10 年的奋斗目标,勾画了宏伟的建设蓝图,是指引全国各族人民继续前进的纲领性文件。这是对全国人民新的鼓舞,新的激励,新的召唤。

过去的一年,是全党和全国人民在以江泽民同志为核心的党中央领导下,全面贯彻党的基本路线,继续沿着建设有中国特色的社会主义道路胜利前进的一年。我们继续贯彻治理整顿、深化改革的方针,取得了明显成效,工农业生产稳步增长,社会主义经济建设取得了新的成就,"七五"计划的目标已经基本实现。我们继续广泛深入地进行社会主义教育,批判资产阶级自由化;同时,大力加强党的建设,密切党和政府同人民群众的联系,进一步巩固发展中国共产党领导的多党合作和政治协商制度,发展了安定团结的政治局面。我们坚定不移地执行独立自主的和平外交政策,高举和平共处五项原则的旗帜,同周边国家、第三世界国家以及其他许多国家的友好关系有了新的发展,对外开放事业取得了新的进展。我国成功地举办了第 11 届亚运会,增强了同亚洲各国人民的友谊,振奋了全国人民的精神。教育、科技、文化、国防等各项事业都有新的进步。

过去的一年是不平常的一年。我们完全可以自豪地说,90年代第一年,我们干得不错,为实现我国社会主义现代化建设的第二步战略目标,创造了一个良好的开端。这一切是在国际形势发生前所未有的重大变化,外部压力很大的情况下取得的,所以尤其可贵。

1991年,是实现十年规划和"八五"计划的第一年,更加艰巨的任务摆在我们面前。新年伊始,我们就要再接再厉,把各项工作进一步做好。

(3)连续文本对照练习一

文本文件名:连续文本.PST

文本全文:

开创科技发展的新里程
——热烈祝贺全国科技大会开幕

今天,全国科技大会在北京隆重开幕。

这次会议将总结新时期科技事业发展的经验,讨论如何贯彻落实刚刚颁布的《中共中央国务院关于加速科学技术进步的决定》。这是在我国改革开放和社会主义现代化建设发展的关键时刻,党中央、国务院召开的一次重要会议,对于我国科技事业以及整个社会主义现代化事业将产生深远的影响。我们对会议的召开表示热烈的祝贺!

国运兴,带来科技兴;科技兴,促进国运兴。党的十一届三中全会以来,改革开放和社会主义现代化建设蓬勃发展,科技事业突飞猛进。党中央、国务院制定了一系列重大方针政策,对新时期科技发展作出了新战略部署,科技工作发生了历史性的变化。科技体制正在向适应社会主义市场经济体制和科技自身发展规律的新体制转变,科技与经济结合的新机制正在形成。科技工作的战略重点已转向国民经济建设,为促进经济和社会发展、增强综合国力、提高人民生活水平作了突出贡献。科技成果不断涌现,科技队伍不断壮大,科技实力显著增强。现在,我国已初步具备了支撑经济和社会发展、参与国际竞争的科技实力,为加速全社会科技进步奠定了坚实基础。这是广大科技工作者在党和政府的领导和支持下,在人民群众的积极参与下,长期团结奋斗的丰硕成果。我们谨向所有为我国科技事业的发展作出贡献的人们表示崇高的敬意!

在新中国科技事业发展的历史上,有三个重要的里程碑。第一个,是1956年,党中央发出"向科学进军"的伟大号召,并制订了第一个长期的科技发展规划,即《1956年至1967年全国科学技术发展远景规划》,给予广大科技工作者和全国人民以极大的鼓舞,使我国的科学技术实现了第一次跳跃式的发展。第二个,是1978年召开的全国科学大会,在这次会议上,邓小平同志发表重要讲话,提出"科学技术是生产力"和"知识分子是工人阶级的一部分"的重要论断,廓清了"四人帮"散布的迷雾,极大地解放了科技生产力,使我们伟大的祖国迎来科学的春天,科技发展的速度之快为世界所瞩目。第三个,就是最近党中央和国务院颁布的《决定》和这次科技大会,这是以江泽民同志为核心的党中央第三代领导集体,向全党和全国人民发出的攀登科技新高峰的号召书、动员令,它预示着我国的科技事业将有一个新的更大的飞跃。

《中共中央国务院关于加速科学技术进步的决定》,明确提出科教兴国的伟大战略,对今后我国科技事业的发展作出了重要战略部署,是一个振奋人心的纲领性文件。它是建国以来在社会主义制度下大力发展科学技术经验的结晶,是十一届三中全会以来科技工作面向经济建设经验的结晶,是1985年《中共中央关于科技体制改革的决定》颁布以来进行科技体制改革的结晶,是 1988 年邓小平同志提出"科学技术是第一生产力"以来加速发展科学技术经验的结晶。近几年来,我们党确定了"把经济建设真正转移到依靠科技进步和提高劳动者素质的轨道上来"的战略指导思想,相应地调整了社会主义现代化建设的总体布局,我国的科技事业开始走上一个飞速发展的新阶段。现在,党中央、国务院进一步作出《决定》,提出科教兴国的伟大战略,这就把以往所有成功的经验都集中起来,提升到一个新的高度,使之系统化、完整化、纲领化。实践告诉我们,经济建设每前进一步,都呼唤科学技术的进步;经济体制改革每一步深化,都要求科技体制改革的深化。而科学技术的进步,又推动了经济建设的进步;科技体制改革的深化,又促进了经济体制的深化。可以预期,全面落实《决定》,必将实现科技生产力的新解放和大发展,确保我国现代化建设三步走的战略目标顺利实现。

当今世界上国与国之间的竞争,说到底是科技与经济实力的竞争,而经济实力取决于科技发展的水平。在日趋激烈的世界竞争中,要使我们民族永远立于不败之地,就必须极大地提高全民族的科技文化水平,努力加快我国科技事业前进的步伐。各级领导干部肩负着组织、指挥社会主义现代化建设的重任,必须认真领会《决定》的精神,积极学习科技知识,努力增强科技意识。要牢牢树立"科学技术是第一生产力"的观点,用这一观点来观察世界、分析问题、总揽全局、部署工作,让科学技术全方位地渗透、辐射、影响到经济生活和社会生活的所有领域,促进和带动全社会的腾飞。如果说,在当代世界,科学技术已经成为历史发展的火车头,那么,学会驾驶它飞速前进的高超本领,就是今后合格的领导干部的必备素质。

"海阔凭鱼跃,天高任鸟飞。"在中华民族腾飞的广阔舞台上,广大科技工作者大有用武之地。现在,我国已经拥有一支 1 860 万人的科技大军,这是一支实现科技事业大发展的骨干力量。在古代,我国曾经出现过蔡伦、张衡、祖冲之、李时珍等灿若群星的科学家、发明家;在现代,我国也出现了李四光、钱学森、华罗庚、竺可桢等一大批功绩卓著的科学家、发明家,对中国乃至世界科技事业的发展作出了彪炳史册的巨大贡献。今后,在复兴中华民族伟大文明的征程上,我国也一定能够涌现出一批又一批无愧于先人、无愧于今人、无愧于后人的科学家、发明家。这是时代的重托,人民的期望。希望寄托在当代中国科技工作者的身上,希望寄托在中国青年科技工作者的身上。

在 20 世纪与 21 世纪的交接点,摆着一道无形横杆。每个国家、每个民族科学技术水平、经济发展水平将达到一个什么样的高度,不但将决定它在世界格局中的地位,而且将决定它下世纪发展中的命运。时间紧迫,机遇难得。让我们在邓小平同志建设有中国特色社会主义理论的指引和以江泽民同志为核心的党中央领导下,为使我们伟大的祖国以矫健的身姿阔步跨入 21 世纪,更加紧密地团结起来,励精图治,艰苦奋斗!(新华社北京 5 月 25 日电)

(4)连续文本对照练习二

文本全文:

总结人生,人们会发现,不光孩子,世界上所有的人,人人都需要被欣赏,被夸奖,被鼓励。我们做家长的,哪一个不是这样?我们的生活是面向社会的,欣赏和夸奖原本是人类相互理解的最积极的表现。可以想象一下,如果一个足球运动员射中了球门,没人给他喝彩,全世界的观众,无论是球场上的,还是电视机前的,大家都对进球保持沉默,那么,还会有球赛吗?还会有运动员吗?人们正是用掌声、欢呼、鲜花和赞美的语言,表达了对运动员的欣赏、夸奖的鼓励。

总结那些成功的人,可以发现一个规律:即使他们的生活中有再多、再大的挫折,但总有人在欣赏他,夸奖他,鼓励他。很多成功的人可能就因为从小得到了母亲的欣赏和夸奖,才没有葬送掉刚刚萌芽的才华。所以，成功者一个特别的财富，或者说是他的幸运，就是在人生的某些关口，受到了人们更多的、更及时的、更到位的这种积极意义的理解。

当你理解了欣赏、夸奖、鼓励的奥秘，就会发现做家长其实是一个真正简单的事情。有时候你辛辛苦苦做了很多关心、照顾孩子的事情，却对孩子无益，只是一种溺爱，是送给孩子的最坏的礼物。而你对孩子每一点的欣赏、夸奖、鼓励和榜样，都会使孩子终生受益。

从小对孩子不知道实施欣赏和夸奖的家长，是一个失职的家长。如果那一天你没有对孩子表现出一次欣赏和夸奖，你作为家长在这一天内就是失职。当你对孩子的每一点、每一个方面值得肯定的东西都那么欣赏，都善于夸奖，在必要的时候给予鼓励，孩子没有发展不好的。欣赏、夸奖能使孩子认识自己的能力，产生学习的兴趣，提高学习的积极性，这是学习的内在动力。有了这种内在的动力，孩子不用你督促就会自觉地去学习。而在道德、心理素质方面，欣赏与夸奖可以强化孩子的好行为、好品质，达到事半功倍的效果。

当孩子遇到挫折的时候，没有达到最佳状态的时候，欣赏和夸奖就应转化为鼓励。对孩子说，你明天会做得更好的。鼓励在本质上就是对他明天的欣赏和夸奖，是对他欣赏和夸奖的一种预支的方式。

欣赏、夸奖孩子有两个原则。第一个原则是该夸的、该欣赏的，要夸奖，要欣赏；不该夸奖的，不该欣赏的，不要欣赏，不要夸奖。欣赏和夸奖一定要是真心的、具体的、到位的，比如这个字写得好，这幅画画得好，这道数学题解得好，等等。

第二个原则是要制造孩子被欣赏、被夸奖的机会。有的家长说，我的孩子现在没有什么可让我欣赏和夸奖的地方怎么办？比如孩子不爱学习，总不能欣赏和夸奖吧？但只要你注意，他总会有一点点表现还是爱学习的。他可能不喜欢数学，可是他今天做出了一道难题，虽然这对他来说可能是非常偶然的事情，你却要赶紧捕捉住，表扬他。又比如你的孩子从小娇生惯养，不爱家务劳动，不关心家人。现在你想改变他，就要制造一个理由，比如你说，奶奶今天身体不太好，你帮着洗碗吧。他可能嘟嘟囔囔不太情愿，可还是洗了。洗了，你就该欣赏和夸奖他。特别是家里来了客人，你要当着客人的面说，我的孩子爱劳动，关心大人。孩子听了会被感动，因为他从来没有听到过这种夸奖，他可能在兴奋之余还稍有惭愧，他以后会向这个方向努力。（选自《全才家教方案》）

附　录

附录 1　图形符号的国标区位码表

在下表中的图形符号可用国标区位码输入法输入，如要输入符号"⊙"，则应在国标区位码输入法下打入 0149 方可得到。

第 1 区　特殊符号

	0	1	2	3	4	5	6	7	8	9
010			、	。	·	‐	ˇ	¨	〃	々
011	—	～	‖	…	'	'	"	"	〔	〕
012	〈	〉	《	》	「	」	『	』	〖	〗
013	【	】	±	×	÷	∶	∧	∨	∑	∏
014	∪	∩	∈	∷	√	⊥	∥	∠	⌒	⊙
015	∫	∮	≡	≌	≈	∽	∝	≠	≮	≯
016	≤	≥	∞	∵	∴	♂	♀	°	′	″
017	℃	＄	¤	¢	£	‰	§	№	☆	★
018	○	●	◎	◇	◆	□	■	△	▲	※
019	→	←	↑	↓	＝					

第 2 区　数字符号

	0	1	2	3	4	5	6	7	8	9
020										
021								1.	2.	3.
022	4.	5.	6.	7.	8.	9.	10.	11.	12.	13.
023	14.	15.	16.	17.	18.	19.	20.	(1)	(2)	(3)
024	(4)	(5)	(6)	(7)	(8)	(9)	(10)	(11)	(12)	(13)
025	(14)	(15)	(16)	(17)	(18)	(19)	(20)	①	②	③
026	④	⑤	⑥	⑦	⑧	⑨	⑩			(一)
027	(二)	(三)	(四)	(五)	(六)	(七)	(八)	(九)	(十)	
028		Ⅰ	Ⅱ	Ⅲ	Ⅳ	Ⅴ	Ⅵ	Ⅶ	Ⅷ	Ⅸ
029	Ⅹ	Ⅺ	Ⅻ							

第 3 区　键盘符号

	0	1	2	3	4	5	6	7	8	9
030		！	＂	＃	￥	％	＆	＇	（	）
031	＊	＋	，	－	．	／	０	１	２	３
032	４	５	６	７	８	９	：	；	＜	＝
033	＞	？	＠	Ａ	Ｂ	Ｃ	Ｄ	Ｅ	Ｆ	Ｇ
034	Ｈ	Ｉ	Ｊ	Ｋ	Ｌ	Ｍ	Ｎ	Ｏ	Ｐ	Ｑ
035	Ｒ	Ｓ	Ｔ	Ｕ	Ｖ	Ｗ	Ｘ	Ｙ	Ｚ	［
036	＼	］	＾	＿	｀	ａ	ｂ	ｃ	ｄ	ｅ
037	ｆ	ｇ	ｈ	ｉ	ｊ	ｋ	ｌ	ｍ	ｎ	ｏ
038	ｐ	ｑ	ｒ	ｓ	ｔ	ｕ	ｖ	ｗ	ｘ	ｙ
039	ｚ	｛	｜	｝	￣					

第 4 区　日语平假名

	0	1	2	3	4	5	6	7	8	9
040		あ	ぁ	い	ぃ	う	ぅ	え	ぇ	お
041	ぉ	か	が	き	ぎ	く	ぐ	け	げ	こ
042	ご	さ	ざ	し	じ	す	ず	せ	ぜ	そ
043	ぞ	た	だ	ち	ぢ	っ	つ	づ	て	で
044	と	ど	な	に	ぬ	ね	の	は	ば	ぱ
045	ひ	び	ぴ	ふ	ぶ	ぷ	へ	べ	ぺ	ほ
046	ぼ	ぱ	ま	み	む	め	も	や	ゃ	ゆ
047	ゅ	よ	ょ	ら	り	る	れ	ろ	わ	ゎ
048	ゐ	ゑ	を	ん						
049										

第5区　日语片假名

	0	1	2	3	4	5	6	7	8	9
050		ァ	ア	ィ	イ	ゥ	ウ	ェ	エ	ォ
051	オ	カ	ガ	キ	ギ	ク	グ	ケ	ゲ	コ
052	ゴ	サ	ザ	シ	ジ	ス	ズ	セ	ゼ	ソ
053	ゾ	タ	ダ	チ	ヂ	ッ	ツ	ヅ	テ	デ
054	ト	ド	ナ	ニ	ヌ	ネ	ノ	ハ	バ	パ
055	ヒ	ビ	ピ	フ	ブ	プ	ヘ	ベ	ペ	ホ
056	ボ	ポ	マ	ミ	ム	メ	モ	ャ	ヤ	ュ
057	ュ	ヨ	ョ	ラ	リ	ル	レ	ロ	ヮ	ワ
058	ヰ	ヱ	ヲ	ン	ヴ	ヵ	ヶ			
059										

第6区　希腊语符号

	0	1	2	3	4	5	6	7	8	9
060		Α	Β	Γ	Δ	Ε	Ζ	Η	Θ	Ι
061	Κ	Λ	Μ	Ν	Ξ	Ο	Π	Ρ	Σ	Τ
062	Υ	Φ	Χ	Ψ	Ω					
063				α	β	γ	δ	ε	ζ	η
064	θ	ι	κ	λ	μ	ν	ξ	ο	π	ρ
065	σ	τ	υ	φ	χ	ψ	ω			
066										
067										
068										
069										

第7区　俄语符号

	0	1	2	3	4	5	6	7	8	9
070		А	Б	В	Г	Д	Е	Ё	Ж	З
071	И	Й	К	Л	М	Н	О	П	Р	С
072	Т	У	Х	Ф	Ц	Ч	Ш	Щ	Ъ	Ы
073	Ь	Э	Ю	Я						
074										а
075	б	в	г	д	е	ё	ж	з	и	й
076	к	л	м	н	о	п	р	с	т	у
077	ф	х	ц	ч	ш	щ	ъ	ы	ь	э
078	ю	я								

第8区　拼音符号

	0	1	2	3	4	5	6	7	8	9
080		ā	á	ǎ	à	ē	é	ě	è	ī
081	í	ǐ	ì	ō	ó	ǒ	ò	ū	ú	ǔ
082	ù	ǖ	ǘ	ǚ	ǜ	ü	ê			
083								ㄅ	ㄆ	ㄇ
084	ㄈ	ㄉ	ㄊ	ㄋ	ㄌ	ㄍ	ㄎ	ㄏ	ㄐ	ㄑ
085	ㄒ	ㄓ	ㄔ	ㄕ	ㄖ	ㄗ	ㄘ	ㄙ	ㄚ	ㄛ
086	ㄜ	ㄝ	ㄞ	ㄟ	ㄠ	ㄡ	ㄢ	ㄣ	ㄤ	ㄥ
087	ㄦ	ㄧ	ㄨ	ㄩ						
088										
089										

第9区　制表符号

	0	1	2	3	4	5	6	7	8	9
090					─	━	│	┃	┄	┅
091	┆	┇	┈	┉	┊	┋	┌	┍	┎	┏
092	┐	┑	┒	┓	└	┕	┖	┗	┘	┙
093	┚	┛	├	┝	┞	┟	┠	┡	┢	┣
094	┤	┥	┦	┧	┨	┩	┪	┫	┬	┭
095	┮	┯	┰	┱	┲	┳	┴	┵	┶	┷
096	┸	┹	┺	┻	┼	┽	┾	┿	╀	╁
097	╂	╃	╄	╅	╆	╇	╈	╉		╋
098										
099										

附录 2　全部汉字编码本

（共计汉字 6 763 个）

1. 国标一级汉字（共计 3 755 个。按汉语拼音顺序排列）

字	码	字	码	字	码	字	码	字	码	字	码	字	码
啊	KBSK	芭	ACB	伴	WUFH	悲	DJDN	庇	YXXV	摈	RPRW	步	HIR
阿	BSKG	捌	RKLJ	瓣	URCU	卑	RTFJ	痹	ULGJ	兵	RGWU	簿	TIGF
埃	FCTD	扒	RWY	半	UFK	北	UXN	闭	UFTE	冰	UIY	部	UKBH
挨	RCTD	叭	KWY	办	LWI	辈	DJDL	敝	UMIT	柄	SGMW	怖	NDMH
哎	KAQY	吧	KCN	绊	XUFH	背	UXEF	弊	UMIA	丙	GMWI	擦	RPWI
唉	KCTD	笆	TCB	邦	DTBH	贝	MHNY	必	NTE	秉	TGVI	猜	QTGE
哀	YEU	八	WTY	帮	DTBH	钡	QMY	辟	NKUH	饼	QNUA	裁	FAYE
皑	RMNN	疤	UCV	梆	SDTB	倍	WUK	壁	NKUF	炳	OGMW	材	SFTT
癌	UKKM	巴	CNHN	榜	SUPY	狈	QTMY	臂	NKUE	病	UGMW	才	FTE
蔼	AYJN	拔	RDCY	膀	EUPY	备	TLF	避	NKUP	并	UAJ	财	MFTT
矮	TDTV	跋	KHDC	绑	XDTB	惫	TLNU	陛	BXXF	玻	GHCY	睬	HESY
艾	AQU	靶	AFCN	棒	SDWH	焙	OUKG	鞭	AFWQ	菠	AIHC	踩	KHES
碍	DJGF	把	RCN	磅	DUPY	被	PUHC	边	LPV	播	RTOL	采	ESU
爱	EPDC	耙	DICN	蚌	JDHH	奔	DFAJ	编	XYNA	拨	RNTY	彩	ESET
隘	BUWL	坝	FMY	镑	QUPY	苯	ASGF	贬	MTPY	钵	QSGG	菜	AESU
鞍	AFPV	霸	FAFE	傍	WUPY	本	SGD	扁	YNMA	波	IHCY	蔡	AWFI
氨	RNPV	罢	LFCU	谤	YUPY	笨	TSGF	便	WGJQ	博	FGEF	餐	HQCE
安	PVF	爸	WQCB	苞	AQNB	崩	MEEF	变	YOCU	勃	FPBL	参	CDER
俺	WDJN	白	RRRR	胞	EQNN	绷	XEEG	卞	YHI	搏	RGEF	蚕	GDJU
按	RPVG	柏	SRG	包	QNV	甭	GIEJ	辨	UYTU	铂	QRG	残	GQGT
暗	JUJG	百	DJF	褒	YWKE	泵	DIU	辩	UYUH	箔	TIRF	惭	NLRH
岸	MDFJ	摆	RLFC	剥	VIJH	蹦	KHME	辫	UXUH	伯	WRG	惨	NCDE
胺	EPVG	佰	WDJG	薄	AIGF	迸	UAPK	遍	YNMP	帛	RMHJ	灿	OMH
案	PVSU	败	MTY	雹	FQNB	逼	GKLP	标	SFIY	舶	TERG	苍	AWBB
肮	EYMN	拜	RDFH	保	WKSY	鼻	THLJ	彪	HAME	脖	EFPB	舱	TEWB
昂	JQBJ	稗	TRTF	堡	WKSF	比	XXN	膘	ESFI	膊	EGEF	仓	WBB
盎	MDLF	斑	GYGG	饱	QNQN	鄙	KFLB	表	GEU	渤	IFPL	沧	IWBN
凹	MMGD	班	GYTG	宝	PGYU	笔	TTFN	鳖	UMIG	泊	IRG	藏	ADNT
敖	GQTY	搬	RTEC	抱	RQNN	彼	THCY	憋	UMIN	驳	CQQY	操	RKKS
熬	GQTO	扳	RRCY	报	RBCY	碧	GRDF	别	KLJH	捕	RGEY	糙	OTFP
翱	RDFN	般	TEMC	暴	JAWI	蓖	ATLX	瘪	UTHX	卜	HHY	槽	SGMJ
袄	PUTD	颁	WVDM	豹	EEQY	蔽	AUMT	彬	SSET	哺	KGEY	曹	GMAJ
傲	WGQT	板	SRCY	鲍	QGQN	毕	XXFJ	斌	YGAH	补	PUHY	草	AJJ
奥	TMOD	版	THGC	爆	OJAI	毙	XXGX	濒	IHIM	埠	FWNF	厕	DMJK
懊	NTMD	扮	RWVN	杯	SGIY	毖	XXNT	滨	IPRW	不	GII	策	TGMI
澳	ITMD	拌	RUFH	碑	DRTF	币	TMHK	宾	PRGW	布	DMHJ	侧	WMJH

册 MMGD	钞 QITT	迟 NYPI	处 THI	囱 TLQI	袋 WAYE
测 IMJH	朝 FJEG	弛 XBN	揣 RMDJ	匆 QRYI	待 TFFY / 凳 WGKM
层 NFCI	嘲 KFJE	驰 CBN	川 KTHH	从 WWY	逮 VIPI / 邓 CBH
蹭 KHUJ	潮 IFJE	耻 BHG	穿 PWAT	丛 WWGF	怠 CKNU / 堤 FJGH
插 RTFV	巢 VJSU	齿 HWBJ	椽 SXEY	凑 UDWD	眈 BPQN / 低 WQAY
叉 CYI	吵 KITT	侈 WQQY	传 WFNY	粗 OEGG	担 RJGG / 滴 IUMD
苴 ADHF	炒 OITT	尺 NYI	船 TEMK	醋 SGAJ	丹 MYD / 迪 MPD
茶 AWSU	车 LGNH	赤 FOU	喘 KMDJ	簇 TYTD	单 UJFJ / 敌 TDTY
查 SJGF	扯 RHG	翅 FCND	串 KKHK	促 WKHY	郸 UJFB / 笛 TMF
碴 DSJG	撤 RYCT	斥 RYI	疮 UWBV	蹿 KHPH	掸 RUJF / 狄 QTOY
搽 RAWS	掣 RMHR	炽 OKWY	窗 PWTQ	篡 THDC	胆 EJGG / 涤 ITSY
察 PWFI	彻 TAVN	充 YCQB	幢 MHUF	窜 PWKH	旦 JGF / 翟 NWYF
岔 WVMJ	澈 IYCT	冲 UKHH	床 YSI	摧 RMWY	氮 RNOO / 嫡 VUMD
差 UDAF	郴 SSBH	虫 JHNY	闯 UCD	崔 MWYF	但 WJGG / 抵 RQAY
诧 YPTA	臣 DHNH	崇 MPFI	创 WBJH	催 WMWY	惮 NUJF / 底 YQAY
拆 RRYY	辰 DFEI	宠 PDXB	吹 KQWY	脆 EQDB	淡 IOOY / 地 FBN
柴 HXSU	尘 IFE	抽 RMG	炊 OQWY	瘁 UYWF	诞 YTHP / 蒂 AUPH
豺 EEFT	晨 JDFE	酬 SGYH	捶 RTGF	粹 OYWF	弹 XUJF / 第 TXHT
搀 RQKU	忱 NPQN	畴 LDTF	锤 QTGF	淬 IYWF	蛋 NHJU / 帝 UPMH
掺 RCDE	沉 IPMN	踌 KHDF	垂 TGAF	翠 NYWF	当 IVF / 弟 UXHT
蝉 JUJF	陈 BAIY	稠 TMFK	春 DWJF	村 SFY	挡 RIVG / 递 UXHP
馋 QNQU	趁 FHWE	愁 TONU	椿 SDWJ	存 DHBD	党 IPKQ / 缔 XUPH
谗 YQKU	衬 PUFY	筹 TDTF	醇 SGYB	寸 FGHY	荡 AINR / 颠 FHWM
缠 XYJF	撑 RIPR	仇 WVN	唇 DFEK	磋 DUDA	档 SIVG / 掂 RYHK
铲 QUTT	称 TQIY	绸 XMFK	淳 IYBG	撮 RJBC	刀 VNT / 滇 IFHW
产 UTE	城 FDNT	瞅 HTOY	纯 XGBN	搓 RUDA	捣 RQYM / 碘 DMAW
阐 UUJF	橙 SWGU	丑 NFD	蠢 DWJJ	措 RAJG	蹈 KHEV / 点 HKOU
颤 YLKM	成 DNNT	臭 THDU	戳 NWYA	挫 RWWF	倒 WGCJ / 典 MAWU
昌 JJF	呈 KGF	初 PUVN	绰 XHJH	错 QAJG	岛 QYNM / 靛 GEPH
猖 QTJJ	乘 TUXV	出 BMK	疵 UHXV	搭 RAWK	祷 PYDF / 垫 RVYF
场 FNRT	程 TKGG	橱 SDGF	茨 AUQW	达 DPI	导 NFU / 电 JNV
尝 IPFC	惩 TGHN	厨 DGKF	磁 DUXX	答 TWGK	到 GCFJ / 佃 WLG
常 IPKH	澄 IWGU	踏 KHAJ	雌 HXWY	瘩 UAWK	稻 TEVG / 甸 QLD
长 TAYI	诚 YDNT	锄 QEGL	辞 TDUH	打 RSH	悼 NHJH / 店 YHKD
偿 WIPC	承 BDII	雏 QVWY	慈 UXXN	大 DDDD	道 UTHP / 惦 NYHK
肠 ENRT	逞 KGPD	滁 IBWT	瓷 UQWN	呆 KSU	盗 UQWL / 奠 USGD
厂 DGT	骋 CMGN	除 BWTY	词 YNGK	歹 GQI	德 TFLN / 淀 IPGH
敞 IMKT	秤 TGUH	楚 SSNH	此 HXN	傣 WDWI	得 TJGF / 殿 NAWC
畅 JHNR	吃 KTNN	础 DBMH	刺 GMIJ	戴 FALW	的 RQYY / 碉 DMFK
唱 KJJG	痴 UTDK	储 WYFJ	赐 MJQR	带 GKPH	蹬 KHWU / 叼 KNGG
倡 WJJG	持 RFFY	蠹 FHFH	次 UQWY	殆 GQCK	灯 OSH / 雕 MFKY
超 FHVK	匙 JGHX	搐 RYXL	聪 BUKN	代 WAY	登 WGKU / 凋 UMFK
抄 RITT	池 IBN	触 QEJY	葱 AQRN	贷 WAMU	等 TFFU / 刁 NGD

掉 RHJH	读 YFND	鹅 TRNG	饭 QNRC	蜂 JTDH	副 GKLJ	杠 SAG
吊 KMHJ	堵 FFTJ	俄 WTRT	泛 ITPY	峰 MTDH	覆 STTT	篙 TYMK
钓 QQYY	睹 HFTJ	额 PTKM	坊 FYN	锋 QTDH	赋 MGAH	皋 RDFJ
调 YMFK	赌 MFTJ	讹 YWXN	芳 AYB	风 MQI	复 TJTU	高 YMKF
跌 KHRW	杜 SFG	娥 VTRT	方 YYGN	疯 UMQI	傅 WGEF	膏 YPKE
爹 WQQQ	镀 QYAC	恶 GOGN	肪 EYN	烽 OTDH	付 WFY	羔 UGOU
碟 DANS	肚 EFG	厄 DBV	房 YNYV	逢 TDHP	阜 WNNF	糕 OUGO
蝶 JANS	度 YACI	扼 RDBN	防 BYN	冯 UCG	父 WQU	搞 RYMK
迭 RWPI	渡 IYAC	遏 JQWP	妨 VYN	缝 XTDP	腹 ETJT	镐 QYMK
谍 YANS	妒 VYNT	鄂 KKFB	仿 WYN	讽 YMQY	负 QMU	稿 TYMK
叠 CCCG	端 UMDJ	饿 QNTT	访 YYN	奉 DWFH	富 PGKL	告 TFKF
丁 SGH	短 TDGU	恩 LDNU	放 YTY	凤 MCI	讣 YHY	哥 SKSK
盯 HSH	锻 QWDC	而 DMJJ	菲 ADJD	佛 WXJH	附 BWFY	歌 SKSW
叮 KSH	段 WDMC	儿 QTN	非 DJDD	否 GIKF	妇 VVG	搁 RUTK
钉 QSH	断 ONRH	耳 BGHG	啡 KDJD	夫 FWI	缚 XGEF	戈 AGNT
顶 SDMY	缎 XWDC	尔 QIU	飞 NUI	敷 GEHT	咐 KWFY	鸽 WGKG
鼎 HNDN	堆 FWYG	饵 QNBG	肥 ECN	肤 EFWY	噶 KAJN	胳 ETKG
锭 QPGH	兑 UKQB	洱 IBG	匪 ADJD	孵 QYTB	嘎 KDHA	疙 UTNV
定 PGHU	队 BWY	二 FGG	诽 YDJD	扶 RFWY	该 YYNW	割 PDHJ
订 YSH	对 CFY	贰 AFMI	吠 KDY	拂 RXJH	改 NTY	革 AFJ
丢 TFCU	墩 FYBT	发 NTCY	肺 EGMH	辐 LGKL	概 SVCQ	葛 AJQN
东 AII	吨 KGBN	罚 LYJJ	废 YNTY	幅 MHGL	钙 QGHN	格 STKG
冬 TUU	蹲 KHUF	筏 TWAR	沸 IXJH	氟 RNXJ	盖 UGLF	蛤 JWGK
董 ATGF	敦 YBTY	伐 WAT	费 XJMU	符 TWFU	溉 IVCQ	阁 UTKD
懂 NATF	顿 GBNM	乏 TPI	芬 AWVB	伏 WDY	干 FGGH	隔 BGKH
动 FCLN	囤 LGBN	阀 UWAE	酚 SGWV	俘 WEBG	甘 AFD	铬 QTKG
栋 SAIY	钝 QGBN	法 IFCY	吩 KWVN	服 EBCY	杆 SFH	个 WHJ
侗 WMGK	盾 RFHD	珐 GFCY	氛 RNWV	浮 IEBG	柑 SAFG	各 TKF
恫 NMGK	遁 RFHP	藩 AITL	分 WVB	涪 IUKG	竿 TFJ	给 XWGK
冻 UAIY	掇 RCCC	帆 MHMY	纷 XWVN	福 PYGL	肝 EFH	根 SVEY
洞 IMGK	哆 KQQY	番 TOLF	坟 FYY	袱 PUWD	赶 FHFK	跟 KHVE
兜 QRNQ	多 QQU	翻 TOLN	焚 SSOU	弗 XJK	感 DGKN	耕 DIFJ
抖 RUFH	夺 DFU	樊 SQQD	汾 IWVN	甫 GEHY	秆 TFH	更 GJQI
斗 UFK	垛 FMSY	矾 DMYY	粉 OWVN	抚 RFQN	敢 NBTY	庚 YVWI
陡 BFHY	躲 TMDS	钒 QMYY	奋 DLF	辅 LGEY	赣 UJTM	羹 UGOD
豆 GKUF	朵 NSU	繁 TXGI	份 WWVN	俯 WYWF	冈 MQI	埂 FGJQ
逗 GKUP	跺 KHMS	凡 MYI	忿 WVNU	釜 WQFU	刚 MQJH	耿 BOY
痘 UGKU	舵 TEPX	烦 ODMY	愤 NFAM	斧 WQRJ	钢 QMQY	梗 SGJQ
都 FTJB	剁 MSJH	反 RCI	粪 OAWU	脯 EGEY	缸 RMAG	工 AAAA
督 HICH	惰 NDAE	返 RCPI	丰 DHK	脐 EYWF	肛 EAG	攻 ATY
毒 GXGU	堕 BDEF	范 AIBB	封 FFFY	府 YWFI	纲 XMQY	功 ALN
犊 TRFD	蛾 JTRT	贩 MRCY	枫 SMQY	腐 YWFW	岗 MMQU	恭 AWNU
独 QTJY	峨 MTRT	犯 QTBN		赴 FHHI	港 IAWN	龚 DXAW

供 WAWY	乖 TFUX	骸 MEYW	禾 TTTT	瑚 GDEG	荒 AYNQ	伏 WOY
躬 TMDX	拐 RKLN	孩 BYNW	和 TKG	壶 FPOG	慌 NAYQ	火 OOOO
公 WCU	怪 NCFG	海 ITXU	何 WSKG	葫 ADEF	黄 AMWU	获 AQTD
宫 PKKF	棺 SPNN	氦 RNYW	合 WGKF	胡 DEG	磺 DAMW	或 AKGD
弓 XNGN	关 UDU	亥 YNTW	盒 WGKL	蝴 JDEG	蝗 JRGG	惑 AKGN
巩 AMYY	官 PNHN	害 PDHK	貉 EETK	狐 QTRY	簧 TAMW	霍 FWYF
汞 AIU	冠 PFQF	骇 CYNW	阂 UYNW	糊 ODEG	皇 RGF	货 WXMU
拱 RAWY	观 CMQN	酣 SGAF	河 ISKG	湖 IDEG	凰 MRGD	祸 PYKW
贡 AMU	管 TPNN	憨 NBTN	涸 ILDG	弧 XRCY	惶 NRGG	击 FMK
共 AWU	馆 QNPN	邯 AFBH	赫 FOFO	虎 HAMV	煌 ORGG	圾 FEYY
钩 QQCY	罐 RMAY	韩 FJFH	褐 PUJN	唬 KHAM	晃 JIQB	基 ADWF
勾 QCI	惯 NXFM	含 WYNK	鹤 PWYG	护 RYNT	幌 MHJQ	机 SMN
沟 IQCY	灌 IAKY	涵 IBIB	贺 LKMU	互 GXGD	恍 NIQN	畸 LDSK
苟 AQKF	贯 XFMU	寒 PFJU	嘿 KLFO	沪 IYNT	谎 YAYQ	稽 TDNJ
狗 QTQK	光 IQB	函 BIBK	黑 LFOU	户 YNE	灰 DOU	积 TKWY
垢 FRGK	广 YYGT	喊 KDGT	痕 UVEI	花 AWXB	挥 RPLH	箕 TADW
构 SQCY	逛 QTGP	罕 PWFJ	很 TVEY	哗 KWXF	辉 IQPL	肌 EMN
购 MQCY	瑰 GRQC	翰 FJWN	狠 QTVE	华 WXFJ	徽 TMGT	饥 QNMN
够 QKQQ	规 FWMQ	撼 RDGN	恨 NVEY	猾 QTME	恢 NDOY	迹 YOPI
辜 DUJ	圭 FFF	捍 RJFH	哼 KYBH	滑 IMEG	蛔 JLKG	激 IRYT
菇 AVDF	硅 DFFG	旱 JFJ	亨 YBJ	画 GLBJ	回 LKD	讥 YMN
咕 KDG	归 JVG	憾 NDGN	横 SAMW	划 AJH	毁 VAMC	鸡 CQYG
箍 TRAH	龟 QJNB	悍 NJFH	衡 TQDH	化 WXN	悔 NTXU	姬 VAHH
估 WDG	闺 UFFD	焊 OJFH	恒 NGJG	话 YTDG	慧 DHDN	绩 XGMY
沽 IDG	轨 LVN	汗 IFH	轰 LCCU	槐 SRQC	卉 FAJ	缉 XKBG
孤 BRCY	鬼 RQCI	汉 ICY	哄 KAWY	徊 TLKG	惠 GJHN	吉 FKF
姑 VDG	诡 YQDB	夯 DLB	烘 OAWY	怀 NGIY	晦 JTXU	极 SEYY
鼓 FKUC	癸 WGDU	杭 SYMN	虹 JAG	淮 IWYG	贿 MDEG	棘 GMII
古 DGHG	桂 SFFG	航 TEYM	鸿 IAQG	坏 FGIY	秽 TMQY	辑 LKBG
蛊 JLF	柜 SANG	壕 FYPE	洪 IAWY	欢 CQWY	会 WFCU	籍 TDIJ
骨 MEF	跪 KHQB	嚎 KYPE	宏 PDCU	环 GGIY	烩 OWFC	集 WYSU
谷 WWKF	贵 KHGM	豪 YPEU	弘 XCY	桓 SGJG	汇 IAN	及 EYI
股 EMCY	刽 WFCJ	毫 YPTN	红 XAG	还 GIPI	讳 YFNH	急 QVNU
故 DTY	辊 LJXX	郝 FOBH	喉 KWND	缓 XEFC	海 YTXU	疾 UTDI
顾 DBDM	滚 IUCE	好 VBG	侯 WNTD	换 RQMD	绘 XWFC	汲 IEYY
固 LDD	棍 SJXX	耗 DITN	猴 QTWD	患 KKHN	荤 APLJ	即 VCBH
雇 YNWY	锅 QKMW	号 KGNB	吼 KBNN	唤 KQMD	昏 QAJF	嫉 VUTD
刮 TDJH	郭 YBBH	浩 ITFK	厚 DJBD	痪 UQMD	婚 VQAJ	级 XEYY
瓜 RCYI	国 LGYI	呵 KSKG	候 WHND	豢 UDEU	魂 FCRC	挤 RYJH
剐 KMWJ	果 JSI	喝 KJQN	后 RGKD	焕 OQMD	浑 IPLH	几 MTN
寡 PDEV	裹 YJSE	荷 AWSK	呼 KTUH	涣 IQMD	混 IJXX	脊 IWEF
挂 RFFG	过 FPI	菏 AISK	乎 TUHK	宦 PAHH	豁 PDHK	己 NNGN
褂 PUFH	哈 KWGK	核 SYNW	忽 QRNU	幻 XNN	活 ITDG	蓟 AQGJ

技 RFCY	肩 YNED	酱 UQSG	竭 UJQN	粳 OGJQ	咀 KEGG	郡 VTKB

技 RFCY　肩 YNED　酱 UQSG　竭 UJQN　粳 OGJQ　咀 KEGG　郡 VTKB
冀 UXLW　艰 CVEY　降 BTAH　洁 IFKG　经 XCAG　矩 TDAN　骏 CCWT
季 TBF　奸 VFH　蕉 AWYO　结 XFKG　井 FJK　举 IWFH　喀 KPTK
伎 WFCY　缄 XDGT　椒 SHIC　解 QEVH　警 AQKY　沮 IEGG　咖 KLKG
祭 WFIU　茧 AJU　礁 DWYO　姐 VEGG　景 JYIU　聚 BCTI　卡 HHU
剂 YJJH　检 SWGI　焦 WYOU　戒 AAK　颈 CADM　拒 RANG　咯 KTKG
悸 NTBG　柬 GLII　胶 EUQY　藉 ADIJ　静 GEQH　据 RNDG　开 GAK
济 IYJH　碱 DDGT　交 UQU　芥 AWJJ　境 FUJQ　巨 AND　揩 RXXR
寄 PDSK　硷 DWGI　郊 UQBH　界 LWJJ　敬 AQKT　具 HWU　楷 SXXR
寂 PHIC　拣 RANW　浇 IATQ　借 WAJG　镜 QUJQ　距 KHAN　凯 MNMN
计 YFH　捡 RWGI　骄 CTDJ　介 WJJ　径 TCAG　踞 KHND　慨 NVCQ
记 YNN　简 TUJF　娇 VTDJ　疥 UWJK　疼 UCAD　锯 QNDG　刊 FJH
既 VCAQ　俭 WWGI　嚼 KELF　诫 YAAH　靖 UGEG　俱 WHWY　堪 FADN
忌 NNU　剪 UEJV　搅 RIPQ　届 NMD　竟 UJQB　句 QKD　勘 ADWL
际 BFIY　减 UDGT　铰 QUQY　巾 MHK　竞 UKQB　惧 NHWY　坎 FQWY
妓 VFCY　荐 ADHB　矫 TDTJ　筋 TELB　净 UQVH　炬 OANG　砍 DQWY
继 XONN　槛 SJTL　侥 WATQ　斤 RTTH　炯 OMKG　剧 NDJH　看 RHF
纪 XNN　鉴 JTYQ　脚 EFCB　金 QQQQ　窘 PWVK　捐 RKEG　康 YVII
嘉 FKUK　践 KHGT　狡 QTUQ　今 WYNB　揪 RTOY　鹃 KEQG　慷 NYVI
枷 SLKG　贱 MGT　角 QEJ　津 IVFH　究 PWVB　娟 VKEG　糠 OYVI
夹 GUWI　见 MQB　饺 QNUQ　襟 PUSI　纠 XNHH　倦 WUDB　扛 RAG
佳 WFFG　键 QVFP　缴 XRYT　紧 JCXI　玖 GQYY　眷 UDHF　抗 RYMN
家 PEU　箭 TUEJ　绞 XUQY　锦 QRMH　韭 DJDG　卷 UDBB　亢 YMB
加 LKG　件 WRHH　剿 VJSJ　仅 WCY　久 QYI　绢 XKEG　炕 OYMN
荚 AGUW　健 WVFP　教 FTBT　谨 YAKG　灸 QYOU　撅 RDUW　考 FTGN
颊 GUWM　舰 TEMQ　醮 SGFB　进 FJPK　九 VTN　攫 RHHC　拷 RFTN
贾 SMU　剑 WGIJ　轿 LTDJ　靳 AFRH　酒 ISGG　抉 RNWY　烤 OFTN
甲 LHNH　饯 QNGT　较 LUQY　晋 GOGJ　厩 DVCQ　掘 RNBM　靠 TFKD
钾 QLH　渐 ILRH　叫 KNHH　禁 SSFI　救 FIYT　倔 WNBM　坷 FSKG
假 WNHC　溅 IMGT　窖 PWTK　近 RPK　旧 HJG　爵 ELVF　苛 ASKF
稼 TPEY　涧 IUJG　揭 RJQN　烬 ONYU　臼 VTHG　觉 IPMQ　柯 SSKG
价 WWJH　建 VFHP　接 RUVG　浸 IVPC　舅 VLLB　决 UNWY　棵 SJSY
架 LKSU　僵 WGLG　皆 XXRF　尽 NYUU　咎 THKF　诀 YNWY　磕 DFCL
驾 LKCF　姜 UGVF　秸 TFKG　劲 CALN　就 YIDN　绝 XQCN　颗 JSDM
嫁 VPEY　将 UQFY　街 TFFH　荆 AGAJ　疾 UQYI　均 FQUG　科 TUFH
歼 GQTF　浆 UQIU　阶 BWJH　兢 DQDQ　茎 ACAF　鞠 AFQO　菌 ALTU　壳 FPMB
监 JTYL　江 IAG　截 FAWY　茎 ACAF　拘 RQKG　钧 QQUG　咳 KYNW
坚 JCFF　疆 XFGG　劫 FCLN　睛 HGEG　狙 QTEG　军 PLJ　可 SKD
尖 IDU　蒋 AUQF　节 ABJ　晶 JJJF　疽 UEGD　君 VTKD　渴 IJQN
笺 TGR　桨 UQSU　桔 SFKG　鲸 QGYI　居 NDD　峻 MCWT　克 DQB
间 UJD　奖 UQDU　杰 SOU　京 YIU　驹 CQKG　俊 WCWT　刻 YNTJ
煎 UEJO　讲 YFJH　捷 RGVH　惊 NYIY　菊 AQOU　竣 UCWT　客 PTKF
兼 UVOU　匠 ARK　睫 HGVH　精 OGEG　局 NNKD　浚 ICWT　课 YJSY

肯 HEF	窥 PWFQ	狼 QTYE	莉 ATJJ	量 JGJF	陵 BFWT	路 KHTK
啃 KHEG	葵 AWGD	廊 YYVB	荔 ALLL	晾 JYIY	岭 MWYC	赂 MTKG
垦 VEFF	奎 DFFF	郎 YVCB	吏 GKQI	亮 YPMB	领 WYCM	鹿 YNJX
恳 VENU	魁 RQCF	朗 YVCE	栗 SSU	谅 YYIY	另 KLB	潞 IKHK
坑 FYMN	傀 WRQC	浪 IYVE	丽 GMYY	撩 RDUI	令 WYCU	禄 PYVI
吭 KYMN	馈 QNKM	捞 RAPL	厉 DDNV	聊 BQTB	溜 IQYL	录 VIU
空 PWAF	愧 NRQC	劳 APLB	励 DDNL	疗 UBK	琉 GYCQ	陆 BFMH
恐 AMYN	溃 IKHM	牢 PRHJ	砾 DQIY	燎 ODUI	硫 DYCQ	戮 NWEA
孔 BNN	坤 FJHH	老 FTXB	历 DLV	寥 PNWE	馏 QNQL	驴 CYNT
控 RPWA	昆 JXXB	佬 WFTX	利 TJH	辽 BPK	留 QYVL	吕 KKF
抠 RAQY	捆 RLSY	姥 VFTX	傈 WSSY	了 BNH	刘 YJH	铝 QKKG
口 KKKK	困 LSI	酪 SGTK	例 WGQJ	料 OUFH	流 IYCQ	侣 WKKG
扣 RKG	括 RTDG	烙 OTKG	俐 WTJH	镣 QDUI	榴 SQYL	旅 YTEY
寇 PFQC	扩 RYT	涝 IAPL	痢 UTJK	廖 YNWE	瘤 UQYL	履 NTTT
枯 SDG	廓 YYBB	勒 AFLN	立 UUUU	撂 RLTK	柳 SQTB	屡 NOVD
哭 KKDU	阔 UITD	乐 QII	粒 OUG	列 GQJH	六 UYGY	缕 XOVG
窟 PWNM	垃 FUG	雷 FLF	沥 IDLN	裂 GQJE	龙 DXV	虑 HANI
苦 ADF	拉 RUG	镭 QFLG	隶 VII	烈 GQJO	聋 DXBF	氯 RNVI
酷 SGTK	喇 KGKJ	蕾 AFLF	力 LTN	劣 ITLB	笼 TDXB	律 TVFH
库 YLK	蜡 JAJG	磊 DDDF	哩 KJFG	猎 QTAJ	隆 BTGG	率 YXIF
裤 PUYL	腊 EAJG	累 LXIU	俩 WGMW	林 SSY	垄 DXFF	滤 IHAN
夸 DFNB	辣 UGKI	儡 WLLL	联 BUDY	临 JTYJ	拢 RDXN	绿 XVIY
垮 FDFN	啦 KRUG	垒 CCCF	莲 ALPU	淋 ISSY	陇 BDXN	峦 YOMJ
挎 RDFN	莱 AGOU	擂 RFLG	连 LPK	琳 GSSY	窿 PWBG	挛 YORJ
跨 KHDN	来 GOI	肋 ELN	镰 QYUO	磷 DOQH	咙 KDXN	孪 YOBF
胯 EDFN	赖 GKIM	类 ODU	廉 YUVO	鳞 QGOH	楼 SOVG	滦 IYOS
块 FNWY	蓝 AJTL	泪 IHG	怜 NWYC	拎 RWYC	娄 OVF	卵 QYTY
筷 TNNW	婪 SSVF	棱 SFWT	涟 ILPY	伶 WWYC	搂 ROVG	乱 TDNN
侩 WWFC	栏 SUFG	楞 SLYN	帘 PWMH	铃 QWYC	篓 TOVF	掠 RYIY
快 NNWY	拦 RUFG	冷 UWYC	敛 WGIT	零 FWYC	漏 INFY	略 LTKG
宽 PAMQ	篮 TJTL	厘 DJFD	脸 EWGI	龄 HWBC	陋 BGMN	抡 RWXN
款 FFIW	阑 UGLI	梨 TJSU	链 QLPY	凌 UFWT	芦 AYNR	轮 LWXN
匡 AGD	兰 UFF	犁 TJRH	恋 YONU	玲 GWYC	卢 HNE	伦 WWXN
筐 TAGF	澜 IUGI	黎 TQTI	炼 OANW	羚 UDWC	颅 HNDM	仑 WXB
狂 QTGG	谰 YUGI	篱 TYBC	练 XANW	菱 AFWT	庐 YYNE	沦 IWXN
框 SAGG	揽 RJTQ	狸 QTJF	粮 OYVE	灵 VOU	炉 OYNT	纶 XWXN
矿 DYT	览 JTYQ	离 YBMC	凉 UYIY		鲁 QGJF	论 YWXN
眶 HAGG	懒 NGKM	漓 IYBC	梁 IVWS		卤 HLQI	萝 ALQU
旷 JYT	缆 XJTQ	理 GJFG	粱 IVWO		虏 HALV	螺 JLXI
况 UKQN	烂 OUFG	李 SBF	良 YVEI		掳 RHAL	罗 LQU
亏 FNV	滥 IJTL	里 JFD	两 GMWW		碌 DVIY	逻 LQPI
盔 DOLF	琅 GYVE	鲤 QGJF	辆 LGMW		麓 SSYX	锣 QLQY
岿 MJVF	榔 SYVB	礼 PYNN			露 FKHK	箩 TLQU

骒 CLXI	茂 ADNT	泌 INTT	魔 YSSC	囊 GKHE	凝 UXTH	攀 SQQR
裸 PUJS	冒 JHF	蜜 PNTJ	抹 RGSY	挠 RATQ	宁 PSJ	潘 ITOL
落 AITK	帽 MHJH	密 PNTM	末 GSI	脑 EYBH	拧 RPSH	盘 TELF
洛 ITKG	貌 EERQ	幂 PJDH	莫 AJDU	恼 NYBH	泞 IPSH	磐 TEMD
骆 CTKG	贸 QYVM	棉 SRMH	墨 LFOF	闹 UYMH	牛 RHK	盼 HWVN
络 XTKG	么 TCU	眠 HNAN	默 LFOD	淖 IHJH	扭 RNFG	畔 LUFH
妈 VCG	玫 GTY	绵 XRMH	沫 IGSY	呢 KNXN	钮 QNFG	判 UDJH
麻 YSSI	枚 STY	冕 JQKQ	漠 IAJD	馁 QNEV	纽 XNFG	叛 UDRC
玛 GCG	梅 STXU	免 QKQB	寞 PAJD	内 MWI	脓 EPEY	乓 RGYU
码 DCG	酶 SGTU	勉 QKQL	陌 BDJG	嫩 VGKT	浓 IPEY	庞 YDXV
蚂 JCG	霉 FTXU	娩 VQKQ	谋 YAFS	能 CEXX	农 PEI	旁 UPYB
马 CNNG	煤 OAFS	缅 XDMD	牟 CRHJ	妮 VNXN	弄 GAJ	榜 DIUY
骂 KKCF	没 IMCY	面 DMJD	某 AFSU	霓 FVQB	奴 VCY	胖 EUFH
嘛 KYSS	眉 NHD	苗 ALF	拇 RXGU	倪 WVQN	努 VCLB	抛 RVLN
吗 KCG	媒 VAFS	描 RALG	牡 TRFG	泥 INXN	怒 VCNU	咆 KQNN
埋 FJFG	镁 QUGU	瞄 HALG	亩 YLF	尼 NXV	女 VVVV	刨 QNJH
买 NUDU	每 TXGU	藐 AEEQ	姆 VXGU	拟 RNYW	暖 JEFC	炮 OQNN
麦 GTU	美 UGDU	秒 TITT	母 XGUI	你 WQIY	虐 HAAG	袍 PUQN
卖 FNUD	昧 JFIY	渺 IHIT	墓 AJDF	匿 AADK	疟 UAGD	跑 KHQN
迈 DNPV	寐 PNHI	庙 YMD	暮 AJDJ	腻 EAFM	挪 RVFB	泡 IQNN
脉 EYNI	妹 VFIY	妙 VITT	幕 AJDH	逆 UBTP	懦 NFDJ	呸 KGIG
瞒 HAGW	媚 VNHG	蔑 ALDT	募 AJDL	溺 IXUU	糯 OFDJ	胚 EGIG
馒 QNJC	门 UYHN	灭 GOI	慕 AJDN	蔫 AGHO	诺 YADK	培 FUKG
蛮 YOJU	闷 UNI	民 NAV	木 SSSS	拈 RHKG	哦 KTRT	裴 DJDE
满 IAGW	们 WUN	抿 RNAN	目 HHHH	年 RHFK	欧 AQQW	赔 MUKG
蔓 AJLC	萌 AJEF	皿 LHNG	睦 HFWF	碾 DNAE	鸥 AQQG	陪 BUKG
曼 JLCU	蒙 APGE	敏 TXGT	牧 TRTY	撵 RFWL	殴 AQMC	配 SGNN
慢 NJLC	檬 SAPE	悯 NUYY	穆 TRIE	捻 RWYN	藕 ADIY	佩 WMGH
漫 IJLC	盟 JELF	闽 UJI	拿 WGKR	念 WYNN	呕 KAQY	沛 IGMH
谩 YJLC	锰 QBLG	明 JEG	哪 KVFB	娘 VYVE	偶 WJMY	喷 KFAM
芒 AYNB	猛 QTBL	螟 JPJU	呐 KMWY	酿 SGYE	沤 IAQY	盆 WVLF
茫 AIYN	梦 SSQU	鸣 KQYG	钠 QMWY	鸟 QYNG	啪 KRRG	砰 DGUH
盲 YNHF	孟 BLF	铭 QQKG	那 VFBH	尿 NII	趴 KHWY	抨 RGUH
氓 YNNA	眯 HOY	名 QKF	娜 VVFB	捏 RJFG	爬 RHYC	烹 YBOU
忙 NYNN	醚 SGOP	命 WGKB	纳 XMWY	聂 BCCU	帕 MHRG	澎 IFKE
莽 ADAJ	靡 YSSD	谬 YNWE	氖 RNEV	孽 AWNB	怕 NRG	彭 FKUE
猫 QTAL	糜 YSSO	摸 RAJD	乃 ETN	啮 KHWB	芭 GGCB	蓬 ATDP
茅 ACBT	迷 OPI	摹 AJDR	奶 VEN	镊 QBCC	拍 RRG	棚 SEEG
锚 QALG	谜 YOPY	蘑 AYSD	耐 DMJF	镍 QTHS	排 RDJD	硼 DEEG
毛 TFNV	弥 XQIY	模 SAJD	奈 DFIU	涅 IJFG	牌 THGF	篷 TTDP
矛 CBTR	米 OYTY	膜 EAJD	南 FMUF	您 WQIN	徘 TDJD	膨 EFKE
铆 QQTB	秘 TNTT	磨 YSSD	男 LLB	柠 SPSH	湃 IRDF	朋 EEG
卯 QTBH	觅 EMQB	摩 YSSR	难 CWYG	狞 QTPS	派 IREY	鹏 EEQG

捧 RDWH	坡 FHCY	祈 PYRH	呛 KWBN	清 IGEG	炔 ONWY	容 PWWK
碰 DUOG	泼 INTY	祁 PYBH	腔 EPWA	擎 AQKR	瘫 ULKW	绒 XADT
坯 FGIG	颇 HCDM	骑 CDSK	羌 UDNB	晴 JGEG	却 FCBH	冗 PMB
砒 DXXN	婆 IHCV	岂 MNB	蔷 AFUK	氰 RNGE	鹊 AJQG	揉 RCBS
霹 FNKU	破 DHCY	乞 TNB	强 XKJY	情 NGEG	榷 SPWY	柔 CBTS
批 RXXN	魄 RRQC	企 WHF	抢 RWBN	顷 XDMY	确 DQEH	肉 MWWI
披 RHCY	迫 RPD	启 YNKD	橇 STFN	请 YGEG	雀 IWYF	茹 AVKF
劈 NKUV	粕 ORG	契 DHVD	锹 QTOY	庆 YDI	裙 PUVK	蠕 JFDJ
琵 GGXX	剖 UKJH	砌 DAVN	敲 YMKC	琼 GYIY	群 VTKD	儒 WFDJ
毗 LXXN	扑 RHY	器 KKDK	悄 NIEG	穷 PWLB	然 QDOU	孺 BFDJ
啤 KRTF	铺 QGEY	气 RNB	桥 STDJ	秋 TOY	燃 OQDO	如 VKG
脾 ERTF	仆 WHY	迄 TNPV	瞧 HWYO	丘 RGD	冉 MFD	辱 DFEF
疲 UHCI	莆 AGEY	弃 YCAJ	乔 TDJJ	邱 RGBH	染 IVSU	乳 EBNN
皮 HCI	葡 AQGY	汽 IRNN	侨 WTDJ	球 GFIY	瓤 YKKY	汝 IVG
匹 AQV	菩 AUKF	泣 IUG	巧 AGNN	求 FIYI	壤 FYKE	入 TYI
痞 UGIK	蒲 AIGY	讫 YTNN	鞘 AFIE	囚 LWI	攘 RYKE	褥 PUDF
僻 WNKU	埔 FGEY	掐 RQVG	撬 RTFN	酋 USGF	嚷 KYKE	软 LQWY
屁 NXXV	朴 SHY	恰 NWGK	翘 ATGN	泅 ILWY	让 YHG	阮 BFQN
臀 NKUY	圃 LGEY	洽 IWGK	峭 MIEG	趋 FHQV	饶 QNAQ	蕊 ANNN
篇 TYNA	普 UOGJ	牵 DPRH	俏 WIEG	区 AQI	扰 RDNN	瑞 GMDJ
偏 WYNA	浦 IGEY	扦 RTFH	窍 PWAN	蛆 JEGG	绕 XATQ	锐 QUKQ
片 THGN	谱 YUOJ	钎 QTFH	切 AVN	曲 MAD	惹 ADKN	闰 UGD
骗 CYNA	曝 JJAI	铅 QMKG	茄 ALKF	躯 TMDQ	热 RVYO	润 IUGG
飘 SFIQ	瀑 IJAI	千 TFK	且 EGD	屈 NBMK	壬 TFD	若 ADKF
漂 ISFI	期 ADWE	迁 TFPK	怯 NFCY	驱 CAQY	仁 WFG	弱 XUXU
瓢 SFIY	欺 ADWW	签 TWGI	窃 PWAV	渠 IANS	人 WWWW	撒 RAET
票 SFIU	栖 SSG	仟 WTFH	钦 QQWY	取 BCY	忍 VYNU	洒 ISG
撇 RUMT	戚 DHIT	谦 YUVO	侵 WVPC	娶 BCVF	韧 FNHY	萨 ABUT
瞥 UMIH	妻 GVHV	乾 FJTN	亲 USU	龋 HWBY	任 WTFG	腮 ELNY
拼 RUAH	七 AGN	黔 LFON	趣 FHBC	去 FCU	认 YWY	鳃 QGLN
频 HIDM	凄 UGVV	钱 QGT	琴 GGWN	圈 LUDB	刀 VYI	塞 PFJF
贫 WVMU	漆 ISWI	钳 QAFG	勤 AKGL	颧 AKKM	妊 VTFG	赛 PFJM
品 KKKF	柴 IASU	前 UEJJ	芹 ARJ	权 SCY	纫 XVYY	三 DGGG
聘 BMGN	沏 IAVN	潜 IFWJ	擒 RWYC	醛 SGAG	扔 REN	叁 CDDF
乒 RGTR	其 ADWU	遣 KHGP	禽 WYBC	泉 RIU	仍 WEN	伞 WUHJ
坪 FGUH	棋 SADW	浅 IGT	寝 PUVC	全 WGF	日 JJJJ	散 AETY
苹 AGUH	奇 DSKF	谴 YKHP	沁 INY	痊 UWGD	戎 ADE	桑 CCCS
萍 AIGH	歧 HFCY	堑 LRFF	青 GEF	拳 UDRJ	茸 ABF	嗓 KCCS
平 GUHK	畦 LFFG	嵌 MAFW	轻 LCAG	犬 DGTY	蓉 APWK	丧 FUEU
凭 WTFM	崎 MDSK	欠 QWU	氢 RNCA	券 UDVB	荣 APSU	搔 RCYJ
瓶 UAGN	脐 EYJH	歉 UVOW	倾 WXDM	劝 CLN	融 GKMJ	骚 CCYJ
评 YGUH	齐 YJJ	枪 SWBN	卿 QTVB	缺 RMNW	熔 OPWK	扫 RVG
屏 NUAK	旗 YTAW					

字 码	字 码	字 码	字 码	字 码	字 码	字 码
瑟 GGNT	烧 OATQ	盛 DNNL	释 TOCH	束 GKII	伺 WNGK	损 RKMY
色 QCB	芍 AQYU	剩 TUXJ	饰 QNTH	竖 JCUF	似 WNYW	笋 TVTR
涩 IVYH	勺 QYI	胜 ETGG	氏 QAV	墅 JFCF	饲 QNNK	蓑 AYKE
森 SSSU	韶 UJVK	圣 CFF	市 YMHJ	庶 YAOI	巳 NNGN	梭 SCWT
僧 WULJ	少 ITR	师 JGMH	恃 NFFY	数 OVTY	松 SWCY	唆 KCWT
莎 AIIT	哨 KIEG	失 RWI	室 PGCF	漱 IGKW	耸 WWBF	缩 XPWJ
砂 DITT	邵 VKBH	狮 QTJH	视 PYMQ	恕 VKNU	怂 WWNU	琐 GIMY
杀 QSU	绍 XVKG	施 YTBN	试 YAAG	刷 NMHJ	颂 WCDM	索 FPXI
刹 QSJH	奢 DFTJ	湿 IJOG	收 NHTY	耍 DMJV	送 UDPI	锁 QIMY
沙 IITP	赊 MWFI	诗 YFFY	手 RTGH	摔 RYXF	宋 PSU	所 RNRH
纱 XITT	蛇 JPXN	尸 NNGT	首 UTHF	衰 YKGE	讼 YWCY	塌 FJNG
傻 WTLT	舌 TDD	虱 NTJI	守 PFU	甩 ENV	诵 YCEH	他 WBN
啥 KWFK	舍 WFKF	十 FGH	寿 DTFU	帅 JMHH	搜 RVHC	它 PXB
煞 QVTO	赦 FOTY	石 DGTG	授 REPC	栓 SWGG	艘 TEVC	她 VBN
筛 TJGH	摄 RBCC	拾 RWGK	售 WYKF	拴 RWGG	擞 ROVT	塔 FAWK
晒 JSG	射 TMDF	时 JFY	受 EPCU	霜 FSHF	嗽 KGKW	獭 QTGM
珊 GMMG	慑 NBCC	什 WFH	瘦 UVHC	双 CCY	苏 ALWU	挞 RDPY
苦 AHKF	涉 IHIT	食 WYVE	兽 ULGK	爽 DQQQ	酥 SGTY	蹋 KHJN
杉 SET	社 PYFG	蚀 QNJY	蔬 ANHQ	谁 YWYG	俗 WWWK	踏 KHIJ
山 MMMM	设 YMCY	实 PUDU	枢 SAQY	水 IIII	素 GXIU	胎 ECKG
删 MMGJ	砷 DJHH	识 YKWY	梳 SYCQ	睡 HTGF	速 GKIP	苔 ACKF
煽 OYNN	申 JHK	史 KQI	殊 GQRI	税 TUKQ	粟 SOU	抬 RCKG
衫 PUET	呻 KJHH	矢 TDU	抒 RCBH	吮 KCQN	僳 WSOY	台 CKF
闪 UWI	伸 WJHH	使 WGKQ	输 LWGJ	瞬 HEPH	塑 UBTF	泰 DWIU
陕 BGUW	身 TMDT	屎 NOI	叔 HICY	顺 KDMY	溯 IUBE	酞 SGDY
擅 RYLG	深 IPWS	驶 CKQY	舒 WFKB	舜 EPQH	宿 PWDJ	太 DYI
赡 MQDY	娠 VDFE	始 VCKG	淑 IHIC	说 YUKQ	诉 YRYY	态 DYNU
膳 EUDK	绅 XJHH	式 AAD	疏 NHYQ	硕 DDMY	肃 VIJK	汰 IDYY
善 UDUK	神 PYJH	示 FIU	书 NNHY	朔 UBTE	酸 SGCT	坍 FMYG
汕 IMH	沈 IPQN	士 FGHG	赎 MFND	烁 OQIY	蒜 AFII	摊 RCWY
扇 YNND	审 PJHJ	世 ANV	孰 YBVY	斯 ADWR	算 THAJ	贪 WYNM
缮 XUDK	婶 VPJH	柿 SYMH	熟 YBVO	撕 RADR	虽 KJU	瘫 UCWY
埼 FUMK	甚 ADWN	事 GKVH	薯 ALFJ	嘶 KADR	隋 BDAE	滩 ICWY
伤 WTLN	肾 JCEF	拭 RAAG	暑 JFTJ	思 LNU	随 BDEP	坛 FFCY
商 UMWK	慎 NFHW	誓 RRYF	曙 JLFJ	私 TCY	绥 XEVG	檀 SYLG
赏 IPKM	渗 ICDE	逝 RRPK	署 LFTJ	司 NGKD	髓 MEDP	痰 UOOI
晌 JTMK	声 FNR	势 RVYL	蜀 LQJU	丝 XXGF	碎 DYWF	潭 ISJH
上 HHGG	生 TGD	是 JGHU	黍 TWIU	死 GQXB	岁 MQU	谭 YSJH
尚 IMKF	甥 TGLL	嗜 KFTJ	鼠 VNUN	肆 DVFH	穗 TGJN	谈 YOOY
裳 IPKE	牲 TRTG	噬 KTAW	属 NTKY	寺 FFU	遂 UEPI	坦 FJGG
梢 SIEG	升 TAK	适 TDPD	术 SYI	嗣 KMAK	隧 BUEP	毯 TFNO
捎 RIEG	绳 XKJN	仕 WFG	述 SYPI	四 LHNG	崇 BMFI	祖 PUJG
稍 TIEG	省 ITHF	侍 WFFY	树 SCFY		孙 BIY	碳 DMDO

探 RPWS	惕 NJQR	偷 WWGJ	袜 PUGS	苇 AFNH	鸣 KQNG	滕 ESWI
叹 KCY	涕 IUXT	投 RMCY	歪 GIGH	萎 ATVF	鸽 QQNG	夕 QTNY
炭 MDOU	剃 UXHJ	头 UDI	外 QHY	委 TVF	乌 QNGD	惜 NAJG
汤 INRT	屉 NANV	透 TEPV	豌 GKUB	伟 WFNH	污 IFNN	熄 OTHN
塘 FYVK	天 GDI	凸 HGMG	弯 YOXB	伪 WYLY	诬 YAWW	烯 OQDH
搪 RYVK	添 IGDN	秃 TMB	湾 IYOX	尾 NTFN	屋 NGCF	溪 IEXD
堂 IPKF	填 FFHW	突 PWDU	玩 GFQN	纬 XFNH	无 FQV	汐 IQY
棠 IPKS	田 LLLL	图 LTUI	顽 FQDM	未 FII	芜 AFQB	犀 NIRH
腟 EIPF	甜 TDAF	徒 TFHY	丸 VYI	蔚 ANFF	梧 SGKG	檄 SRYT
唐 YVHK	恬 NTDG	途 WTPI	烷 OPFQ	味 KFIY	吾 GKF	袭 DXYE
糖 OYVK	舔 TDGN	涂 IWTY	完 PFQB	畏 LGEU	吴 KGDU	席 YAMH
倘 WIMK	腆 EMAW	屠 NFTJ	碗 DPQB	胃 LEF	毋 XDE	习 NUD
躺 TMDK	挑 RIQN	土 FFFF	挽 RQKQ	喂 KLGE	武 GAHD	媳 VTHN
淌 IIMK	条 TSU	吐 KFG	晚 JQKQ	魏 TVRC	五 GGHG	喜 FKUK
趟 FHIK	迢 VKPD	兔 QKQY	皖 RPFQ	位 WUG	捂 RGKG	铣 QTFQ
烫 INRO	眺 HIQN	湍 IMDJ	惋 NPQB	渭 ILEG	午 TFJ	洗 ITFQ
掏 RQRM	跳 KHIQ	团 LFTE	宛 PQBB	谓 YLEG	舞 RLGH	系 TXIU
涛 IDTF	贴 MHKG	推 RWYG	婉 VPQB	尉 NFIF	伍 WGG	隙 BIJI
滔 IEVG	铁 QRWY	颓 TMDM	婉 VPQB	慰 NFIN	侮 WTXU	戏 CAT
绦 XTSY	帖 MHHK	腿 EVEP	腕 EPQB	卫 BGD	坞 FQNG	细 XLG
萄 AQRM	厅 DSK	蜕 JUKQ	汪 IGG	瘟 UJLD	戊 DNYT	瞎 HPDK
桃 SIQN	听 KRH	褪 PUVP	王 GGGG	温 IJLG	雾 FTLB	虾 JGHY
逃 IQPV	烃 OCAG	退 VEPI	亡 YNV	蚊 JYY	晤 JGKG	匣 ALK
淘 IQRM	汀 ISH	吞 GDKF	枉 SGG	文 YYGY	物 TRQR	霞 FNHC
陶 BQRM	廷 TFPD	屯 GBNV	网 MQQI	闻 UBD	勿 QRE	辖 LPDK
讨 YFY	停 WYPS	臀 NAWE	往 TYGG	纹 XYY	务 TLB	暇 JNHC
套 DDU	亭 YPSJ	拖 RTBN	旺 JGG	吻 KQRT	悟 NGKG	峡 MGUW
特 TRFF	庭 YTFP	托 RTAN	望 YNEG	稳 TQVN	误 YKGD	侠 WGUW
藤 AEUI	挺 RTFP	脱 EUKQ	忘 YNNU	紊 YXIU	昔 AJF	狭 QTGW
腾 EUDC	艇 TETP	鸵 QYNX	妄 YNVF	问 UKD	熙 AHKO	下 GHI
疼 UTUI	通 CEPK	陀 BPXN	威 DGVT	喻 KWCN	析 SRH	厦 DDHT
誊 UDYF	桐 SMGK	驮 CDY	巍 MTVC	翁 WCNF	西 SGHG	夏 DHTU
梯 SUXT	酮 SGMK	驼 CPXN	微 TMGT	瓮 WCGN	硒 DSG	吓 KGHY
剔 JQRJ	瞳 HUJF	椭 SBDE	危 QDBB	挝 RFPY	矽 DQY	掀 RRQW
踢 KHJR	同 MGKD	妥 EVF	韦 FNHK	蜗 JKMW	晰 JSRH	锨 QRQW
锑 QUXT	铜 QMGK	拓 RDG	违 FNHP	涡 IKMW	嘻 KFKK	先 TFQB
提 RJGH	彤 MYET	唾 KTGF	桅 SQDB	窝 PWKW	吸 KEYY	仙 WMH
题 JGHM	童 UJFF	挖 RPWN	围 LFNH	我 TRNT	锡 QJQR	鲜 QGUD
蹄 KHUH	桶 SCEH	哇 KFFG	唯 KWYG	斡 FJWF	牺 TRSG	纤 XTFH
啼 KUPH	捅 RCEH	蛙 JFFG	惟 NWYG	卧 AHNH	稀 TQDH	咸 DGKT
体 WSGG	筒 TMGK	洼 IFFG	为 YLYI	握 RNGF	息 THNU	贤 JCMU
替 FWFJ	统 XYCQ	娃 VFFG	潍 IXWY	沃 ITDY	希 QDMH	衔 TQFH
嚏 KFPH	痛 UCEK	瓦 GNYN	维 XWYG	巫 AWWI	悉 TONU	舷 TEYX

闲 USI	消 IIEG	腥 EJTG	畜 YXLF	牙 AHTE	央 MDI	腋 EYWY
涎 ITHP	宵 PIEF	猩 QTJG	恤 NTLG	蚜 JAHT	鸯 MDQG	夜 YWTY
弦 XYXY	涌 IQDE	惺 NJTG	絮 VKXI	崖 MDFF	秧 TMDY	液 IYWY
嫌 VUVO	晓 JATQ	兴 IWU	婿 VNHE	衙 TGKH	杨 SNRT	一 GGLL
显 JOGF	小 IHTY	刑 GAJH	绪 XFTJ	涯 IDFF	扬 RNRT	壹 FPGU
险 BWGI	孝 FTBF	型 GAJF	续 XFND	雅 AHTY	佯 WUDH	医 ATDI
现 GMQN	校 SUQY	形 GAET	轩 LFH	哑 KGOG	疡 UNRE	揖 RKBG
献 FMUD	肖 IEF	邢 GABH	喧 KPGG	亚 GOGD	羊 UDJ	铱 QYEY
县 EGCU	啸 KVIJ	行 TFHH	宣 PGJG	讶 YAHT	洋 IUDH	依 WYEY
腺 ERIY	笑 TTDU	醒 SGJG	悬 EGCN	焉 GHGO	阳 BJG	伊 WVTT
馅 QNQV	效 UQTY	幸 FUFJ	旋 YTNH	咽 KLDY	氧 RNUD	衣 YEU
羡 UGUW	楔 SDHD	杏 SKF	玄 YXU	阉 UDJN	仰 WQBH	颐 AHKM
宪 PTFQ	些 HXFF	性 NTGG	选 TFQP	烟 OLDY	痒 UUDK	夷 GXWI
陷 BQVG	歇 JQWW	姓 VTGG	癣 UQGD	淹 IDJN	养 UDYJ	遗 KHGP
限 BVEY	蝎 JJQN	兄 KQB	眩 HYXY	盐 FHLF	样 SUDH	移 TQQY
线 XGT	鞋 AFFF	凶 QBK	绚 XQJG	严 GODR	漾 IUGI	仪 WYQY
相 SHG	协 FLWY	胸 EQQB	靴 AFWX	研 DGAH	邀 RYTP	胰 EGXW
厢 DSHD	挟 RGUW	匈 QQBK	薛 AWNU	蜒 JTHP	腰 ESVG	疑 XTDH
镶 QYKE	携 RWYE	汹 IQBH	学 IPBF	岩 MDF	妖 VTDY	沂 IRH
香 TJF	邪 AHTB	雄 DCWY	穴 PWU	延 THPD	瑶 GERM	宜 PEGF
箱 TSHF	斜 WTUF	熊 CEXO	雪 FVF	言 YYYY	摇 RERM	姨 VGXW
襄 YKKE	胁 ELWY	休 WSY	血 TLD	颜 UTEM	尧 ATGQ	彝 XGOA
湘 ISHG	谐 YXXR	修 WHTE	勋 KMLN	阎 UQVD	遥 ERMP	椅 SDSK
乡 XTE	写 PGNG	羞 UDNF	熏 TGLO	炎 OOU	窑 PWRM	蚁 JYQY
翔 UDNG	械 SAAH	朽 SGNN	循 TRFH	沿 IMKG	谣 YERM	倚 WDSK
祥 PYUD	卸 RHBH	嗅 KTHD	旬 QJD	奄 DJNB	姚 VIQN	已 NNNN
详 YUDH	蟹 QEVJ	锈 QTEN	询 YQJG	掩 RDJN	咬 KUQY	乙 NNLL
想 SHNU	懈 NQEH	秀 TEB	寻 VFU	眼 HVEY	舀 EVF	矣 CTDU
响 KTMK	泄 IANN	袖 PUMG	驯 CKH	衍 TIFH	药 AXQY	以 NYWY
享 YBF	泻 IPGG	绣 XTEN	巡 VPV	演 IPGW	要 SVF	艺 ANB
项 ADMY	谢 YTMF	墟 FHAG	殉 GQQJ	艳 DHQC	耀 IQNY	抑 RQBH
巷 AWNB	屑 NIED	戌 DGNT	汛 INFH	堰 FAJV	椰 SBBH	易 JQRR
橡 SQJE	薪 AUSR	需 FDMJ	训 YKH	燕 AUKO	噎 KFPU	邑 KCB
像 WQJE	芯 ANU	虚 HAOG	讯 YNFH	厌 DDI	耶 BBH	屹 MTNN
向 TMKD	锌 QUH	嘘 KHAG	逊 BIPI	砚 DMQN	爷 WQBJ	亿 WNN
象 QJEU	欣 RQWY	须 EDMY	迅 NFPK	雁 DWWY	野 JFCB	役 TMCY
萧 AVIJ	辛 UYGH	徐 TWTY	压 DFYI	喑 KYG	冶 UCKG	臆 EUJN
硝 DIEG	新 USRH	许 YTFH	押 RLH	彦 UTER	也 BNHN	逸 QKQP
霄 FIEF	忻 NRH	蓄 AYXL	鸦 AHTG	焰 OQVG	页 DMU	肄 XTDH
削 IEJH	心 NYNY	醑 SGQB	鸭 LQYG	宴 PJVF	掖 RYWY	疫 UMCI
哮 KFTB	信 WYG	叙 WTCY	呀 KAHT	谚 YUTE	业 OGD	亦 YOU
嚣 KKDK	衅 TLUF	旭 VJD	丫 UHK	验 CWGI	叶 KFH	裔 YEMK
销 QIEG	星 JTGF	序 YCBK	芽 AAHT	殃 GQMD	曳 JXE	意 UJNU

毅 UEMC	影 JYIE	盂 GFLF	渊 ITOH	杂 VSU	轧 LNN	账 MTAY
忆 NNN	颖 XTDM	榆 SWGJ	冤 PQKY	栽 FASI	铡 QMJH	仗 WDYY
义 YQI	硬 DGJQ	虞 HAKD	元 FQB	哉 FAKD	闸 ULK	胀 ETAY
益 UWLF	映 JMDY	愚 JMHN	垣 FGJG	灾 POU	眨 HTPY	瘴 UUJK
溢 IUWL	哟 KXQY	舆 WFLW	袁 FKEU	宰 PUJ	栅 SMMG	障 BUJH
诣 YXJG	拥 REH	余 WTU	原 DRII	载 FALK	榨 SPWF	招 RVKG
议 YYQY	佣 WEH	俞 WGEJ	援 REFC	再 GMFD	咋 KTHF	昭 JVKG
谊 YPEG	臃 EYXY	逾 WGEP	辕 LFKE	在 DHFD	乍 THFD	找 RAT
译 YCFH	痈 UEK	鱼 QGF	园 LFQV	咱 KTHG	炸 OTHF	沼 IVKG
异 NAJ	庸 YVEH	愉 NWGJ	员 KMU	攒 RTFM	诈 YTHF	赵 FHQI
翼 NLAW	雍 YXTY	渝 IWGJ	圆 LKMI	暂 LRJF	摘 RUMD	照 JVKO
翌 NUF	踊 KHCE	渔 IQGG	猿 QTFE	赞 TFQM	斋 YDMJ	罩 LHJJ
绎 XCFH	蛹 JCEH	隅 BJMY	源 IDRI	赃 EYFG	宅 PTAB	兆 IQV
茵 ALDU	咏 KYNI	予 CBJ	缘 XXEY	脏 EYFG	窄 PWTF	肇 YNTH
荫 ABEF	泳 IYNI	娱 VKGD	远 FQPV	葬 AGQA	债 WGMY	召 VKF
因 LDI	涌 ICEH	雨 FGHY	苑 AQBB	遭 GMAP	寨 PFJS	遮 YAOP
殷 RVNC	永 YNII	与 GNGD	愿 DRIN	糟 OGMJ	瞻 HQDY	折 RRH
音 UJF	惠 CENU	屿 MGNG	怨 QBNU	凿 OGUB	毡 TFNK	哲 RRKF
阴 BEG	勇 CELB	禹 TKMY	院 BPFQ	藻 AIKS	詹 QDWY	蛰 RVYJ
姻 VLDY	用 ETNH	宇 PGFJ	曰 JHNG	枣 GMIU	粘 OHKG	辙 LYCT
吟 KWYN	幽 XXMK	语 YGKG	约 XQYY	早 JHNH	沾 IHKG	者 FTJF
银 QVEY	优 WDNN	羽 NNYG	越 FHAT	澡 IKKS	盏 GLF	锗 QFTJ
淫 IETF	悠 WHTN	玉 GYI	跃 KHTD	蚤 CYJU	斩 LRH	蔗 AYAO
寅 PGMW	忧 NDNN	域 FAKG	钥 QEG	躁 KHKS	辗 LNAE	这 YPI
饮 QNQW	尤 DNV	芋 AGFJ	岳 RGMJ	噪 KKKS	崭 MLRJ	浙 IRRH
尹 VTE	由 MHNG	郁 DEBH	粤 TLON	造 TFKP	展 NAEI	珍 GWET
引 XHH	邮 MBH	吁 KGFH	月 EEEE	皂 RAB	蘸 ASGO	斟 ADWF
隐 BQVN	铀 QMG	遇 JMHP	悦 NUKQ	灶 OFG	栈 SGT	真 FHWU
印 QGBH	犹 QTDN	喻 KWGJ	阅 UUKQ	燥 OKKS	占 HKF	甄 SFGN
英 AMDU	油 IMG	峪 MWWK	耘 DIFC	责 GMU	战 HKAT	砧 DHKG
樱 SMMV	游 IYTB	御 TRHB	云 FCU	择 RCFH	站 UHKG	臻 GCFT
婴 MMVF	酉 SGD	愈 WGEN	郧 KMBH	则 MJH	湛 IADN	贞 HMU
鹰 YWWG	有 DEF	欲 WWKW	匀 QUD	泽 ICFH	绽 XPGH	针 QFH
应 YID	友 DCU	狱 QTYD	陨 BKMY	贼 MADT	樟 SUJH	侦 WHMY
缨 XMMV	右 DKF	育 YCEF	允 CQB	怎 THFN	章 UJJ	枕 SPQN
莹 APGY	佑 WDKG	誉 IWYF	运 FCPI	增 FULJ	彰 UJET	疹 UWEE
萤 APJU	釉 TOMG	浴 IWWK	蕴 AXJL	憎 NULJ	漳 IUJH	诊 YWET
营 APKK	诱 YTEN	寓 PJMY	酝 SGFC	曾 ULJF	张 XTAY	震 FDFE
荧 APOU	又 CCCC	裕 PUWK	晕 JPLJ	赠 MULJ	掌 IPKR	振 RDFE
蝇 JKJN	幼 XLN	预 CBDM	韵 UJQU	扎 RNN	涨 IXTY	镇 QFHW
迎 QBPK	迂 GFPK	豫 CBQE	孕 EBF	喳 KSJG	杖 SDYY	阵 BLH
赢 YNKY	淤 IYWU	驭 CCY	匝 AMHK	渣 ISJG	丈 DYI	蒸 ABIO
盈 ECLF	于 GFK	鸳 QBQG	砸 DAMH	札 SNN	帐 MHTY	挣 RQVH

睁 HQVH	殖 GQFH	治 ICKG	珠 GRIY	抓 RRHY	卓 HJJ	奏 DWGD
征 TGHG	执 RVYY	窒 PWGF	株 SRIY	爪 RHYI	桌 HJSU	揍 RDWD
狰 QTQH	值 WFHG	中 KHK	蛛 JRIY	拽 RJXT	兹 UXXU	租 TEGG
争 QVHJ	侄 WGCF	盅 KHLF	朱 RII	专 FNYI	咨 UQWK	足 KHU
怔 NGHG	址 FHG	忠 KHNU	猪 QTFJ	砖 DFNY	资 UQWM	卒 YWWF
整 GKIH	指 RXJG	钟 QKHH	诸 YFTJ	转 LFNY	姿 UQWV	族 YTTD
拯 RBIG	止 HHHG	衷 YKHE	诛 YRIY	撰 RNNW	滋 IUXX	祖 PYEG
正 GHD	趾 KHHG	终 XTUY	逐 EPI	赚 MUVO	淄 IVLG	诅 YEGG
政 GHTY	只 KWU	种 TKHH	竹 TTGH	篆 TXEU	孜 BTY	阻 BEGG
帧 MHHM	旨 XJF	肿 EKHH	烛 OJY	桩 SYFG	紫 HXXI	组 XEGG
症 UGHD	纸 XQAN	重 TGJF	煮 FTJO	庄 YFD	仔 WBG	钻 QHKG
郑 UDBH	志 FNU	仲 WKHH	拄 RYGG	装 UFYE	籽 OBG	纂 THDI
证 YGHG	挚 RVYR	众 WWWU	瞩 HNTY	妆 UVG	滓 IPUH	嘴 KHXF
芝 APU	掷 RUDB	舟 TEI	嘱 KNTY	撞 RUJF	子 BBBB	醉 SGYF
枝 SFCY	至 GCFF	周 MFKD	主 YGD	壮 UFG	自 THD	最 JBCU
支 FCU	致 GCFT	州 YTYH	著 AFTJ	状 UDY	渍 IGMY	罪 LDJD
吱 KFCY	置 LFHF	洲 IYTH	柱 SYGG	椎 SWYG	字 PBF	尊 USGF
蜘 JTDK	帜 MHKW	诌 YQVG	助 EGLN	锥 QWYG	鬃 DEPI	遵 USGP
知 TDKG	峙 MFFY	粥 XOXN	蛀 JYGG	追 WNNP	棕 SPFI	昨 JTHF
肢 EFCY	制 RMHJ	轴 LMG	贮 MPGG	赘 GQTM	踪 KHPI	左 DAF
脂 EXJG	智 TDKJ	肘 EFY	铸 QDTF	坠 BWFF	宗 PFIU	佐 WDAG
汁 IFH	秩 TRWY	帚 VPMH	筑 TAMY	缀 XCCC	综 XPFI	柞 STHF
之 PPPP	稚 TWYG	咒 KKMB	住 WYGG	谆 YYBG	总 UKNU	做 WDTY
织 XKWY	质 RFMI	皱 QVHC	注 IYGG	准 UWYG	纵 XWWY	作 WTHF
职 BKWY	炙 QOU	宙 PMF	祝 PYKQ	捉 RKHY	邹 QVBH	坐 WWFF
直 FHF	痔 UFFI	昼 NYJG	驻 CYGG	拙 RBMH	走 FHU	座 YWWF
植 SFHG	滞 IGKH	骤 CBCI				

2. 国标二级汉字（共计3 008个。按偏旁部首顺序排列）

丆 FHK	禹 JMHY	豙 IQFC	厝 DAJD	卣 HLNF	剽 SFIJ	仏 WTCY
兀 GJK	丿 TTLL	丶 YYLL	厣 DDLK	刂 JHH	劂 DUBJ	仂 WVYY
尢 GQV	匕 XTN	亟 BKCG	厥 DUBW	刈 QJH	剞 WYOJ	伛 WAQY
丐 GHNV	毛 TAV	鼐 EHNN	厮 DADR	刎 QRJH	劓 AWYJ	伧 WXXN
廿 AGHG	天 TDI	乜 NNV	靥 DDDL	刭 CAJH	劁 THLJ	伢 WAHT
卅 GKK	爻 QQU	乩 HKNN	赝 DWWM	刳 DFNJ	冂 MHN	伍 WGNN
丕 GIGF	厄 RGBV	亓 FJJ	匚 AGN	剀 MQJH	罔 MUYN	仵 WTFH
亘 GJGF	氏 QAYI	芈 GJGH	叵 AKD	剐 MNJH	亻 WTH	伥 WTAY
丞 BIGF	囟 TLQI	孛 FPBF	瓯 ALVV	剌 GKIJ	仃 WSH	伦 WWBN
禺 GKMH	胤 TXEN	啬 FULK	匮 AKHM	剞 DSKJ	仉 WMN	伉 WYMN
孬 GIVB	馗 VUTH	赧 DNHC	匾 AYNA	剡 OOJH	仂 WLN	伫 WPGG
噩 GKKK	毓 TXGQ	仄 DWI	赜 AHKM	剜 PQBJ	仁 WDG	佞 WFVG
丨 HHLL	睾 TLFF	库 DLK	卦 FFHY	劐 AEEJ	亿 WTNN	伲 WHHY

攸 WHTY	偕 WXXR	襄 YRVE	诹 YBCY	鄙 FKKB	垆 FHNT
佚 WRWY	偶 WJQN	裔 YOMW	诼 YEYY	酆 DHDB	坼 FRYY
佝 WQKG	偎 WLGE	衰 YVEU	逶 YTVG	刍 QVF	坻 FQAY
佟 WTUY	偬 WQRN	稟 YLKI	澳 YVWY	奂 QMDU	坨 FPXN
佗 WPXN	偻 WOVG	赢 YNKY	谂 YWYN	劢 DNLN	坭 FNXN
伲 WNXN	侻 WIPQ	赢 YNKY	诣 YQVG	劬 QKLN	坶 FXGU
伽 WLKG	傧 WPRW	赢 YNKY	译 YYWF	劭 VKLN	坳 FXLN
佶 WFKG	傕 WCWY	冫 UYG	谌 YADN	劲 YNTL	垭 FGOG
伻 WBG	傺 WWFI	沔 UGXG	谏 YGLI	勖 LKSK	垤 FGCF
侑 WDEG	僖 WFKK	冽 UGQJ	谑 YHAG	勐 BLLN	垌 FMGK
侉 WDFN	傲 WAQT	冼 UTFQ	谒 YJQN	勘 JHLN	垲 FMNN
侃 WKQN	僭 WAQJ	淞 USWC	谔 YKKN	飑 LLLN	埏 FTHP
侏 WRIY	僬 WWYO	冖 PYN	谕 YWGJ	叟 VHCU	坰 FTMK
俏 WWEG	僦 WYIN	冢 PEYU	谖 YEFC	夒 OYOC	垧 FYBH
佻 WIQN	僮 WUJF	冥 PJUU	谙 YUJG	矍 HHWC	垓 FYNW
侪 WYJH	儇 WLGE	讠 YYN	谛 YUPH	乀 PNY	垠 FVEY
佼 WUQY	儋 WQDY	计 YFH	谥 YUQK	凵 BNH	埕 FKGG
依 WPEY	全 WAF	讧 YAG	谝 YYNA	凼 IBK	埘 FJFY
伴 WCRH	余 WIU	讪 YMH	谟 YAJD	凼 QOBX	埚 FKMW
俦 WDTF	佘 WFIU	讴 YAQY	说 YIPQ	厶 CNY	埙 FKMY
俨 WGOD	金 WGIF	讵 YANG	谖 YLWT	弁 CAJ	堉 FEFY
俪 WGMY	俎 WWEG	讷 YMWY	谥 YUWL	畚 CDLF	垸 FPFQ
俅 WFIY	龠 WGKA	诂 YDG	谧 YNTL	矨 CAYQ	填 FFHG
俚 WJFG	余 TYIU	诃 YSKG	谪 YUMD	坌 WVFF	埯 FDJN
俣 WKGD	余 TYOU	诋 YQAY	谰 YUEV	垩 GOGF	场 FJQR
傔 WMGN	分 WGNB	诏 YVKG	潜 YAQJ	垡 WAFF	坤 FRTF
俑 WCEH	巽 NNAW	诎 YBMH	谯 YWYO	墊 YBVF	埝 FWYN
俟 WCTD	黄 IPAW	诒 YCKG	谲 YCBK	鏧 GJFF	堋 FEEG
俸 WDWH	鹹 UTHG	诓 YAGG	谳 YFMD	雍 YXTF	块 FQKY
倩 WGEG	輾 UJFE	诔 YDIY	谵 YQDY	壑 HPGF	埽 FVPH
偌 WADK	爂 UHTT	诖 YFFG	谶 YWWG	圩 FGFH	埭 FVIY
俳 WDJD	勹 QTN	诘 YFKG	卩 BNH	圬 FFNN	堀 FNBM
倬 WHJH	匍 QGEY	诙 YDOY	卺 BIGB	圪 FTNN	堞 FANS
倏 WHTD	匋 QYD	诜 YTFQ	卩 BNH	圳 FKH	埴 FSFG
倮 WJSY	匐 QGKL	诟 YRGK	阢 BGQN	圹 FYT	塄 FLYN
倭 WTVG	兔 QYNM	诠 YWGG	郾 AJVB	圯 FNN	塅 FWND
俾 WRTF	夗 MGQI	净 YQVH	阰 BFJH	圮 FNN	堉 FGKH
倜 WMFK	兕 MMGQ	诨 YPLH	阪 BRCY	坜 FDLN	塬 FDRI
宿 WPNN	亠 YYG	诮 YIEG	陆 BHKG	圻 FRH	墁 FJLC
倥 WPWA	兖 UCQB	诰 YTFK	阼 BTHF	坂 FRCY	埔 FYVH
倨 WNDG	亳 YPTA	诳 YQTG	陂 BHCY	坩 FAFG	堍 FIVS
偾 WFAM	衮 UCEU	诶 YCTD	陉 BCAG	坭 FDXN	墀 FNIH
偓 WAJV	袤 YCBE		陔 BYNW	坫 FHKG	馨 FNMJ

鼖 FKUF	茼 AMKF	葶 AFPB	菰 ABRY	蕹 AIAS	尢 DNV	㧓 RUBE
懿 FPGN	茌 AWFF	荮 AJFU	菌 ABIB	蔻 APFL	尥 DNQY	㨄 RNAE
艹 AGHH	苻 AWFU	莴 AKMW	莫 ADHD	蒨 APWJ	尬 DNWJ	㧯 RXUU
艽 AVB	苓 AWYC	莠 ATEB	封 AFFF	蓼 ANWE	尴 DNJL	㩐 RCCS
艻 AEB	茑 AQYG	莪 ATRT	葚 AADN	蕙 AGJN	扌 RGHG	㩸 RLXI
芏 AFF	茚 AQGB	莓 ATXU	葙 ASHF	覃 ASJJ	扪 RUN	㩴 RMMV
芉 ATFJ	苘 AQTB	荷 AWHT	葳 ADGT	蕨 ADUW	扚 RFNY	㩲 RYAO
芨 AEYU	荚 APFF	苊 AWUF	葴 ADMT	蕤 AETG	抻 RJHH	㩽 RNBT
芫 AVYU	荧 APNF	茶 AWTU	葺 AXXR	蔁 AJBC	拊 RWFY	㩾 RNRG
芎 AXB	芘 ANAB	莶 AWGI	葺 AKBF	蔜 AKBT	㧣 RCAH	㩿 RFKM
芭 ANB	苕 AVKF	莘 AEBF	黄 AKHM	曹 ALPH	㧈 RXLN	㩵 RQGJ
芞 AXTR	茜 ASF	蓤 AEVF	蒽 ALNU	蕃 ATOL	拮 RFKG	㩿 RUSF
芙 AFWU	黄 AGXW	莸 AQTN	蕚 AKKN	蕲 AUJR	挢 RTDJ	㩼 RPWH
芜 AFQB	荛 AATQ	荻 AQTO	葆 AWKS	蕻 ADAW	挐 RVQY	㩿 RFJF
芸 AFCU	荜 AXXF	莝 AUJ	葩 ARCB	蕹 AGQG	把 RKCN	㩿 RLGE
芾 AGMH	茈 AHXB	莞 APFQ	葶 AYPS	薨 ALPX	㧗 REFY	㩿 RNKU
芨 AFCU	莒 AKKF	莨 AYVE	蒌 AOVF	薇 ATMT	捃 RVTK	㩿 RTHJ
苈 ADLB	茼 AMGK	莺 APQG	溇 AIRE	薏 AUJN	㧞 RGDN	㩿 RNWY
苞 ADBB	茴 ALKF	莼 AXGN	萱 APGG	蕹 AYXY	捓 RBBH	㩿 RFWY
苣 AANF	茱 ARIU	菁 AGEF	葭 ANHC	薮 AOVT	捱 RDFF	㩿 RTHI
芘 AXXB	莛 ATFP	萁 AADW	蓁 ADWT	薛 ANKU	捽 RDFI	㩿 RGKE
芷 AHF	荞 ATDJ	菥 ASRJ	著 AFTJ	薷 AVDF	㨿 RDSK	弋 AGNY
芮 AMWU	茯 AWDU	菘 ASWC	蔈 ADFF	薹 AFKF	㨪 RLGY	式 ANI
苋 AMQB	荏 AWTF	堇 AKGF	蓍 AJDC	薷 AFDJ	捭 RRTF	弎 AAFD
苌 ATAY	荇 ATFH	萘 ADFI	蒽 ALDN	薫 ATGO	掬 RQOY	弑 QSAA
苁 AWWU	荃 AWGF	姜 AGVV	蓓 AWUK	薛 AQGD	掊 RUKG	卟 KHY
芩 AWYN	荟 AWFC	菝 ARDC	蕹 AWCN	藁 AYMS	捵 RYND	叱 KXN
芴 AQRR	荀 AQJF	菽 AHIC	蒿 AYMK	藜 ATQI	掮 RYNE	叽 KMN
芡 AQWU	茗 AQKF	菖 AJJF	蒺 AUTD	藿 AFWY	掼 RXFM	叩 KBH
芪 AQAB	荠 AYJJ	帖 AMHK	蔺 AYBC	蓬 AHAP	㨋 RANS	叨 KVN
芰 AMCU	茭 AUQU	黄 AVWU	蒡 AUPY	蘅 ATQH	揸 RSJG	叻 KLN
苄 AYHU	荒 AYCQ	萆 ARTF	蒹 AUVO	蘩 ATXI	揠 RAJV	吒 KTAN
苤 APGF	茳 AIAF	菔 AEBC	萌 AUBE	蘖 AWNS	㨴 RQQW	吖 KUHH
芤 ABNB	荸 APRH	菔 AEBC	蓤 AIYE	蘼 AYSD	揄 RWGJ	吆 KXY
苊 ANYW	荣 APIU	菟 AQKY	蓥 APQF	卅 AGTH	揩 RUJG	呋 KFWY
茉 AGSU	荨 AVFU	菩 AQVF	蒨 ACBM	弈 YOAJ	揎 RPGG	呒 KFQN
苷 AAFF	茛 AVEU	萃 AYWF	薇 AGKW	奔 DKJ	搬 RNUA	呓 KANN
苯 AGIG	荵 ANYU	菥 AYWU	薨 ALPN	奁 DAQU	揆 RWGD	呔 KDYY
茏 ADXB	荑 ANUD	萑 AIEG	兜 AQRQ	奂 DBF	揪 RXEY	呖 KDLN
苲 ADCU	苏 ABIU	菪 APDF	蓬 ATHH	奕 YODU	㨫 RHAN	呃 KDBN
苜 AHF	荭 AXAF	菅 APNN	蔟 AWGT	奚 EXDU	搵 RLDN	吡 KXXN
苴 AEGF	荮 AXFU	菀 APQB	蔌 AYTD	奘 NHDD	㨤 RRHM	呗 KMY
菁 AMFF	茨 AFQW	紫 APXI	蔺 AUWY	匏 DFNN	搛 RUVO	呙 KMWU

吣 KNY	唢 KIMY	嗉 KGXI	噻 KPFF	岽 MAIU	徇 TQJG	猬 QTLE
吲 KXHH	唿 KRAN	嘟 KFTB	噼 KNKU	岬 MLH	徉 TUDH	猸 QTNH
哂 KAMH	唏 KQDH	嗑 KFCL	嚅 KFDJ	岫 MMG	後 TXTY	猱 QTCS
咔 KHHY	唑 KWWF	嗫 KBCC	嚓 KPWI	岱 WAMJ	徕 TGOY	獐 QTUJ
呷 KLH	唧 KVCB	嗬 KAWK	嚯 KFWY	岣 MQKG	徙 THHY	獍 QTUQ
呱 KRCY	唪 KDWH	嗔 KFHW	囔 KGKE	峁 MQTB	徜 TIMK	獗 QTDW
呤 KWYC	啧 KGMY	嗦 KFPI	囗 LHNG	岷 MNAN	徨 TRGG	獠 QTDI
咚 KTUY	喏 KADK	嗝 KGKH	囝 LBD	峄 MCFH	徭 TERM	獬 QTQH
咛 KPSH	喵 KALG	嗄 KDHT	囡 LVD	峒 MMGK	徵 TMGT	獯 QTTO
咄 KBMH	啉 KSSY	嗯 KLDN	囵 LWXV	峤 MTDJ	徼 TRYT	獾 QTAY
呶 KVCY	啭 KLFY	嗥 KRDF	囫 LQRE	峋 MQJG	衢 THHH	舛 QAHH
呦 KXLN	啁 KMFK	嗲 KWQQ	囹 LWYC	峥 MQVH	彡 ETTT	夥 JSQQ
咝 KXXG	啕 KQRM	嗳 KEPC	囿 LDED	崂 MAPL	犭 QTE	飧 QWYE
哐 KAGG	唿 KQRN	嗌 KUWL	圄 LGKD	崃 MGOY	犰 QTVN	夤 QPGW
咭 KFKG	啐 KYWF	嗍 KUBE	圊 LGED	崧 MSWC	犴 QTFH	夂 TTNY
哂 KSG	唼 KUVG	嗨 KITU	圉 LFUF	崦 MDJN	犷 QTYT	饣 QNB
咴 KDOY	啃 KYCE	嗵 KCEP	圜 LLGE	崮 MLDF	犸 QTCG	饧 QNNR
哒 KDPY	啖 KOOY	嗤 KBHJ	帏 MHFH	崤 MQDE	狃 QTNF	饨 QNGN
咧 KGQJ	啵 KIHC	辔 XLXK	帙 MHRW	崞 MYBG	狁 QTCQ	饩 QNRN
咦 KGXW	啶 KPGH	嘞 KAFL	帔 MHHC	崆 MPWA	狎 QTLH	饪 QNTF
哓 KATQ	啷 KYVB	嘈 KGMJ	帑 VCMH	崛 MNBM	狍 QTQN	饫 QNTD
哔 KXXF	喉 KYND	嘌 KSFI	帱 MHDF	嵘 MAPS	狒 QTXJ	饬 QNTL
呲 KHXN	喇 KNMJ	嘁 KDHT	帻 MHGM	崾 MSVG	狨 QTAD	饴 QNCK
咣 KIQN	啜 KCCC	嘤 KMMV	帼 MHLY	崴 MDGT	狯 QTWC	饷 QNTK
哕 KMQY	喋 KANS	嘣 KMEE	帷 MHWY	崽 MLNU	狩 QTPF	饽 QNFB
咻 KWSY	嗒 KAWK	嗾 KYTD	幄 MHNF	嵬 MRQC	狲 QTBI	馀 QNWT
咿 KWVT	喃 KFMF	嘀 KUMD	幔 MHJC	嵛 MWGJ	狴 QTXF	馄 QNJX
哌 KREY	喱 KDJF	嘧 KPNM	幛 MHUJ	嵯 MUDA	狷 QTKE	馇 QNSG
哙 KWFC	喹 KDFF	嘭 KFKE	幞 MHOY	嵝 MOVG	猁 QTTJ	馊 QNVC
哚 KMSY	喈 KXXR	噘 KDUW	幡 MHTL	嵫 MUXX	狳 QTWT	馍 QNAD
哜 KYJH	喁 KJMY	嘹 KDUI	岌 MEYU	嵋 MNHG	猃 QTWI	馐 QNUF
咩 KUDH	喟 KLEG	噗 KOGY	屺 MNN	嵊 MTUQ	狺 QTYG	馑 QNAG
咪 KOY	啾 KTOY	嘬 KJBC	岍 MGAH	嵩 MYMK	狻 QTCT	馓 QNAT
咤 KPTA	嗖 KVHC	噍 KWYO	岐 MFCY	嵴 MIWE	猗 QTDK	馔 QNNW
哝 KPEY	喑 KUJG	噢 KTMD	岖 MAQY	嶂 MUJH	猓 QTJS	馕 QNGE
哏 KVEY	啻 UPMK	噙 KWYC	岈 MAHT	嶙 MOQH	猡 QTLQ	庀 YXV
哞 KCRH	嗟 KUDA	噜 KQGJ	岘 MMQN	嶝 MWGU	猊 QTVQ	庑 YFQV
唛 KGTY	喽 KOVG	噌 KULJ	岙 TDMJ	豳 EEMK	猞 QTWK	庋 YFCI
哧 KFOY	喾 IPTK	噔 KWGU	岑 MWYN	嶷 MXTH	猝 QTYF	庖 YQNV
唠 KAPL	喔 KNGF	嚆 KAYK	岚 MMQU	巅 MFHM	猕 QTXI	庥 YWSI
哽 KGJQ	喙 KXEY	噤 KSSI	岜 MCB	彳 TTTH	猢 QTDE	庠 YUDK
唔 KGKG	嗪 KDWT	噱 KHAE	岵 MDG	彷 TYN	猹 QTSG	庹 YANY
唧 KRRH	嗷 KGQT	噫 KUJN	岢 MSKF	徂 TEGG	猥 QTLE	庵 YDJN

庾 YVWI	悚 NGKI	阆 UYVE	泮 IUFH	泚 IECN	潋 IWGT	塞 PFJH
庳 YRTF	悭 NJCF	阈 UAKG	沱 IPXN	淙 IPFI	潴 IQTJ	謇 PFJY
赓 YVWM	悝 NJFG	闱 UJJD	泓 IXCY	浦 IPJH	漪 IQTK	辶 PYNY
廒 YGQT	悃 NLSY	阅 UVQV	泯 INAN	渌 IVIY	漉 IYNX	迓 AHTP
廑 YAKG	悒 NKCN	阌 UEPC	泾 ICAG	涮 INMJ	漾 IYTH	迕 TFPK
廛 YJFF	悌 NUXT	阇 UQAJ	洇 IGJG	潆 IANS	潵 INBT	迥 MKPD
廨 YQEH	悛 NCWT	阏 UYWU	洧 IDEG	溧 IANS	澍 IFKF	迮 THFP
廪 YYLI	悄 NAGW	阗 UHDI	洌 IGQJ	湮 ISFG	潲 IADR	迤 TBPV
膺 YWWE	悴 NFUF	阖 UWGD	浃 IGUW	涵 IDMD	潲 ISSE	迩 QIPI
忄 NYHY	悱 NDJD	阓 UFCL	浈 IHMY	漱 ITOY	潲 ITIE	迦 LKPD
忉 NVN	惝 NIMK	阗 UFHW	洇 ILDY	溲 IVHC	潼 IUJF	迳 CAPD
忖 NFY	惘 NMUN	阙 UUBW	洞 ILKG	渲 IPGG	潺 INBB	迫 CKPD
忏 NTFH	惆 NMFK	阚 UNBT	洙 IRIY	淑 IWTC	瀚 IGKM	迨 RGKP
忱 NFQN	惚 NQRN	扌 UYGH	泊 ITHG	溢 IWVL	滩 IHWY	逢 TAHP
忮 NFCY	悴 NYWF	爿 NHDE	洫 ITLG	渝 IUEJ	澧 IMAU	逋 GEHP
怄 NAQY	愠 NJLG	戕 NHDA	浍 IWFC	湟 IRGG	澹 IQDY	逦 GMYP
忡 NKHH	愦 NKHM	氵 IYYG	洮 IIQN	渥 INGF	澶 IYLG	逑 FIYP
忭 NTFH	愕 NKKN	汔 ITNN	淘 IQJG	湄 INHG	濂 IYUO	逍 IEPD
忾 NRNN	愣 NLYN	汜 INN	泽 ITAH	滟 IDHC	濡 IFDJ	逖 QTOP
怅 NTAY	惴 NMDJ	汉 ICYY	浏 IYJH	溱 IDWT	濮 IWOY	逵 CWTP
怆 NWBN	愀 NTOY	沣 IDHH	浒 IYTF	溢 IFCL	鼻 ITHJ	逯 FWFP
忪 NWCY	愎 NTJT	沅 IFQN	浔 IVFY	滠 IBCC	濠 IYPE	逶 TVPD
怍 NYHY	愫 NGXI	沐 ISY	洳 IVKG	潆 IADA	濯 INWY	道 PNHP
忸 NNFG	慊 NUVO	沔 IGHN	涑 IGKI	滢 IAPY	瀚 IFJN	逯 VIPI
怙 NDG	慵 NYVH	沌 IGBN	浯 IGKG	溥 IGEF	瀣 IHQG	嵝 MDMP
怵 NSYY	憬 NJYI	汩 IJG	涞 IGOY	溧 ISSY	瀛 IYNY	遑 RGPD
怦 NGUH	憔 NWYO	汨 IJG	涧 ILFH	溇 IDFF	瀹 IWGA	遒 USGP
怛 NJGG	懂 NUJF	汴 IYHY	湿 IKHY	漏 IJNG	灌 IOLW	遐 NHFP
快 NMDY	憷 NSSH	汶 IYY	涓 IKEG	涸 ILEY	灏 IJYM	遨 GQTP
作 NTHF	懔 NYLI	沆 IYMN	涔 IMWN	滗 ITTN	瀰 IFAE	遘 FJGP
怩 NNXN	懵 NALH	沩 IYLY	浜 IRGW	溴 ITHD	宀 PYYN	遢 JNPD
怫 NXJH	忝 GDNU	渤 IBLN	浠 IQDH	滢 IWQU	宄 PVB	遒 QYVP
怊 NVKG	燹 BDAN	汧 IAFG	涴 IQKQ	溏 IYVK	宕 PDF	暹 JWYP
怿 NCFH	闩 UGD	沐 ISYY	浣 IPFQ	滂 IUPY	宓 PNTR	遴 OQAP
怡 NCKG	闫 UDD	泷 IDXN	渚 IFTJ	溟 IPJU	宥 PDEF	邂 HAEP
㤠 NFCL	闱 UFNH	泸 IHNT	淇 IADW	潢 IAMW	宸 PDFE	邈 QEVP
恹 NDDY	闵 UDCI	泱 IMDY	淅 ISRH	漤 IAPI	甯 PNEJ	邃 EERP
恻 NMJH	闶 UYI	泗 ILG	淞 ISWC	潇 IAVJ	骞 PFJC	邋 PWUP
恺 NMNN	阅 UYMV	泡 ITBN	渎 IFND	溇 ISSV	搴 PFJR	邋 VLQP
恂 NQJG	囡 UDPI	泠 IWYC	涿 IEYY	漕 IGMJ	寤 PNHK	彐 VNGG
恪 NTKG	间 UKKD	泖 IQTB	湄 ILGJ	潩 IHAH	寮 PDUI	彗 DHDV
悝 NPLH	闻 ULSI	泺 IQIY	浼 IKJN	漯 ILXI	寨 PFJE	彖 XEU
悖 NFPB	阃 UQJN	泫 IYXY	淦 IQG	潎 IKKN	寰 PLGE	彘 XGXX

尻 NVV	娣 VUXT	驸 CWFY	绡 XIEG	缵 XTFM	瑠 GVTQ	枰 SGUH
㞞 NYKW	娓 VNTN	驹 CQVG	绨 XUXT	幺 XNNY	瑗 GEPC	栌 SHNT
屐 NTFC	婀 VBSK	驿 CCFH	绫 XFWT	畿 XXAL	瑭 GYVK	枷 SLH
屙 NBSK	婧 VGEG	驽 VCCF	绮 XDSK	巛 VNNN	瑾 GAKG	栝 SKGN
屣 NBBB	婊 VGEY	驵 CCKG	绯 XDJD	甾 VLF	璜 GAMW	柚 SMG
屟 NTHH	婕 VGVH	骁 CATQ	缟 XIMK	邕 VKCB	瓔 GMMV	枳 SKWY
屦 NTOV	娟 VJJG	骅 CWXF	绲 XJXX	玎 GSH	璀 GMWY	栎 SRYY
屩 NUDD	婢 VRTF	骈 CUAH	缍 XTGF	玑 GMN	璁 GTLN	栀 SRGB
弪 XCAG	婵 VUJF	骊 CGMY	绥 XEPC	玮 GFNH	璇 GYTH	柃 SWYC
弩 VCXB	媐 VCMW	骐 CADW	绺 XTHK	玢 GWVN	璋 GUJH	枸 SQKG
弭 XBG	媪 VJLG	骒 CJSY	绻 XUDB	玫 GYY	璞 GOGY	柢 SQAY
弰 XJQC	媛 VEFC	骓 CWYG	绾 XPNN	珏 GGYY	璨 GHQO	栎 SQIY
弼 XDJX	婷 VYPS	骖 CCDE	缁 XVLG	珂 GSKG	璩 GHAE	柁 SPXN
鬻 XOXH	婆 CBTV	鸷 BHIC	缂 XAFH	珑 GDXN	璐 GKHK	柽 SCFG
屮 BHK	媾 VFJF	鹜 CBTC	缃 XSHG	玷 GHKG	璧 NKUY	栲 SFTN
妁 VQYY	媳 VTLX	鹭 GQTC	缇 XJGH	玳 GWAY	瓒 GTFM	栳 SFTX
妃 VNN	媛 VEPC	骝 CQYL	纱 XHIT	珀 GRG	瑿 WFMY	桠 SGOG
妍 VGAH	嫔 VPRW	骟 CYNN	缋 XKHM	珉 GNAN	韪 JGHH	桡 SATQ
妩 VFQN	媸 VBHJ	骠 CSFI	缌 XLNY	珈 GLKG	韫 FNHL	桎 SGCF
妪 VAQY	嫠 FITV	骢 CTLN	缠 XWGQ	珥 GBG	韬 FNHV	桢 SHMY
妣 VXXN	嫣 VGHO	骣 CNBB	缑 XWND	珙 GAWY	珙 GAWY	桃 SIQN
妗 VWYN	嬉 VFKK	骧 CUXW	缒 XWNP	顼 GDMY	项 GDMY	桤 SMNN
姊 VTNT	嫦 VIPH	骦 CYKE	缙 XNAJ	珧 GAHB	珥 GBG	梃 STFP
妫 VYLY	嬷 VLXI	乡 XXXX	缗 XGOJ	珩 GTFH	机 SGQN	栝 STDG
姐 VNFG	嫜 VUJH	纤 XGFH	缜 XFHW	珲 GIQN	杓 SQYY	柏 SVG
好 VCBH	嬉 VFKK	纩 XFY	缛 XDFF	珞 GTKG	杞 SNN	桦 SWXF
姒 VNYW	嬗 VYLG	纥 XTNN	缟 XYMK	玺 QIGY	权 SCYY	桁 STFH
姐 VJGG	嬖 NKUV	纨 XVYY	缡 XYBC	珲 GPLH	杩 SCG	桧 SWFC
妯 VMG	嬲 LLVL	旷 XYT	缢 XUWL	琏 GLPY	枥 SDLN	桀 QAHS
姗 VMMG	嬷 VYSC	纭 XFCY	缣 XUVO	琪 GADW	枇 SXXN	栾 YOSU
妾 UVF	孀 VFSH	纰 XXXN	缤 XPRW	瑛 GAMD	杪 SITT	桼 UDSU
娅 VGOG	孓 EIU	纾 XCBH	缥 XSFI	琦 GDSK	杳 SJF	桉 SPVG
娆 VATQ	杂 IDIU	绀 XAFG	缦 XJLC	琥 GHAM	柄 SMWY	栩 SNG
姝 VRIY	孚 EBF	绁 XANN	缧 XLXI	琨 GJXX	枧 SMQN	梵 SSMY
娈 YOVF	孥 VCBF	绂 XDCY	缪 XNWE	琰 GOOY	杵 STFH	梏 STFK
姣 VUQY	孥 UXXB	绉 XQVG	缫 XVJS	琼 GPFI	枨 STAY	桴 SEBG
姘 VUAH	孑 BNHG	绋 XXJH	缬 XFKM	琬 GPQB	枞 SWWY	梅 SQEH
姹 VPTA	孓 BYI	绗 XTFH	缭 XDUI	琛 GPWS	枭 QYNS	梓 SUH
娌 VJFG	孢 BQNN	绛 XTAH	缯 XULJ	琚 GNDG	桔 STFK	梢 SIIT
娉 VMGN	驵 CEGG	绠 XGJQ	缰 XGLG	瑁 GJHG	枋 SYN	梖 SVOY
娲 VKMW	骀 CLG		缱 XKHP	瑜 GWGJ	杷 SCN	楮 SFTJ
娴 VUSY			缲 XKKS	瑷 GEFC	柰 SFIU	梦 SSWV
娑 IITV			缳 XLGE	瑕 GNHC	柟 SABH	棂 SFND

檠 LRSU	槭 SDHT	轩 LTUH	曷 JQWN	覯 FJGQ	牒 THGS
棹 SHJH	樗 SFFN	轪 LQIY	旮 THJF	觀 AKGQ	牖 THGY
椤 SLQY	橙 SIPF	轺 LVKG	昂 JQTB	覷 HAOQ	爱 EFTC
棰 STGF	獒 QTFS	轼 LAAG	昱 JUF	牮 WARH	虓 EFHM
椋 SYIY	槲 SQEF	轻 LGCF	昶 YNIJ	罕 XKJH	刖 EJH
椁 SYBG	橄 SNBT	辂 LWGG	昵 JNXN	牝 TRXN	肪 EFNN
楗 SVFP	樾 SFHT	辁 LTKG	耆 FTXJ	牦 TRTN	肜 EET
棣 SVIY	檗 AQKS	辋 LBNN	晟 JDNT	牯 TRDG	育 YNEF
椐 SNDG	橐 GKHS	辇 FWFL	晔 JWXF	牾 TRGK	胼 EFJH
椹 SDWD	橛 SDUW	辌 LMUN	晁 JIQB	牿 TRTK	肮 EFQN
椹 SADN	樵 SWYO	辍 LCCC	晏 JPVF	犄 TRDK	肽 EDYY
楠 SFMF	橼 SWYC	辐 LVLG	晖 JPLH	犋 TRHW	肫 EDCY
楂 SSJG	橹 SQGJ	辏 LDWD	晡 JGEY	犍 TRVP	胗 EGBN
楝 SGLI	樽 SUSF	辘 LYNX	晗 JWYK	犏 TRYA	胭 EMWY
榄 SJTQ	槸 SNIH	辚 LOQH	暴 JTHK	犒 TRYK	肴 QDEF
楫 SKBG	橘 SCBK	恚 GJFK	暄 JPGG	挈 DHVR	欣 EQWY
榀 SKKK	橡 SXXE	戈 GGGT	暌 JWGD	掔 IITR	胧 EDXN
椠 TDAS	槁 SFLG	戗 WBAT	暧 JEPC	掰 RWVR	胨 EAIY
楸 STOY	檐 SQDY	戛 DHAR	暝 JPJU	舜 RWGR	胪 EHHY
椴 SWDC	檩 SYLI	戟 FJAT	暾 JYBT	擘 NKUR	胪 EHNT
槌 SWNP	檗 NKUS	戢 KBNT	曛 JTGO	毛 FTXN	胛 ELH
榇 SUSY	檫 SPWI	戡 ADWA	曜 JNWY	毡 TFNH	胂 EJHH
桐 SUKK	猷 USGD	戥 JTGA	曦 JUGT	毳 TFNN	胄 MEF
槎 SUDA	葵 GQTD	戤 ECLA	曩 JYKE	毽 TFNP	胙 ETHF
桦 SIWH	殁 GQMC	戳 GOGA	贲 FAMU	毹 CDEN	胍 ERCY
楦 SPGG	殂 GQEG	臧 DNDT	贳 ANMU	氄 WGEN	胗 EWET
楣 SNHG	殇 GQTR	瓯 AQGN	贶 MKQN	氅 IMKN	胸 EQKG
楹 SECL	殄 GQWE	瓴 WYCN	贻 MCKG	氇 TFNJ	胝 EQAY
榛 SDWT	殒 GQKM	瓶 UKGN	赀 RVYM	氆 TFNJ	胫 ECAG
椎 SADD	殓 GQWJ	甏 FKUN	贽 HXMU	氍 HHWN	胱 EIQN
楛 SJNG	殍 GQEB	甑 ULJN	赅 MYNW	气 RNTR	胴 EMGK
桦 SWYF	殚 GQUF	甓 NKUN	赆 MNYU	氕 RNJJ	胭 ELDY
榭 STMF	殛 GQBG	支 HCU	赈 MDFE	氘 RNMJ	脍 EWFC
楗 SRDF	殡 GQPW	旮 VJF	赉 GOMU	氚 RNKJ	脎 EQSY
榱 SYKE	殪 GQFU	覓 JVB	赇 MFIY	氢 RNTU	胲 EYNW
樨 SYMK	轫 LVYY	旰 JFH	赍 FWWM	氩 RNGG	胼 EUAH
椟 UBTS	轭 LDBN	昊 JGDU	赊 MOOY	氤 RNLD	朕 EUDY
槟 SPRW	钻 LDG	昙 JFCU	赗 MGEF	氪 RNDQ	脒 EOY
榕 SPWK	轲 LSKG	杲 JSU	觇 HKMQ	氮 RNJL	豚 EEY
槠 SYFJ	铲 LHNT	昃 JDWU	觊 MNMQ	氲 RNJL	夂 TTGY
槁 SNIE	轵 LKWY	昕 JRH	觋 AWWQ	敕 GKIT	胙 EKMW
槿 SAKG	轶 LRWY	昀 JQUG	觌 FNUQ	敫 RYTY	脞 EWWF
樯 SFUK	轸 LWET	昙 JOU	觎 WGEQ	牍 THGD	脬 EEBG

脎 ENIY
腈 EGEG
腌 EDJN
腓 EDJD
腴 EVWY
腙 EPFI
腔 EPGH
腱 EVFP
滕 EDWD
腩 EFMF
腘 EDMD
腽 EJLG
腭 EKKN
腧 EWGJ
腠 EUDF
腠 EUDV
膈 EGKH
脊 YTEE
膑 EPRW
滕 EUDI
腔 EPWF
膪 EUPK
膙 EFKC
朦 EAPE
臊 EKKS
膻 EYLG
臁 EYUO
臌 EOQH
欤 GNGW
欷 QDMW
欹 DSKW
歃 TFVW
歆 UJQW
歌 WGKW
飑 MQQN
飒 UMQY
飓 MQHW
飕 MQVC
飙 DDDQ
飚 MQOO
殳 MCU
縠 FPGC
觳 FPLC

縠 FPGC	燧 OUEP	憨 NATN	碚 DUKG	睥 HRTC	钉 QUN	铠 QMNN
斐 DJDY	燊 EEOU	愿 AADN	碇 DPGH	睿 HPGH	钗 QCYY	铢 QRIY
畲 YDJJ	爛 OELF	憩 TDTN	碜 DCDE	膜 HVHC	钕 QVG	铤 QTFP
斓 YUGI	爨 WFMO	憋 YBTN	磋 DGXU	膵 HWGD	钚 QGIY	铥 QTFC
於 YWUY	⺌ OYYY	懋 SCBN	碣 DJQN	瞀 CBTH	钛 QDYY	铧 QWXF
施 YTGH	泰 DTFO	懑 IAGN	碲 DUPH	瞌 HFCL	钜 QANG	铨 QWGG
旄 YTTN	煦 JQKO	恋 UJTN	碹 DPGG	瞑 HPJU	钣 QRCY	铪 QWGK
旆 YTMY	熹 FKUO	卉 VHK	碥 DYNA	瞟 HSFI	钤 QWYN	铼 QQSY
旌 YTTG	戾 YNDI	聿 VFHK	磔 DQAS	瞠 HIPF	钫 QYN	铫 QIQN
旋 YTNX	扆 YNUF	沓 IJF	磙 DUCE	瞰 HNBT	钪 QYMN	铮 QQVH
旎 YTYQ	扃 YNMK	荥 IPIU	磉 DCCS	瞵 HOQH	钭 QUFH	铯 QQCN
旖 YTDK	扈 YNKC	森 IIIU	磬 FNMD	瞀 FKUH	钬 QOY	铳 QYCQ
炀 ONRT	扉 YNDD	矾 DMN	碌 DIAS	町 LSH	钯 QCN	锡 QINR
炜 OFNH	衤 PYI	矸 DFH	礅 DYBT	畀 LGJJ	钰 QGYY	铵 QPVG
炖 OGBN	祀 PYNN	砀 DNRT	磴 DWGU	犹 LDY	钲 QGHG	锕 QVKG
炝 OWBN	袄 PYGD	耆 DHDF	礓 DGLG	畋 LTY	钴 QDG	锗 QAPL
炻 ODG	祉 PYHG	砗 DLH	礞 DAWI	畈 LRCY	钶 QSKG	铼 QGOY
烀 OTUH	祛 PYFC	砘 DGBN	礤 DAPE	畛 LWET	钜 QANG	铽 QANY
炷 OYGG	祜 PYDG	砑 DAHT	礴 DAIF	畲 WFIL	饰 QDMH	铿 QJCF
炫 OYXY	被 PYDC	斫 DRH	尢 WGKX	畹 LPQB	钹 QDCY	锃 QKGG
炱 CKOU	祚 PYTF	砭 DTPY	肃 OGUI	瞳 LUJF	钺 QANT	锂 QJFG
烨 OWXF	祢 PYQI	砜 DMQY	潚 OGUC	罘 LGIU	钼 QHG	锆 QTFK
烊 OUDH	祗 PYQY	砝 DFCY	鸁 OGUY	罡 LGHF	钽 QJGG	锇 QTRT
焐 OGKG	祠 PYNK	砹 DAQY	旰 HGFH	罟 LDF	钿 QLG	锉 QWWF
焓 OWYK	祯 PYHM	砺 DDDN	晒 HGHN	詈 LYF	铄 QQIY	锊 QEFY
焖 OUNY	桃 PYIQ	耇 DXDF	眍 HAQY	罴 LDJN	铈 QYMH	铳 QYCQ
焯 OHJH	祺 PYAW	砟 DTHF	旽 HGBN	黑 LFCO	铉 QYXY	钢 QUGA
焱 OOOU	禅 PYUF	砼 DWAG	眇 HITT	罱 LFMF	铊 QPXN	铜 QUJG
煳 ODEG	禊 PYDD	砥 DQAY	眈 HPQN	罹 LNWY	铋 QNTT	银 QYVE
煜 OJUG	禚 PYUO	砬 DUG	眚 TGHF	羁 LAFC	铌 QNXN	锓 QVPC
煨 OLGE	禧 PYFK	砣 DPXN	智 QBHF	罾 LULJ	铍 QHCY	锔 QNNK
煅 OWDC	禳 PYYE	砩 DXJH	眙 HCKG	盍 FCLF	铎 QCFH	锕 QBSK
煲 WKSO	忑 GHNU	硎 DGAJ	眭 HFFG	盥 QGIL	铐 QFTN	锖 QGEG
煊 OPGG	志 HNU	硭 DAYN	眦 HHXN	蠲 UWLJ	铑 QFTX	锘 QADK
煸 OYNA	忝 CFNU	硖 DGUW	眵 HQQY	钅 QTGN	铒 QBG	锛 QDFA
煺 OVEP	恝 DHVN	硗 DATQ	眸 HCRH	钌 QNN	铕 QDEG	锝 QJGF
熘 OQYL	恚 FFNU	砦 HXDF	睐 HGOY	钇 QNN	铖 QDNT	锞 QJSY
熳 OJLC	恧 DMJN	硐 DMGK	睑 HWGI	钋 QHY	铗 QGUW	锟 QJXX
熵 OUMK	恁 WTFN	硇 DTLQ	睇 HUXT	钐 QATQ	铙 QATQ	锢 QLDG
熨 NFIO	恙 UGNU	硌 DTKG	睃 HCWT	钗 QBH	铤 QAHB	锪 QQRN
熠 ONRG	恣 UQWN	硪 DTRT	睚 HDFF	钍 QFG	铛 QIVG	锫 QUKG
燠 OTMD	恐 FPMN	碛 DGMY	睨 HVQN	钏 QKH	铝 QKMH	锩 QUDB
燔 OTOL	恝 TIFN	碓 DWYG	睢 HWYG	钐 QET	铟 QLDY	锬 QOOY

锚 QVLG	镳 QYNO	鸾 YOQG	痂 ULKD	竦 UGKI	襦 PUFJ	鼙 HIDF
锳 QDHD	锺 QTGF	鸹 FPBG	症 UGOG	岁 PWQU	襻 PUSR	虍 HAV
锴 QXXR	剑 TDXH	鹏 GMYG	痍 UGXW	穹 PWXB	疋 NHI	虔 HAYI
锶 QLNY	矬 TDWF	鸽 TFKG	痣 UFNI	窀 PWGN	胥 NHEF	虮 JNN
锷 QKKN	雉 TDWY	鸽 WWKG	痨 UAPL	窕 PWTP	鞭 PLHC	虬 JMN
锤 QTFV	秕 TXXN	鹈 USQG	痦 UGKD	窈 PWXL	皴 CWTC	蛋 DNJU
锇 QVHC	秭 TTNT	鹕 UXHG	痤 UWWF	窍 PWIQ	矜 CBTN	虺 GQJI
锾 QEFC	秔 TGSY	鹇 GAHG	痫 UUSI	窦 PWFD	耒 DII	虻 JTNN
锒 QYEY	秫 TSYY	鹋 ALQG	痧 UIIT	窠 PWJS	耔 DIBG	虹 JYNN
镂 QOVG	租 TKKG	鹌 DJNG	瘀 UEYI	窬 PWWJ	耖 DIIT	蚨 JFWY
锵 QUQF	稽 TDNM	鹍 RTFG	痱 UDJD	窨 PWUJ	耜 DINN	蚍 JXXN
锁 QXJM	稈 TEBG	鹑 YBQG	瘤 ULDD	窭 PWOV	耠 DIWK	蚋 JMWY
锢 QNHG	稂 TYVE	鹕 DEQG	痿 UTVD	窳 PWRY	耢 DIAL	蚬 JMQN
镆 QAJD	稞 TJSY	鹗 KKFG	痪 UVWI	衤 PUI	耥 DIIK	蚝 JTFN
镉 QGKH	稔 TWYN	鹚 UXXG	瘀 UYWU	衩 PUCY	耦 DIJY	蚧 JWJH
镌 QWYE	稹 TFHW	鹏 NHQG	瘅 UUJF	衲 PUMW	耧 DIOV	蚣 JWCY
锝 QWGR	稷 TLWT	鸶 CBTG	痢 UGUF	衽 PUTF	耩 DIFF	蚪 JUFH
镏 QQYL	稽 TFUK	鹠 ERMG	瘥 UGUF	衿 PUWN	耨 DIDF	蚓 JXHH
镒 QUWL	黏 TWIK	鹚 UVOG	痰 UWND	袂 PUNW	耱 DIYD	蚩 BHGJ
镓 QPEY	馥 TJTT	鹦 MMVG	瘩 UUDA	袢 PUUF	耋 FTXF	蚶 JAFG
镔 QPRW	穰 TYKE	鹤 YAOG	瘘 UOVD	裆 PUIV	耵 BSH	蛄 JDG
镖 QSFI	飯 RRCY	鹭 NWEG	痕 UNHC	袷 PUWK	聃 BMFG	蚵 JSKG
铿 QIPF	皎 RUQY	鹙 DUJG	瘙 UCYJ	袼 PUTK	聍 BWYC	蛎 JDDN
镘 QJLC	皓 RTFK	鹜 WYOG	瘾 UDHN	裉 PUVE	聍 BPSH	蚰 JMG
镙 QLXI	皙 SRRF	鸷 YIDG	瘝 UAJD	裢 PULP	聒 BTDG	蚺 JMFG
铺 QYVH	皤 RTOL	鹛 CBTG	瘢 UTEC	裎 PUKG	聩 BKHM	蚱 JTHF
镞 QYTD	跳 RCYW	鹮 QYNC	瘠 UIWE	裣 PUWI	聱 GQTB	蚯 JRGG
镟 QYTH	瓠 DFNY	鹭 KHTG	癀 UAMW	裥 PUUJ	覃 SJJ	蛉 JWYC
镝 QUMD	甬 CEJ	鹳 AKKG	疗 USFI	裱 PUGE	顼 FDMY	蛭 JCFG
镡 QSJH	鸠 VQYG	疒 UYGG	疗 ULXI	褚 PUFJ	顽 RDMY	蚴 JXLN
镢 QDUW	鸢 AQYG	疗 USK	瘿 UMMV	褐 PUJR	颃 YMDM	蛮 JMYJ
镁 QOGY	鸨 XFQG	疖 UBK	瘵 UWFI	禅 PURF	颉 FKDM	蛱 JGUW
镏 QQGJ	鸩 PQQG	疠 UDNV	癍 UBTG	裾 PUND	颌 WGKM	蛲 JATQ
镦 QYBT	鸪 DQYG	疝 UMK	癃 UBQN	褫 PUCC	颍 XIDM	蛏 JGCF
镧 QUGI	鸫 AIQG	疬 UDLV	瘳 UNWE	褡 PUAK	颏 YNTM	蛳 JJGH
镨 QUOJ	鸬 HNQG	疣 UDNV	瘢 UGYG	褙 PUUE	颔 WYNM	蛐 JMAG
镩 QPWH	鸲 QKQG	疳 UAFD	癫 UGKM	褓 PUWS	颚 KKFM	蜓 JTFP
锡 QXKJ	鸥 QAYG	疴 USKD	癔 UUJN	褛 PUOV	颛 MDMM	蛞 JTDG
镫 QWGU	鸳 XXGG	疸 UJGD	癜 UNAC	褊 PUYA	颞 BCCM	蛴 JYJH
镀 QAWC	鸸 DMJG	痄 UTHF	癖 UNKU	褴 PUJL	颟 AGMM	蛟 JUQY
镯 QLQJ	鸷 RVYG	疱 UQNV	癫 UFHM	褫 PURM	颡 CCCM	蚌 JUDH
镱 QUJN	鸹 TDQG	疰 UYGD	癯 UHHY	褶 PUNR	颢 JYIM	蛘 JCRH
镲 QPWI	鸺 WSQG	疹 UYXI	翊 UNG	襁 PUXJ	颥 FDMM	蜃 DFEJ

蜇 RRJU	蟛 JYVK	筜 TTHF	筑 TQRQ	羧 UDCT	趵 KHQY
蛸 JIEG	螃 JUPY	筍 TQKF	箧 TYNX	羯 UDJN	趺 KHEY
蜈 JKGD	螯 FOTJ	笠 TUF	箙 TONR	羰 UDMO	跏 KHGA
蜊 JTJH	蟥 JAMW	筒 TNGK	簟 TVEL	羲 UGTT	跗 KHFW
蜍 JWTY	蟑 JGMJ	笞 TVKF	簪 TSJJ	籼 OMH	跄 KHWB
蜉 JEBG	螺 JSFI	筇 TLKF	簦 TAQJ	籹 OTY	跖 KHDG
蛲 JUDN	螳 JIPF	笾 TLPU	簸 TWGU	粑 OCN	跅 KHWF
蜻 JGEG	蟋 JTON	笪 TCKF	簸 TADC	枥 ODDN	跚 KHMG
蜞 JADW	蠓 JQJE	筘 TRKF	籍 TGKM	粜 BMOU	跞 KHQI
蜥 JSRH	蟊 TUJJ	笧 TXXF	籀 TRQL	粞 OSG	跎 KHPX
蜮 JAKG	蟑 JUJH	笼 TTFP	臾 VWI	粱 UQWO	跏 KHLK
蜇 DJDJ	蜂 JYXF	筵 TTHP	舁 VAJ	粲 HQCO	跛 KHHC
螺 JJSY	蟊 CBTJ	筌 TWGF	舂 DWVF	粼 OQAB	跆 KHCK
蝈 JLGY	蟛 JFKE	筝 TQVH	舄 VQOU	粽 OPFI	跬 KHFF
蝎 JJQR	蟪 JGJN	筠 TFQU	臬 THSU	糁 OCDE	跷 KHAQ
蜱 JRTF	蟠 JTOL	笨 TAWW	衄 TLNF	糇 OWND	跫 KHXF
蜩 JMFK	蟢 JUDK	篁 TGJQ	舡 TEAG	糌 OTHJ	跌 KHTQ
蜷 JUDB	蟥 JAWC	笓 TRCB	舢 TEMH	糍 OUXX	跶 KHTP
蜿 JPQB	蟓 JAPE	筲 TIEF	舣 TEYQ	糈 ONHE	跻 KHYJ
蜋 JYVB	蟾 JQDY	筱 TWHT	舭 TEXX	糅 OCBS	跤 KHUQ
蜢 JBLG	蠊 JYUO	箐 TGEF	舯 TEKH	糗 OTHD	跟 KHYE
蝽 JDWJ	蠛 JALT	簀 TGMU	舨 TERC	糨 OXKJ	踉 KHNN
蝶 JAPS	蠢 XEJJ	筐 TAGW	舫 TEYN	艮 VEI	踔 KHHJ
蝻 JFMF	蠹 GKHJ	箸 TFTJ	舸 TESK	暨 VCAG	踝 KHJS
蝠 JGKL	蠼 JHHC	箬 TADK	舻 TEHN	羿 NAJ	踬 KHYA
蛙 JDFF	缶 RMK	箝 TRAF	舳 TEMG	翎 WYCN	踩 KHCS
蝌 JTUF	罄 MMRM	筹 TRCH	舴 TETF	翁 WGKN	踯 KHBC
蝮 JTJT	馨 FNMM	算 TLGJ	舶 TESG	翥 FTJN	踽 KHAW
螋 JVHC	罅 RMHH	笪 TUJF	艄 TEIE	翡 DJDN	蹀 KHED
蝓 JWGJ	舐 TDQA	笭 TPWA	艉 TENN	翦 UEJN	蹅 KHDF
蝣 JYTB	竺 TFF	笇 TPQB	艋 TEBL	翩 YNMN	蹉 KHDW
蝼 JOVG	竿 TGFJ	箫 TVIJ	艏 TEUH	翮 GKMN	蹼 KHOY
蝤 JUSG	笈 TEYU	箴 TDGT	艚 TEGJ	翳 ATDN	蹯 KHTL
蝙 JYNA	笃 TCF	簧 TKHM	艟 TEUF	糸 XIU	蹴 KHYN
螫 CBTJ	笄 TGAJ	筻 TRGF	艨 TEAE	絷 RVYI	蹶 KHLJ
蟓 JDWT	笕 TMQB	筊 TWND	衾 WYNE	綦 ADWI	蹒 KHAY
螯 GQTJ	笕 TRHY	箐 TFJF	袅 QYNE	綮 YNTI	蹦 KHYF
蟥 JAGW	第 TTNT	筐 TADD	袈 LKYE	豕 EGTY	躏 KHVN
蟒 JADA	笏 TQRR	箣 TSSU	裒 FIYE	豨 ERMI	躐 KHTM
蟆 JAJD	笱 TABJ	笕 TTLX	袤 IITE	蠡 GXFI	躜 KHOC
螈 JDRI	筲 TAKF	簏 TRHM	襞 NKUE	敷 GQFW	豸 EER
螅 JTHN	笪 TJGF	欶 TGKW	羝 UDQY	麴 FWWO	貂 EEVK
螭 JYBC	笙 TTGF	簋 TLDT	羟 UDCA	赳 FHNH	貊 EEDJ

犹 EEWS	霭 FYJN	鮚 QGHK	卿 QGVB	鳢 QGMU	髌 MEPW	麈 YNJQ
貘 EEAD	欻 FAET	鲈 QGHN	鲭 QGGE	靻 AFJG	饕 YXTE	麝 YNJF
貔 EETX	霍 FEEF	稣 QGTY	鲽 QGAS	鞅 AFMD	髟 DET	麟 YNJH
斛 QEUF	佳 WYG	鲋 QGWF	鳄 QGKN	鞑 AFDP	髡 DEGQ	黛 WALO
觖 QENW	隼 WYFJ	鲞 IPQG	鳅 QGTO	鞒 AFTJ	髦 DETN	黜 LFOM
觔 QETR	隽 WYEB	鲐 QGCK	鳆 QGTT	鞔 AFQQ	髯 DEMF	黝 LFOL
觚 QERY	雎 EGWY	鲑 QGFF	鳇 QGRG	鞲 AFAB	髻 DEVK	點 LFOK
觜 HXQE	雒 TKWY	鲒 QGFK	鳊 QGYA	鞠 AFQY	髭 DEFK	黟 LFOQ
觥 QEIQ	瞿 HHWY	鮪 QGDE	鳋 QGCJ	鞣 AFCS	髹 DEHX	黢 LFOT
觫 QEGI	雔 WYYY	鲕 QGDJ	鳌 GQTG	鞴 AFFF	鬃 DEWS	黩 LFOD
觯 QEUF	鍪 AMYQ	鲚 QGYJ	鳍 QGFJ	鞴 AFAE	鬈 DEUB	鸁 TQTO
訾 HXYF	鏊 YOQF	鲛 QGUQ	鳎 QGJN	骱 MEWJ	鬏 DETO	黥 LFOI
謦 FNMY	鋈 ITDQ	鳌 UDQG	鳏 QGLI	骰 MEMC	鬓 DEPW	黔 LFOE
靓 GEMQ	鏊 LRQF	鲟 QGVF	鳐 QGEM	骷 MEDG	鬟 DELE	黯 LFOJ
雺 FFNB	鋆 CBTQ	鲠 QGGQ	鳓 QGAL	鹘 MEQG	鬣 DEVN	黺 VNUV
霈 FDLB	鏊 GQTQ	鲡 QGGY	鳔 QGSI	骶 MEQY	麽 YSSC	黼 VNUM
雯 FYU	鎏 IYCQ	鲢 QGLP	鳕 QGFV	骺 MERK	麾 YSSN	黿 VNUK
霆 FTFP	鉴 NKUQ	鲣 QGJF	鳗 QGJC	骼 METK	縻 YSSI	黾 VNUV
霁 FYJJ	鑫 QQQF	鲥 QGJF	鳖 TXGG	髁 MEJS	麂 YNJM	鼋 VNUD
需 FIGH	鱿 QGDN	鲦 QGTS	鳙 QGYH	髀 MERF	麇 YNJT	鼍 THLV
霏 FDJD	鲂 QGYN	鲧 QGTI	鳜 QGDW	髋 MEOV	麈 YNJG	鼐 THLF
雮 FUVF	鲅 QGDC	鲨 IITG	鳝 QGUF	髂 MEPK	麋 YNJO	鼒 THLG
霪 FIEF	鲆 QGGH	鲩 QGPQ	鳟 QGUK	髌 MEPQ	麒 YNJW	

附录3　练习软件 WBZT 的使用

五笔字型汉字录入
无师自通练习系统
WBZT
第 3.0 版
使　用　手　册
版权所有　1995 年 3 月

关于 WBZT

1）引言

WBZT 是五笔字型汉字录入无师自通练习系统的汉字拼音简称,意五笔自通。

目前在计算机上流行的用于汉字录入训练的软件,大多功能简单、环境界面单调、操作烦琐、人工干预多、响应速度慢等,不同程度地影响上机效率。WBZT 明显改善了上机环境,可有效地提高上机效率,大大缩短训练周期。

WBZT 具有以下的特点:

(1)通用性 WBZT 的通用性体现在:

①可用于各种汉字输入法及英文打字的训练和考核;

②是计算机汉字录入员、操作员训练自己录入技术的全新工具;

③是承担计算机汉字录入课程教学人员的得力助手;

④是准备参加计算机汉字录入员资格考试人员的高水平教师;

⑤是社会各界招聘计算机汉字录入员的优秀判官。

(2)多功能 WBZT 由三大功能模块组成:

①练习:提供各种层次练习的子模块:

a.对照练习

b.随意练习

②考核:提供各种文本录入的速度与正确性测试子模快:

a.选取考核范文

b.选取考核时间

c.录入

d.校对

e.阅读考核范文

f.阅读录入范文

g.考核录入文本存盘

h.校核已录文本

i.设置考核标准

③成绩管理:可将各人次练习或考核的成绩存盘并可以多种可选排序方式打印或列显。

(3)系统性 WBZT 是练习与自测考核的有机结合体。

①预置汉字录入基础训练的全部练习范文。屏幕显示,对照录入。在练习的同时可反映录入的各项成绩(WBZT 已预置了五笔字型汉字录入技术的键名、成字字根、基本字根、末笔字型交叉识别码、简码、词组、常用汉字以及综合性连续文本等内容的范文)。

②可全面考核对连续文本或离散文本进行录入的能力。WBZT 把录入的文本与考核范文进行校对(即查错),自动找出录入文本的各种文字错误(如错字、漏字、重复字等)。

③可自行定义考核标准。考核标准项目如下:

及格速度: 字/min; 及格成绩: 分;

允许误码率: ‰; 速度增量得分: 分/字;

误码扣分率: 分/每字。

(4)直观性 多窗口运行界面。练习时屏幕上有范文对照,练习或考核中的各种数字一目了然(如时间、录入字数、正确字数、错误字数、遗漏字数、录入速度等)。

(5)高效性 练习或考核中的各种数字均同步显示在天地窗口中,录入时随时可同步看到自己的成绩。一次录入完毕后可立即转入下一轮练习或考核,完全不用人工计时、数字、查错等。高度自动化使上机效率特别高,效果特别好。

(6)方便性 由于采用多窗口多级菜单驱动,辅之必要的操作提示,选单极为方便。除极少处需键盘输入外,全部选单均用光标控制键加回车键操作。各级选单配合 Esc 键可使进退自如。练习录入中可用光标控制键→、←、↑、↓、Home、End、PageUp、PageDown 等键进行选字、选词及换页等操作,可用退格键←Backspace 退回重打。

特别地,可通过按 F1 键获得光标处字词的外码提示。

(7)灵活性　灵活性体现在三个方面:

①可由用户自己生成练习或考核范文;

②练习或考核范文可放在任意磁盘上的任意路径下;

③考核标准可随时自行调整设置。

2)WBZT 运行环境

(1)硬件环境

主　　机:PC、XT、AT、286、386 及各种 IBM 兼容机

内　　存:640KB

显示器:以下几种显示器均可

Monochrome	720×350	单色图形
EGA	640×350	彩色图形
COLOR400	640×400	彩色图形
VGA	640×480	彩色图形
SVGA、TVGA	$1\,024 \times 768$	彩色图形

其他显示器

注:VGA 版仅能在 VGA 显示器上运行。

驱动器:360KB 或 1.2MB 软盘驱动器

(2)软件环境

在各种汉字系统下均可运行 WBZT,WBZT 占内存极少。

为了方便使用并使 WBZT 运行时产生最佳视觉效果,该软件提供了一套简易的软汉字系统。

WBZT 功能简介

①本系统已预置为用于五笔字型输入法汉字录入训练的方式,但只要重新组织各练习范文,则可用于其他输入法的练习或自测考核。

②在练习模块下可对五笔字型录入技术中的键名、基本字根、末笔字型交叉识别码、各级简码、各级词组及常用字等进行一对一的对照练习,亦可进行离散文本、连续文本的对照录入。

③对照练习中可按 F1 键获得光标位置处对应字/词的外码提示。

④在考核模块下采用了与用字处理软件录入文稿相同的录入环境,自动地对离散文本、连续文本的录入速度及录入正确性进行测评。

在此模块下为最大限度地发挥录入的速度,采用了让全文录入完毕后再进行正确性校对的方法,WBZT 将把自选考核范文与录入文本进行比较,自动找出录入文本中相对于自选范文而言出现的重复字、错误字、遗漏字,并统计相应的字数,同步计算出正确录入速度(以正确字数及实用考核时间为计算依据)。

校对功能具有仿人工智能的特点,高速准确,可免去人工校对的麻烦。

在该模块内提供了能将已录入并存放在磁盘上的考核文本读入并校对的功能。

⑤可随意选择任何磁盘上任何路径下的练习或考核范文。WBZT 预置的各种练习、考核用范文均可由用户自己修改或重新建立（用字处理软件，如 WPS、WS、PE 等）。可直接读取 WPS 文件（不用转换）。

⑥可随意选择练习或考核时间，WBZT 自动计时并同步显示，时间到则中止练习或考核的录入。练习或考核中途也可人工中止录入而退出。

⑦在练习模块及考核模块下操作时，在屏幕上均同步显示各计数器当前计数：

当前所用时间、录入字数、当前/全文录入速度、正确字数、错误字数、遗漏字数及正确录入速度等数字

⑧可记录各人/次录入成绩，并可将成绩按多种要求排序显示或打印输出。

⑨本系统界面友好、直观。弹出式窗口树型菜单驱动，选单极为方便。选取练习文本的磁盘文件时，WBZT 提供了自动搜索方式。

⑩系统具有较强的容错能力，不会因误击键而死机。

WBZT 的启动

1）启动 WBZT 练习系统

WBZT 在设计上可运行于任何汉字系统，但因各汉字系统兼容性及所用五笔型输入模块或版本号间的差异，当在其他汉字系统下使用 WBZT 预置的各种练习范文进行练习时，录入效果可能不佳。故本系统随盘提供了一个软汉字系统 SPDOS 5.0 及版本号为 4.3 的五笔字型输入模块，可用此软汉字系统作支撑运行 WBZT。当然，也可以使用其他的汉字系统，不过 WBZT 运行时窗口显示的套色效果会有影响，同时也不能得到正确的外码提示。

下面是启动本系统的方法：

将本系统的盘放入 A 驱动器，打开计算机电源，此时首先自动启动汉字系统，随后按屏幕上显示出 WBZT 系统菜单。

也可以将 WBZT 考入硬盘任意目录下，建议用 XCOPY 命令进行，具体操作方法是：

①首先在硬盘上建一个子目录（也可不建）：

  MD C：\WBZT

  CD C：\WBZT

②然后打入下面的命令：

  C：\DOS\XCOPY A：*.*/S

③今后要运行 WBZT 只需先启动好汉字系统后，在硬盘目录 WBZT 下打入命令 WBZT30 即可。

2）说明

（1）如果要自行安装随盘的汉字系统（CCDOS 目录下），可按下面的说明操作：

A〉CD\CCDOS   （进入 CCDOS 目录）

A〉CHLIB   （安装汉字库）

A〉SPDOS   或 A＞SPDOS/参数   （启动汉字系统）

有参数时可选择为：

         /MON 或 /MDA——以单色图形显示方式启动

$/EGA$ 或 $/350$——以 EGA 方式启动

$/C40$ 或 $/400$——以 COLOR400 方式启动

$/GCH$ 或 $/450$——以长城 CH 方式启动

$/600$ 或 $/860$——以 800X600 方式启动

$/800$——以 800X600 方式启动

$/450$——以 640X480 方式启动

$/VGA$——以 VGA 方式启动

  A〉WBX   （安装五笔字型汉字输入法）

或者直接打入下面的命令：

  A〉CCDOS

  注意：此时的汉字系统只能用五笔字型汉字输入法输入汉字，拼音输入法无效，也不能使用联想功能（否则死机）。若要用拼音输入法并使用联想功能，则应安装拼音输入法，在软驱 A 中插入#1 号盘，键入

  A〉PY   （安装拼音输入法）

  强调：这样会占用大量内存，一则 WBZT 可能无法正常运行；二则使 WBZT 能处理的汉字数目大大下降。

  （2）运行 WBZT

  在 A 盘根目录下，键入下面命令：

  A〉WBZT30   （启动 WBZT 主程序）

  3）安装打印驱动程序

  若在运行 WBZT 中需要打印成绩单，则在运行 WBZT 之前应安装相应的打印驱动程序。随盘提供了一个 16 点阵的打印驱动程序，若要使用该打印驱动程序，则在软驱 A 中插入系统盘，键入命令：A〉PRT16，并按提示选择打印机型号生成相应的打印驱动程序（设名为 P16.COM，可放在其他盘上），则今后只需键入命令：

  A〉P16

即可装入打印驱动程序。

练习功能模块的使用

  在主菜单下用光标键↑↓将大光条移到 练 习 上后按 Enter 键。

  练习的方式主要为对照练习，对照屏幕上出现的练习范文进行一对一的录入。

  进入练习模块后出现下面的二级菜单——练习主菜单：

  1）选中 对照练习

  （1）屏幕上出现读盘路径选单：

练习主菜单
对照练习
随意练习
返 回

读练习范文文件的当前路径和文件名为：
A: \ * .PST

  读盘路径指练习范文放在哪个驱动器磁盘上的哪个路径下（反相显示的字样表示 WBZT 的默认值，下同）。

如果读盘路径为 A：\（即为驱动器 A 中磁盘的根目录 A：\，下同），且读盘文件特征为 *.PST(.PST 是对照练习用文本文件名的扩展名），则只需按 Enter 键。如果要修改它，则用 ←Backspce 键回退删去字符A：后输入新的读盘路径和文件名特征，如 B：*.TXT（或 C：\WPS*.WPS）后按 Enter 键。（关于路径的用法请参考 DOS 手册）

系统默认练习文件名为 *.PST。可重新输入文件名部分，如 *.* 或 *.TXT 或者干脆用"一千汉字.PST"。

（2）然后出现选择范文的窗口：

```
          文件数 12
键名字根. PST
末笔识别. PST
三千汉字. PST
一级简码. PST
二级简码. PST
三级简码. PST
双字词组. PST
[ . . ]
[ PST TST ]
[ CCDOS ]
[ B：  ]
[ C：  ]
```

上框线上的文件数表示此路径下的全部练习范文数、目录等之和为12。当前是窗口中只显示出了其中的一部分（可用↓键将其他的文件显出）。此时可用光标键↑↓上下移动进行文件选择。当大光条压在你需要的文件名上后按下 Enter 键选中，按 Esc 键则放弃选择后回到练习主菜单。

注意：若重新输入的文件名为 *.*，则可供选择的范文窗口中将把当前目录中的所有文件全部显示出来，包括隐含文件和子目录。用方括号[]括住的即是子目录，其中[..]表当前目录的父目录。当将大光条压在子目录上时按 Enter 键，则可自动换显该子目录下的其他文件；反之，当选中[..]时，则可返回当前目录的父目录。

方括号[]中的字母如 B 表示 B：驱动器或 B：盘，当将大光条压在该项上时按 Enter 键，则可自动换到相应磁盘上去选读文件。

（3）选中需要的文件后 WBZT 将该文件读入。

（4）接下来出现时间选择窗口：

```
请用→ ←↑↓选择练习时间，选定后
按 Enter 键。
（范围：0－13 小时）：00：10
```

此时用→←键选择分钟，用↑↓键选择小时。同时时间位置上的数字会同时改动。

（5）然后是输入操作者标识的窗口：

```
输入你的学号或姓名：
   ［无名氏  ］
```

WBZT 默认为无名氏,可用退格键←Backspace 回退并输入你的学号或姓名(可为汉字,但长度仅于方括号内)后按 Enter。这里输入的学号或姓名将用于录入成绩的登录。

(6)在这之后屏幕上出现练习录入中各光标控制键的功能使用说明(详见运行中屏幕)。看清说明后按 Enter 键。

至此,就进入了练习录入状态,可以动手进行对照练习录入了。范文列显在屏幕录入窗口中,其中反相显示的汉字行提示出当前对照录入的字词行。

(7)打键开始自动计时。录入中在最上面一行的同步计数器窗口中同步显示了录入速度等数字。

(8)练习中,只能打入全角字符或汉字(即纯中文方式的输入)。

(9)练习中,当你打入了对应的字词时,光标前进一个字词位置,打错了,光标移动但会鸣警示错,同时反白显示打入的错字。

(10)在练习录入中,如果有一时打不出的字词,可用→键跳过或按 F1 键看看外码提示。

(11)在练习录入时,可用→←↑↓ 及 Home、End、PgUp、PgDn 选择字词。用了此操作后可用 Ctrl + Home 初始化各计数器(时间、字数等),以便得到正确的各种数字。

(12)在练习录入中,可用 Esc 键随时退出。

(13)当时间到,或若练习时间未到但已经打入了范文中最后的字词,此时将出现窗口:

```
┌─────────────────────────────┐
│ 无名氏                       │
│ 需要将本次练习成绩存盘吗?    │
│                             │
│     确认     放弃            │
└─────────────────────────────┘
```

WBZT 默认为不存盘,可用光标键确认。当选定为存盘时,则自动建立成绩记录文件名为"练习成绩.SCO"。

若当前盘上已有该文件,则将本次成绩添加在此文件中而不会更换原有的同学号或同名的成绩记录(磁盘不能有写保护)。

说明:若中途退出则不会将成绩存盘。文件"练习成绩.SCO"将写在相应练习范文所在的目录下。

(14)此后出现窗口:

```
┌──────────────────────────────────────┐
│ 本次练习结束! 共录汉字 1 234 个。     │
│ 再练一次(用→ ←键选择后按 Enter 键)  │
│       确认     放弃                   │
└──────────────────────────────────────┘
```

则可选择是否进行下一次练习。若选是,则出现重选练习时间的窗口。

(15)重选练习时间的窗口:

```
┌────────────────────────────────────┐
│ 重选新的练习时间,进行下一轮练习,否则退出。│
│   (用→ ←键选择后按 Enter 键)      │
│       确认     放弃                 │
└────────────────────────────────────┘
```

可重选练习时间后再做一次。否则返回到练习主菜单。

2) 选中 随意练习

选中随意练习后, 屏幕被清除出现录入窗口。随意练习即自由录入, 时间可以预置 (最多为 13 小时) , 中途可用 Esc 键退出。

3) 选中 返回

选中返回或按 Esc 键则返回到 WBZT 主菜单。

考核功能模块的使用

在主菜单下用光标键 ↑ ↓ 将大光条移到 考 核 上后按 Enter 键

考核的方式为考生以考核范文为录入样稿, 录入环境与用字处理软件录入文本时一样, 不看屏幕只看样稿, 以最快的录入速度打入。录入中并不考虑录入正确与否。待考核时间到后再由 WBZT 进行判断。这样可使考生的录入速度得到最大限度的发挥。

进入考核模块后出现下面的二级菜单——考核主菜单:

```
┌─────────────────┐
│    考核主菜单    │
├─────────────────┤
│  选择考核范文    │
│  选择考核时间    │
│  录        入    │
│  校        对    │
│  阅读考核范文    │
│  阅读录入文本    │
│  录入文本存盘    │
│  读入已录文本    │
│  设置考核标准    │
│  返        回    │
└─────────────────┘
```

1) 选中 选择考核范文

① 屏幕上出现读考核范文的路径选单 (略, 参见练习模块使用部分) ;
② 考核范文名默认为 ∗ . TST, 可另选。

2) 选中 考核时间

指选择考核录入时间。其窗口显示及选时操作参见练习模块部分。

3) 选中 阅读考核范文

指在屏幕上阅读已选择并读入了的考核范文, 以便你确认一下范文选择正确与否。若考核范文尚未读入, 则出现窗口警告。

4) 选中 阅读录入文本

指在屏幕上阅读已经由你录入了的文本。若录入文本没有录入, 则出现窗口警告。阅读考核范文或录入文本的中途可用 Esc 键退出。

5) 选中 设置考核标准

可设置考核用的有关记分参数, 包括误码率、及格速度、及格成绩和扣分标准等。

6）选中 录 入

①清屏幕并出现录入中某些功能键的使用说明（详见运行屏幕），其中注意在录入中途可用 Ctrl + End 按键中途退出考核录入；

②在考核录入中，WBZT 屏蔽了小键盘上的全部功能键及光标控制键，控制字符亦不可输入；

③录入中，只能打入全角汉字（即纯中文方式的输入）；

④打入的空格汉字及回车字符计入录入字数中；

⑤在考核录入中计数器窗口中只同步显示出了当前已录入字数及当前录入速度；

⑥在考核录入中 WBZT 自动计时并同步显示用掉的时间，时间一旦到点立即自动退出录入状态而转入校对操作。

7）选中 校 对

①WBZT 将自动把已录入文本与考核范文校对（包括空格和回车键）；

②WBZT 的校对操作模拟了人工校对的核对方法，即自动找出录入文本中相对于考核范文而言出现的错误字、重复字、遗漏字（在屏幕上以反相色彩同步标显，遗漏的字在方括号［］内标显），并统计相应的字数，同步计算出正确字数和同步计算出相应的正确录入速度；

③以上计数均随校核的进行同步显示在屏幕上的天地两计数器窗口中；

④校对速度相当快，但如果录入文本中的错误较严重，校对会慢一些，这时就请稍候；

⑤可反复选择校对操作观看校对结果；

⑥校对中途可用按 Esc 键的办法中断校对操作，但建议你不要这样做，因为中途退出校对会得出不正确的录入成绩；

⑦ 校对完毕后可把成绩存盘，存盘文件名为"考核成绩.SCO"。

当若 WBZT 的校对出现误判断（极少发生且仅当录入文本错误极为严重时），可将录入文本存盘（在考核主菜单下选录入文本存盘操作），然后人工校对。

8）选中 录入文本存盘

指将已录入文本存入磁盘。这时出现窗口：

```
请输入写盘文件名：
     ［NONAME］
```

写盘文件名默认为 NONAME，写往当前盘。如写往盘不为当前盘，则应在文件名前给出相应驱动器名和路径，如 A： 录入文 1. TXT 或 C： \tomp\王一. TST。

注意：写往驱动器中的磁盘不能有写保护。

9）选中 读入已录文本

用于将存在磁盘上的已录入的文本读入，以便校对，即随后可选校对操作对其进行校对。

10）录入中屏幕主要参数及计算公式：

现录入字数——已经录入的字数；

总录入字数——考核时间内，录入的总字数；

错误字数——考核范文中，对应位置有但打错了或重复打入的字之字数；

遗漏字数——考核范文中，对应位置有但未打入而漏掉了的字之字数；

正确字数——考核范文中,对应位置有且正确打入了的字之字数(对应位置并非指绝对的一一对应位置)。

$$当前录入速度 = \frac{现录入字数}{当前时钟时间}$$

$$全文速度 = \frac{总录入字数}{实考时间}$$

$$正确录入速度 = \frac{正确字数}{实考时间}$$

公式中的实考时间通常为在选择考核时间窗口中选择的时间,若在录入的中途用 Ctrl + End键退出时则

$$实际考核时间 = 中断时刻时间$$

11)考核成绩显示各项说明

考核时间——设定的考核时间,不是实耗时间;

总录入字数——实际录入的全部字数,不计正误;

分数——按总录入字数计,在扣除了速度偏差分后的分数,其算法是:

及格分数 +(总录入字数/时间 – 及格速度)× 速度增量得分/每字

错字总数——录入文本中相应对于范文出现的错字数;

漏字总数——录入文本中没有,而范文中有造成的漏字数;

错误率(‰)——总的错误率,其值的算法是:

(错、漏字总数之和)/总录入字数 × 1000

允许误码字数——指由允许误码率确定的误码字数,其算法是:

总录入字数 × 允许误码率(是设定的允许误码率,通常是 3‰)

应扣误码字数——其值为:

错、漏字总数 – 允许误码字数

应扣分数——其值为:

应扣误码字数 × 误码扣分比例

实得分数——指考核的最后得分,其算法是:

分数 – 应扣分数(当此值 < 0 时,视为 0 分)

打印成绩单功能模块的使用

在主菜单下用光标键↑↓将大光条移到 打印成绩单 上后按 Enter 键。

进入打印成绩单模块后,首先选择要打印的成绩记录文件名,可选择"练习成绩.SCO"或"考核成绩.SCO"。然后出现下面窗口:

```
输出到打印机吗?
    是    否
```

①默认即为不打印只列显。如果安装了打印驱动程序,则可输出到打印机(应打开打印

机,上好打印纸并置为联机状态)。

②在此之后,清屏出现选单:

```
┌─────────────────────────────────────────────┐
│        成绩单打印/显示排序方式选择                │
│  全文字数  正确字数  全文速度  正确速度  不 排 退 出 │
└─────────────────────────────────────────────┘
```

可将大光条用←或→键移到需要的方式上后按 Enter 键既将成绩打印出或列显在屏幕上。排序方式默认为正确速度。

③排序法定义为降序。

其 他

1) 对照练习或考核用范文的生成

(1) 为什么要自己生成对照练习用范文及考核用范文

①若你不满意预置的练习用范文,或因你安装的汉字系统用的五笔字型输入法版本与 WBZT 灌制的练习用范文的五笔字型输入模块的版本不同,或有部分差异使许多字词无法打出,则可参照五笔字型计算机汉字输入技术手册或有关书籍设计编排练习用范文,并在安装的汉字系统下用相应的五笔型输入模块灌制这些范文;

②若选择的汉字录入法不为五笔字型输入法,则应自己动手重新编制相应的练习用范文;

③对考核用范文,通常应由自己根据需要生成,然后用于考核;

④若要将 WBZT 用于英文打字的训练或考核,则必须重新生成全部的范文(英文用全角方式输入)。

注:WBZT 预置的全部范文均可用 TYPE 命令列显或用打印机打出以供参考。如,A〉TYPE 双字词组. PST 或 A〉TYPE 连续文本. TST〉PRN。

(2) 如何重新生成范文

①可用 WPS、WS、PE 等字处理软件生成自己需要的范文。范文要求必须为以汉字方式编码的文本格式 DOS 文件,即可用 TYPE 命令列显的汉字文件(范文在 WPS 或 WordStar 下为非文书文件)。

②生成的范文中如有非汉字字符或纯西文字符(即半角字符),WBZT 在读入时会自动滤掉。

③重新生成范文文本时,文件名必须为合法的 DOS 文件名(可为汉字),但扩展名部分分别为 . PST(练习)或 . TST(考核)。

④生成练习范文时,有几种情况:

a. 生成各级词组范文时,存盘文件名中应有"词组"字样,以便 WBZT 识别。词组范文中各词组间必须且仅用一个全角空格汉字分隔。

b. 生成英文打字练习范文时,各单词间应用全角空格字符分隔。

c. 其他范文内容格式不限,但 WBZT 在对照练习方式读入时将自动滤掉其间的空格汉字,而在考核方式将保留全部的空格和回车符。

⑤重新生成的范文可放在任何盘上。

⑥范文的字数不限,只要运行时内存容纳得下。生成各范文时,要考虑到应使范文字数大于在选用时间内可录入之字数的最大值。

⑦亦可用 WBZT 的考核录入部分进行范文的录入,并将此录入文本存盘即可(在给出写盘文件名时扩展名部分用.TST 或.PST)

2)关于录入成绩的记录

成绩的记录由系统自动生成写入磁盘。一经生成则一直存在于磁盘上,当有新的一次录入成绩登录时,系统自动进行追加,并不更新替换原有记录。这样便于:

①同一人各次录入成绩的对比;

②不同人次录入成绩的登录存档。

当要彻底废除或更新此成绩记录文件时,可在 DOS 下用 Del 命令删除:

A〉DEL 练习成绩.SCO(或考核成绩.SCO)